国家林业公益性行业科研专项项目(201404119)

# 长三角滨海绿化
# 耐盐植物应用

崔心红　等　编著

WUHAN UNIVERSITY PRESS
武汉大学出版社

**图书在版编目(CIP)数据**

长三角滨海绿化耐盐植物应用/崔心红等编著.—武汉:武汉大学出版社,2016.7
ISBN 978-7-307-18172-4

Ⅰ.长… Ⅱ.崔… Ⅲ.长江三角洲—滨海盐碱地—园林植物—观赏园艺 Ⅳ.S688

中国版本图书馆 CIP 数据核字(2016)第 136046 号

责任编辑:郭 芳 责任校对:王小倩 装帧设计:吴 极

出版发行:**武汉大学出版社** (430072 武昌 珞珈山)
(电子邮件:whu_publish@163.com 网址:www.stmpress.cn)
印刷:虎彩印艺股份有限公司
开本:720×1000 1/16 印张:19.5 字数:277 千字 插页:8
版次:2016 年 7 月第 1 版 2016 年 7 月第 1 次印刷
ISBN 978-7-307-18172-4 定价:68.00 元

# 主要研究人员

（按姓氏笔画排序）

| 王　铖 | 王　斌 | 有祥亮 | 毕华松 |
| 朱　义 | 何小丽 | 沈烈英 | 宋　晴 |
| 张　琪 | 张　群 | 张庆费 | 郑思俊 |
| 林满红 | 罗国雄 | 孟庆瑞 | 夏　檑 |
| 顾燕飞 | 钱又宇 | 黄一青 | 崔心红 |
| 樊　华 | 鞠云福 | 魏凤巢 | |

# 前　言

　　近几十年来,华东滨海特别是近海区域出现了一批新城或开发园区,如上海的临港新城、金山化工工业园区、浙江的杭州湾新区和江苏启东工业园区等。随着社会经济发展,这些新城或开发园区还会扩大其规模,实施区域或项目的中远期规划目标,其结果是近海区域的城市化将迅速扩张。由于华东滨海新城或开发园区大多是在近百年淤涨成陆盐渍土上新建的,区域地下水位高,土壤盐渍化、结构极为简单、有机质含量低,加上海风等不利因素,华东滨海新城或开发园区的园林绿化难度大,可用"一年活,二年黄,三年见阎王"的谚语形容,成为华东滨海新城或开发园区生态建设一大难题。要有效解决这一难题,也就是本书重点研究和讨论的问题——盐渍土生态绿化,总结十多年的研究成果和实践经验,本书认为需要从以下几个方面做起。

　　一是构建排水排盐系统。由于"盐随水来,盐随水去",排水洗盐仍是降低滨海盐渍土含盐量的主要办法。华东近海区域地下水位高,特别是人工吹填的地方与堤坝外海平面高差相差不大,必须通过水利工程措施构建排水排盐系统(如排盐盲沟—排盐支沟—排盐沟等),并尽量降低区域内水位,加快排水排盐效率;近海区域地势低且平坦,在进行园林绿化时也可根据需要挖低成湖,利用挖出的土方适当抬高周边地势,便于排盐和抑制返盐。

　　二是应用一系列盐渍土生态改良技术措施,使盐分上、下双向移动改变为只向下的单向移动,减少或控制向上移动的盐分(抑制返盐过程)。围绕这一原理的系列措施有:在地下水位上铺设一定厚度的隔离层,隔断盐分向上的毛细管运动;采用不同覆盖物尽量覆盖地面,不裸露,以减少水分蒸发作用导致的返盐;在种植初期或夏季,通过适当修剪,减少植物叶面积或使用叶面蒸腾抑制剂等,以减少绿化植物蒸腾作用导致的返盐等。

三是筛选大量适合不同盐度的耐盐绿化植物种类,丰富盐渍土园林绿化景观。盐生植物多为草本,适宜在近海区域环境条件下生长的盐生植物种类更少,不能满足园林绿化景观多样化的要求,因此筛选更多的耐盐绿化植物是丰富近海区域园林绿化景观的重要基础。本书中耐盐绿化植物是指除盐生植物种类外的具有耐盐能力的绿化植物种类,包括在盐渍土绿化中已经应用的植物种类(进一步试验确定耐盐范围)和大量目前还没有应用的绿化植物(通过在不同盐度环境下进行耐盐试验,筛选出潜在能用于盐渍土绿化的种类及其耐盐范围)。

四是重视耐盐植物种类的选用和植物群落乔灌草配置。华东滨海盐渍土大多是逐步淤积成陆的,在近海处修筑堤坝或塘坝阻止海水侵蚀。经历淋溶脱盐等作用,由于淤积成陆时间不同,堤坝间盐渍土含盐量就形成了梯度。根据盐渍土含盐量,选择能在这一含盐量环境中生长的绿化植物,把盐渍土盐分浓度与绿化植物耐盐能力结合起来(适配性),即使在不采取改良措施的情况下也能成活。近海区域海风大,地下水位高,不适合高大乔木和深根系植物生长,同时考虑减少地面蒸发,园林绿化植物群落配置应是以中小规格乔木和灌木为主地被全覆盖的群落配置模式。这一配置模式明显不同于城市绿地常规乔灌草搭配比例,是盐渍土园林绿化的一个重要特征。

五是施用有机肥料,增加有机质,改善盐渍土理化性状。近海成陆区域盐渍土有机质含量普遍偏低,土壤结构简单,土壤保肥保水能力差。通过施用有机肥料,增加土壤有机质,改善盐渍土理化性状,只有这样才能保证种植的园林绿化植物成活并生长。

　　本书简单综述了植物耐盐机理和耐盐植物选育方法,以上海临港新城为例研究分析其年内盐水月动态以及近 60 年来成陆区域的盐度梯度分布和植被特征;采用不同筛选试验方法和近海不同试验地点,测试了 150 余种常见绿化植物的耐盐性或耐盐范围,为不同盐度的盐渍土绿化提供了较为丰富的植物资料,强调了土壤盐度与绿化植物耐盐能力适配性。本书中另设单独章节较详细地介绍了沼泽小叶桦(*Betula microphylla* var. *Paladosa*)在上海的引种适应性、快速繁殖、耐盐生理、繁育及其示范应用工作。

　　本书介绍的内容只是阶段性研究和应用工作总结,旨在总结成熟技术和材料推广应用,促进滨海盐渍土园林绿化工作健康发展。由于作者水平有限,书中不正确的地方还请各位读者海涵或批评指正。

崔心红

2016 年 5 月

# 目　　录

# 第一章 全国滨海绿化概况

## 一、全国滨海分区概况

### (一) 沿海防护林体系建设

中国大陆海岸线北起辽宁鸭绿江口,南至广西北仑河口,长达18340公里,处于陆海交替、气候多变地带。海陆之间巨大的热力差异,形成了显著的季风气候,台风暴雨、洪涝干旱、风沙海雾、低温干热等自然灾害发生频率很高,这些自然灾害一直威胁着沿海地区人民的生命财产安全。同时,沿海地区经济发达、城市化水平高、人口密度大、工厂企业密集,沿海 11 个省、区、市的 GDP 总量约占全国的70%,分布有 100 多个中心城市和 630 多个港口,是带动我国经济、社会快速发展的"火车头",其地位和作用十分重要。党和国家领导人历来关心沿海地区的防灾减灾和人民生命财产安全,早在 20 世纪80 年代,邓小平、万里等领导人先后就沿海地区防护林建设作出过重要批示。1991 年实施了全国沿海防护林体系建设工程,各地不断加大建设力度,取得了明显的生态、经济和社会效益,为沿海地区改革开放做出了重要贡献。截至 2005 年年底,沿海地区累计新建和改造基干林带 9384 公里,基干林带总长度达到 1.78 万余公里,建设区域森林覆盖率由 24.9% 提高到 35.6%(周生贤,2005)。从 2005 年开始,国家林业局组织开展沿海防护林体系建设工程规划修编工作,全面加快沿海防护林体系建设步伐,为了突出"全面"和"体系建设",在目标定位上,实现从一般性生态防护功能,向以应对海啸和风暴潮等突发性自然灾难为重点的综合防护功能扩展;在建设布局上,由过去的一条绿化带、防风固沙林带的单一布局,调整为由消浪林带、海岸基干林带和纵深防护林网3个层次构成的复合布局,实现由单一线状布局向因害设防、网状立体布局扩展;在建设内容上,由过去海岸基干林带建设、荒山荒地绿化、村屯绿化,向以基干林带为主,滩涂红树林、城镇乡村防护林网、荒山绿化有机配合的多层次防护林体系扩展,将沿海防护林体系建设与农田、道路、矿区、居民区绿化、美化有机地结合起来。

根据沿海防护林体系建设的层次结构,从浅海水域向内陆延伸主要划分为三个层次。第一层次是位于海岸线以下的浅海水域、潮间带、近海滩涂,由红树林、柽柳、芦苇等灌草植被和湿地构成的消浪林带;第二层次是位于最高潮位以上的宜林近海岸陆地,主要由乔木组成的具有一定宽度(200～500 m)的海岸基干林带;第三层次是位于海岸基干林带向内陆延伸的广大区域,由宜林荒山荒地、护路林、农田防护林、城乡绿化等构成的纵深防护林网。其中,第一层次和第二层次统称为沿海基干林带,是国家重点生态公益林。回顾沿海防护林体系建设的发展历程,在实施初期,其主要目标定位在绿化海疆、防风固沙之上,为此突出了海岸基干林带、农田林网建设和荒山绿化,而忽视了滨海湿地、红树林保护和城乡绿化一体化,难以形成多个层次、相互衔接的复合型防护体系,在一定程度上制约了抵御自然灾害和维持生态安全的功能,已无法适应沿海地区新形势发展的需要。

### （二）滨海城镇绿化的主要特征

沿海地区不但有通往海外的港口,还有适宜居住的环境和人类赖以生存的淡水资源、农地资源,自然地理条件比较优越,所以城市带一般都位于沿海地区。中国沿海地区分布有以上海为核心的长江三角洲,以北京、天津为核心的京津冀,以香港、广州、深圳为核心的珠江三角洲等 3 个全国一级城市群,以及山东半岛、辽中南、温(台)城镇连绵地区、福建沿海、粤东城市圈和广西北部湾等区域级城市群(带)。通过高速公路、铁路串联的城镇、产业园区和港口形成的沿海巨型城市带雏形已经形成(胡刚,2004)。按照全国主体功能区规划,沿海地区的开发强度、开发区、城市和交通基础设施均处在全国最高等级。滨海城镇风景园林化作为沿海防护林体系建设城乡一体化绿化、美化的重要内容之一,在目标定位、功能需求和技术路径上与滨海湿地和红树林保护,以及宜林荒山荒地、农田防护林等沿海基干林带的生态公益林建设存在巨大差异,主要表现在以下两个方面。

一是成陆过程差异导致立地条件不同。滨海地区城镇、产业园区和港口的滨海盐碱地在成陆过程与滨海湿地、海岸基干林带、农田防护林及沿海村庄绿化、美化等其他类型沿海防护林存在较大差异。数千年来,人类对滨海湿地的利用和改造主要是基于自然淤涨成陆后的围堤开垦,进行农业、林业和渔业生产活动,进而形成零星聚集村落,而绿化建设的立地条件——表层土壤则是经过"海底淤泥—植被促淤成陆—脱盐熟化"等土壤演化过程而形成的与海岸线垂直、呈条带状分布、具有盐度梯度差异的滨海盐渍土,以滨海湿地和海岸基干林带保护和造林为目标的沿海防护林体系建设主要是基于此类自然淤涨"成陆围堤"。然而,随着中国社会经济发展和城市化进程加速,特别是 2000 年以后,滨海滩涂作为各地政府重要的国土后备资源,大规模人工围海造陆兴建港口、产业园区、新城等活动成为各地社会经济发展的重大举措,不同于以自然淤涨为基础的"成陆围堤"利用方式,以开发建设城镇、产业园区和港口为目标的沿海防护林体系建设主要是基于人工吹泥填埋的"围堤造陆"。因此,这种由海底淤泥吹填形成的表层土壤在土壤理化和生物性状指标方面与自然淤涨的滨海盐渍土存在较大差异。

二是目标定位差异导致绿化形式不同。滨海地区城镇、产业园区和港口的绿化、美化建设属于城市建成区的国土绿化,其功能定位是风景园林化,与滨海湿地和红树林的保护与恢复,以及海岸基干林带、荒山荒地、农田道路防护林和村庄绿化美化的造林绿化不同。城镇、产业园区和港口的绿化、美化主要以公园绿地、生产绿地、防护绿地、附属绿地和其他绿地 5 种类型城市绿地作为主要表现形式,突出改善城市人居环境、提高城市美景度和提供休闲游憩功能。

综上所述,滨海城镇绿化是沿海防护林体系建设总体框架下的一种城镇区域国土绿化形式,但是从立地条件和目标定位方面,都与狭义的沿海防护林概念和滨海湿地有所区别,风景园林化和滨海盐渍环境两个关键特征,决定了滨海城镇绿化的种植土壤改良、植物种类筛选和群落配置、养护管理都具有其特殊性。

## (三)滨海城镇绿化主要发展概况

中国从北到南海岸线跨越温带、亚热带、热带三种类型气候带,沿海地区拥有泥质、沙质和岩质等不同海岸类型。气候和立地条件差异对滨海盐渍土的形成与演变具有重要影响。滨海盐渍土一般分布于泥质或沙质海岸,种植层土壤盐度大于 0.1%。沙质海岸的土壤颗粒组成和土壤结构有利于自然降雨淋溶脱盐,且不利于底层可溶性盐分随蒸发形成毛细管上行水流导致的土壤盐分表聚现象,因此滨海盐渍土大都分布于泥质海岸,特别是地貌以平原、河口三角洲和滩涂为主,在海洋和陆地的相互作用下大量泥沙沉积的地带,土壤类型主要为滨海盐土类、潮土类和水稻土类(王遵亲,1993)。中国海岸线的泥质海岸占 48.5%,根据全国海岸带自然资源调查和全国林业区划,主要分布区可划分为辽中泥质海岸平原区、渤海湾泥质海岸平原区、长江三角洲泥质海岸平原区、珠江三角洲泥质海岸平原区及其他零星分布泥质海岸。在综合各分布区划滨海盐渍土农业生产和林业造林的基础上,考虑到降雨量和温度差异对土壤水盐运移、脱盐碱化演变和植被等产生的重要影响,一般以 800 mm 年均降水量为界线(与中国 1 月 0 ℃大致一致),沿秦岭—淮河将全国滨海海岸划分为北方区和南方区,滨海城镇绿化发展围绕风景园林化和滨海盐渍环境形成了符合各区域自身特征的盐水调控、土壤改良、植物种类筛选和群落配置及后期养护管理等技术措施,主要包括以下两类。

① 以改土适树为目的的土壤改良措施。从宏观上,利用淡水洗盐、暗管排碱、挖沟排盐等工程措施,可以降低地下水位,减少土壤盐分含量,但也带来一些副作用。例如,利用淡水洗盐措施,在洗碱盐的同时,除把 $Na^+$、$Cl^-$ 等盐离子排走外,土壤中一些植物必需的矿质元素也被排走,且这种措施造价比较高,还受淡水资源的制约。滨海盐渍土的形成决定了随着淡水资源的进一步短缺,淡水资源一旦枯竭,土壤含盐量又会很快恢复。从微观上,创造性地利用微区改造、隔离客土等方法取得了很好的成效。客土绿化收到了很好的绿化效果,城市绿化面积迅速增大,城市绿地覆盖率达到 20%,改善了城市环境,对促进当地经济发展起到了积极作用。但是客土绿化存在很大的弊端和危机。一是绿化成本高,仅种植成本每平方米就达到100 元以上;二是绿化面积小,不能从根本上增加滨海盐碱地植被覆盖和改善环境;三是绿化效果受到制约,由于局部隔离换土,面积太小,植物根系生长受到限制。

② 以选树适土为目的的生物改良利用盐碱地措施。筛选、培育不同耐盐程度的植物,以适应不同的盐渍土壤。国内外研究表明,生

物措施是改良、开发利用盐碱地的最佳途径。引种具有一定经济价值的抗盐碱、耐海水植物，增加地面覆盖以减少地表蒸发，既可改良土壤，扼制土地的盐渍化，又可改善盐荒地的生态环境。

1. 北方滨海城镇绿化发展概况

以天津经济技术开发区为代表的北方滨海城镇盐碱地，年均降水量不足 500 mm，而年均蒸发量达 1900 mm，约为年均降水量的4倍，降水集中在 6—9 月。每年 12 月至次年 2 月平均气温在 0 ℃以下，1 月最低，平均气温为 −3.9 ℃。地势低洼，地下水埋藏浅，矿化度高，土壤含盐量高，1 m 厚土体平均含盐量为 4.73%，最高达 7% 以上，为 Na-Cl 型滨海盐土。土壤黏重，通气、透水不良，植被稀少、地被覆盖度低，在原生盐土上几乎没有自然植被，为盐滩裸地。风暴潮频繁，盐尘对植物危害严重，直接填垫客土极易产生次生盐渍化。在耐盐植物资源应用方面，已编制形成了天津经济技术开发区主要园林绿化树种、草本植物 270 种（含变种、栽培变种等），隶属 52 科 107 属，将树种和植物的耐盐能力按照 0.1%～0.2%、0.2%～0.4%、0.4%～0.6%、0.6%～1% 和 1% 以上划分为 5 级。该地区主要运用的滨海绿化技术包括：

① 排盐设施和客土填垫抬高。天津经济技术开发区具有土壤基质软、潜水浅、海水容易回渍等特殊的水文地质条件，结合滨海地区水文地质条件和城市排水特点，通过 20 年的探索、完善，在水盐平衡的基础上提出"允许深度"概念，优化和创建了浅密式高效排水降盐新工艺及配套的集成技术体系，使水平暗管排水技术得以在滨海浅潜水淤泥质软基础地区广泛应用。

② 利用有机肥改良盐碱地。利用盐渍土区"淡化肥沃层"，即在不减少土体盐分储量的前提下，通过提高土壤肥力，以肥对土壤盐分进行时间、空间、形态的调控，增加土壤有机质熟化表层团，增加土壤

团粒结构,提高表土的抑制返盐能力。

③ 利用废弃物研制人工土壤。利用废弃的工业废渣和海湾淤泥,把不能直接利用的废弃物,通过人工的多项措施和生物作用,缩短形成自然土壤的时间,加速土壤熟化过程,使其具备自然土壤的基本属性,主要形成了海湾泥、粉煤灰、碱渣土三种物质混合配比,以人工加速先锋植物的方式缩短土壤成土熟化过程,形成绿化栽培土。

2. 南方滨海城镇绿化发展概况

长三角滨海盐渍土分布在江苏、上海、浙江的沿海和河口地带。由于岸段水动力条件不一,受咸潮浸渍影响也有所不同,不同沉积岸段水体盐度和沉积颗粒组成差异明显,围垦方式和成陆时间先后不一,因此盐渍土性状参差不齐,盐渍土主要可分为滨海盐土和盐化土两个土属。根据对临港新城近 60 年筑堤区域盐渍土特征研究,按时间顺序依次建有人民塘(1949)、解放塘(1974)、八五塘(1983)、九四塘(1994)和 2002 海堤(2002)。其中,人民塘至九四塘是在自然淤涨的基础上,为防止海水海浪侵蚀而修建的,2002 海堤是为了临港新城建设运用吹填造陆而建的。近 60 年筑堤区域土壤的形成受江海交互沉积作用的影响,其形成与演变大致可分为 3 个阶段:① 水下浸渍的淤泥阶段;② 盐渍滩涂的生草阶段;③ 垦殖利用的脱盐阶段。随着筑堤时间的增加,土壤理化性质随之改变,主要特点表现为土壤 pH 值略有升高,全盐量降低,有机质含量增加。土壤理化性质的改变也引起了植物种类和密度的改变,随着土壤不断脱盐,土壤 EC 逐渐降低,有机质含量不断增加,表现出明显的植物种类数目增多,植被类型增多、植被覆盖率增加的趋势。由于垦殖年限长短不一,熟化程度也参差不齐;未垦盐渍土由于生草阶段不一,有光板地、大米草、蕉草和芦苇之别,自然成土作用差异也较大,因而,土壤形态特征差异较大,其发育程度随分布部位、海拔高度和植被覆盖不同而变化。在耐盐植物研究应用方面已取得一定成果,大规模地确定了海滨木槿、盐桦、滨枥、丝棉木等 132 种绿化植物的盐度范围、耐盐极限及其生长适应性,其中盐浓度≤1‰有 24 种植物、1‰<盐浓度≤3‰有 67 种、3‰<盐浓度≤5‰有 30 种、5‰<盐浓度≤8‰有 9 种、8‰<盐浓度有 2 种,已超过长三角滨海区域现有确切报道耐盐状况绿化植物总数的 1/2,丰富了滨海城镇绿化的耐盐植物种类,有效解决了在绿化植物配置中存在的土壤盐度与植物种类适配性问题。长三角滨海区域所应用的绿化技术主要包括:

① 因地制宜构建排水排盐系统。集中绿地沟渠排水法主要利用挖排水沟,用沟土填高地面做成高畦,排水沟汇入排水支渠,支渠流入干渠;分散绿地管道排水法是指为了防止客土返盐,在行道树土带铺植耐绿地不能开沟排水,便敷设窖井及排水管道,向附近的市政管道排水。

② 在工厂生产区、道路两旁和居住区的绿地多采用客土法,即挖掉 40 cm 深盐土,回填 60 cm 厚农田土;行道树按 1.0 m 深树穴换农田土。

③ 在行道树下用客土时为防止底土返盐,采取了在客土底部垫不小于 20 cm 厚的煤渣或不小于 30～40 cm 厚的有机废弃物做隔离层,深翻填埋秸秆、木屑等改良盐土效果明显,翻土最佳深度为 40 cm。

④ 利用生化污泥、废渣和植物秸秆等废弃物加速熟化改良盐碱地,达到滨海盐渍土种植土壤质量标准。

华南滨海地区年均降水量大,一般在 1200～1400 mm,年均降水量与年均蒸发量之比为 1∶1.37,但季节分布不均匀而导致土壤含盐量季节差别大。华南滨海地区土壤以沙壤土为主,淋溶强。降水量的分布不均也导致土壤含盐量存在明显的季节变化。在雨季,土壤盐分迅速随地表径流或地下水流失,而少雨季节的土壤又呈现积盐状态。根据华南滨海地区的自然环境概况,厦门大学生命科学学院与厦门市市政园林局等共同努力,开展了耐盐园林植物的研究工作,并在调查研究华南滨海区自然植被的基础上,广泛搜集耐盐园林植物,开展了耐盐园林植物的种植、观察、耐盐试验、栽培技术研究、育种及盐生植物的开发利用等工作,为生物改良滨海盐碱地和造林绿化做了初步尝试,积累了一定经验。目前,依托厦门园博园,已经引进筛选了部分耐盐园林植物用于该园的绿化,实现了不客土或少量客土即能在盐渍土上正常生长的初步效果,显现出耐盐园林植物用于滨海盐渍土绿化的广阔前景。王文卿等(2001)针对厦门市市区部分土壤含盐量高而导致的园林植物屡屡遭受盐害的情况,通过对土壤含盐量、植物叶片元素含量及植株受害情况的综合分析,对厦门市主要园林植物的耐盐能力进行了评价,并筛选出一批耐盐园林植物。结果表明,包括乔木类 45 种、灌木类 32 种、草本植物 14 种在内的共 55 科 91 种植物中,79 种属高度耐盐,12 种属中度耐盐,大部分绿化植物耐盐度都在 4 mg·g$^{-1}$ 以上,约 60 种已在华南滨海地区园林绿化中得到广泛利用,并形成了具有华南滨海地区特色的棕榈科植物、红树植物、半红树植物、滨海植物及广布群类植物、滨海沙生植物和防护林的植物配置模式。

### (四) 耐盐植物在滨海城镇绿化应用中的概况

引进、种植适宜盐碱地区生长的植物,建立具有自我恢复和调节功能的人工植物群落,是盐碱地区绿化、美化,改善其生态环境的关键措施。早在 1956 年,丁静等(1956)采用盆栽方法对苏北常见树种的耐盐能力进行了研究。然而,在国内对城镇绿化树种的盐害问题从 20 世纪 80 年代末才受到重视,其相关研究也主要集中于北亚热带及温带树种,对南亚热带绿化树种耐盐性的研究仍不多见,这是因为中国主要的盐碱地分布在江苏以北各省市。山东德州于 1990 年率先成立了全国第一家专门研究园林绿化树种盐害问题的研究所,江苏如东县专门设立了耐盐植物园。苑增武等(2000)对大庆地区9种主要造林树种的耐盐碱能力进行评价,认为乔木树种109柳、灌木树种柽柳、枸杞耐盐碱能力最强,是盐碱地(土壤pH值8.9以下)改良绿化的主要造林树种。汪贵斌等(2001)以叶片中$Na^+$浓度和$Na^+/K^+$作为树木耐盐能力评价指标,认为刺槐和侧柏的耐盐能力最强,能在含盐量3‰～5‰的土壤中生长;银杏次之,能在含盐量3‰左右的土壤中生长;火炬松则只能在含盐量3‰以下的土壤中生长。郭冀宏等(2001)认为对于含盐量超过4‰的土壤,可考虑选用白千层、红千层、夹竹桃、榄仁树、银合欢及棕榈科的海枣、加拿利海枣、刺葵、假槟榔等树种;对于含盐量2‰～4‰的土壤,可考虑选用短穗鱼尾葵、银桦、小叶榕、木棉、南洋杉、重阳木等树种。北京林业大学先后从美国东南部引进槭树、白蜡树等10多个品种,苗木数10万株,并在上海市等滨海盐碱地推广造林数百亩。上海市在新成陆的滨海盐渍土植树绿化,广泛收集上海、浙北和苏南滨海盐渍土上的耐盐树种,开展盆栽试验、模拟控制试验和大田栽培试验,初步汇编了涵盖132种植物的"上海地区绿化植物耐盐能力等级表",通过土壤改良和选用耐盐树种等措施取得了良好的效果。

# 二、耐盐植物特性

## (一) 盐渍土和耐盐植物概述

盐渍土是地球陆地上分布广泛的一种土壤类型。据联合国教科文组织(UNESCO)和联合国粮食及农业组织(FAO)不完全统计,全世界盐渍土面积约10亿公顷,中国盐渍土面积约1亿公顷(Zhang et al,2001)。伴随着全球气候变暖,海平面不断上升等自然因素及工业生产发展,环境污染加剧,灌溉农业的发展和化肥使用不当等人为因素的影响(张楠楠等,2005),世界上次生盐渍化土壤的面积还在不断扩大,土壤盐渍化日趋严重。

根据在盐渍土环境中生长的表现,植物可分为耐盐植物和非耐盐植物(Flowers et al,1994)。耐盐植物通过离子积累可以保持较高的细胞膨胀势;非耐盐植物在盐胁迫条件下,不能保持细胞膨胀。因此,从生长角度来看,耐盐植物是盐渍土中的天然植物群落,它们可以在盐渍环境中正常生长。全世界共有耐盐植物 1560 余种(Aronson,1989),中国有 400 余种。除此之外,其他一些植物则可以生长在一定含盐量的土壤里,但对盐渍土的耐受限度并不清楚。

## (二) 植物的耐盐机理

一般来说,土壤中的盐分是普遍存在的,盐分浓度过高时,会对植物造成渗透胁迫和干扰营养离子平衡,严重影响植物生长。植物由于生长在高盐度生境而受到高渗透势的影响就称为盐胁迫。盐胁迫下,所有植物的生长都会受到抑制,不同植物对于致死盐浓度的耐受水平和生长降低率不同。已有很多有关盐胁迫生物学及植物对高盐反应的研究,涉及胁迫相关的生物学、生理学、生化及植物对盐胁迫产生的一些复杂的反应等诸多方面(杨少辉等,2006)。研究结果表明,盐胁迫对于植物的伤害程度与土壤的盐分种类、盐分强度、植物种类及植物的生长期等诸多因素有很大的关系(Parida et al,2005)。

土壤中的盐类都是由阴、阳离子组成的,其中阳离子主要有 $Na^+$、$Ca^{2+}$ 和 $Mg^{2+}$,阴离子主要有 $Cl^-$、$SO_4^{2-}$、$CO_3^{2-}$ 和 $HCO_3^-$。阳离子与 $CO_2^-$、$HCO_3^-$ 所形成的盐为碱性盐,其中对植物危害较大的主要为钠盐和钙盐,钠盐的危害尤为普遍。土壤盐分对植物的伤害作用主要是通过盐离子本身的毒害作用(盐的原初作用)和盐离子所导致的渗透效应和营养效应(盐的次生作用)来起作用的(武维华,2003)。

　　盐分对于植物生长的胁迫作用机理主要包括离子胁迫和渗透胁迫两个方面。土壤含盐量高时,植物被迫吸收盐离子并在体内积累,过量盐离子的毒害作用使活性氧代谢系统的动态平衡遭到破坏,膜质过氧化或膜蛋白过氧化作用造成膜质或膜蛋白损伤,膜透性增加,胞内水溶性物质外渗,出现盐害。NaCl 胁迫下,由于 $Na^+$ 的离子半径和 $Ca^{2+}$、$K^+$ 的离子半径非常相似,细胞质和质外体中 $Na^+$ 把质膜、液泡膜、叶绿体膜等细胞膜上的 $Ca^{2+}$ 置换下来。但由于 $Na^+$ 与 $Ca^{2+}$ 的电荷密度不一样,$Na^+$ 对细胞膜不但没有起到稳定和保护作用,反而破坏膜结构,导致膜选择透性丧失;同时,由于 $Na^+$、$Cl^-$ 大量进入细胞使离子浓度平衡破坏,特别是 $Ca^{2+}$ 浓度平衡破坏,细胞质中游离 $Ca^{2+}$ 急剧增加,使 $Ca^{2+}$ 介导的调节系统和磷酸醇调节系统失调,细胞代谢紊乱甚至受伤害以至于死亡。

　　盐胁迫几乎影响植物所有重要的生命过程,如生长、光合、蛋白合成、能量和脂类代谢。一般来说,植物在种子萌发和幼苗生长时期,易遭受盐胁迫伤害(李海云等,2002),因此,大量的耐盐性研究也都在植物的种子萌发期和幼苗生长期展开。盐胁迫会造成植物发育迟缓,抑制植物组织和器官的生长和分化,使植物的发育进程提前。植物叶片中 $Na^+$ 的过量积累常表现为叶尖和叶缘焦枯,且抑制对 $Ca^{2+}$ 的吸收。植物生长需要从根际环境中获取矿质营养,在盐生境下,土壤中的 NaCl 打破了植物的营养平衡,导致盐离子与营养元素的比例发生变化(Grattan et al,1992);植物体内 $K^+$、$Ca^{2+}$、$Mg^{2+}$ 等离子运移的动态平衡受到盐胁迫的影响,植物种类之间耐盐性的差异与营养元素亏缺程度存在很大联系(郁万文,2005;Ramoliya et al,2004;陈少良等,2002);盐胁迫下细胞质维持正常的 $K^+/Na^+$ 值是生存必需的,$K^+$、$Na^+$ 的吸收及其原生质膜上 $K^+$、$Na^+$ 交换与植物耐盐性关系密切,在器官和整株植物水平上,$K^+$、$Na^+$ 的运输与分配也表现出截然不同的特点(白文波等,2005;毛桂莲等,2004)。这些变化将影响植物正常的生理代谢,导致植物生长量下降。因此,植物幼苗在盐胁迫下离子的动态平衡对于植物耐盐机理研究有着重要意义。

盐胁迫影响植物体内 SOD、CAT 和 POD 等抗氧化酶类的活性。试验表明,盐分能增加细胞膜透性,加强质膜过氧化作用,最终导致膜系统的破碎(Mittler,2002)。盐生植物膜系统的变化首先是被破坏,然后是被修复,而膜系统的修复与 SOD、POD 及 CAT 酶活性的升高是分不开的(Bolwer et al,1992)。研究植物细胞质膜的氧化特性对于研究植物耐盐机理有着重要意义。

虽然盐分对植物的生长发育有一定的抑制作用,但是一些植物仍然能够生长在盐分环境中,说明它们在长期的进化过程中对盐胁迫有了相应的应对措施,这就是植物对盐胁迫的响应。根据对不同植物的研究表明,耐盐或避盐的主要途径有:① 排盐。植物吸收盐分后,向特定的部位或器官如盐腺运输、积累,再通过该部位或器官把盐分排出体外。② 稀盐。在盐分胁迫下,植物吸收大量的水分,以此稀释体内的盐分浓度。③ 拒盐。当环境中盐分浓度提高时,植物体内一些物质如脯氨酸、甜菜碱的积累增加。它们作为渗透剂,提高细胞的渗透压,使盐分无法进入植物体内。④ 隔盐。盐分进入植物细胞后,通过某种机制,让盐分在液泡内集中,并实行细胞区隔化,阻止盐分向其他细胞器扩散(赵可夫,1999)。⑤ 避盐。通过特定的调节机制,使植物的生理活跃时期避免在时间和空间上与环境盐害严重期一致。⑥ 忍盐。细胞内有高浓度的盐分,但不形成危害。⑦ 离子拮抗。一些植物通过离子交换或逆向运输,在吸收盐离子的同时,吸收一些与盐离子有拮抗作用的离子,从而减弱或避免盐离子的危害。⑧ 螯合作用。盐离子进入细胞后,与细胞内的可配位溶质螯合,成为非毒害性的螯合物。

### （三）耐盐植物的选育

盐渍土恶劣的土壤理化性质和其中有害离子的存在,使许多植物无法生长或生长受到严重抑制,这已成为制约生态环境建设和农业可持续发展的最大障碍因子。传统工程改良盐渍土的方法耗资巨大,效果不能持久,难以大面积推广应用;而化学法所用的化学物质积累在土壤中容易加重土壤次生盐渍化。为了更加快速地开发和有效地利用盐渍土,近年来各国学者陆续提出盐土农业发展新思路,即以生物适应环境,选育耐盐植物来达到改良盐渍土的目的(罗廷彬,2001)。常规耐盐植物的选育方法主要是引进和筛选。引进,即引进国内外优良耐盐品种用于栽培;筛选,即直接在盐碱环境中选择培育抗盐植物品种,确定它们的耐盐范围。

抗盐植物品种的培育可以运用常规选育法、杂交育种法、突变体筛选法和基因工程法等。我国科学家从 20 世纪 60 年代开始进行耐盐植物栽培的研究,迄今为止,在这方面已做了大量工作,各地也选育出了许多适应性强,有一定耐盐能力的物种或品种。作物类有小麦、棉花、番茄和马铃薯(尹江等,2005)等;乔灌木方面筛选出了绒毛白蜡、白榆、刺槐(邢尚军等,2003)、柽柳、沙棘、沙枣(王志刚等,2000)、白刺等树种;牧草方面筛选了 140 多个品种,试种与大面积推广的禾本科牧草 14 种,豆科牧草 6 种(李培夫,1999)等。

常规选育方法多是通过实际栽种,以植物的表现性状作为选择标准,不考虑遗传物质是如何变化的,因而新物种或品种表现稳定(张建锋等,2003)。不足之处是选育周期长,且只能代表该植物在立地土壤条件下的耐盐能力,并不一定适于其他盐碱地,具有一定的局限性。

杂交育种法是通过遗传上不同品种间的杂交,使亲本性状在 F 代组合,再在自交分离后代中获得纯合的重组型,从中选出符合育种目标的材料,经过鉴定比较育成新品种的方法。应用这一育种方法,将抗盐性一般的植物品种进行杂交,就可能培育出抗盐性强的植物新品种(马文月,2004)。最早运用杂交技术提高植物耐盐性的报道之一是美国盐害实验室对两个具有耐盐差异的番茄品种进行杂交,后代 F1 表现出了盐敏感亲本的性状。其后,Strogonov进一步指出,从无盐条件下选取苗壮生长的植物进行杂交,杂交后代在有盐条件下逐代选择,可能会获得高抗性的植物,并报告了用此法杂交的棉花增产了 7%～43%,且纤维质量提高(郭善利等,1998)。我国从 20 世纪 60 年代开始进行杂交育种工作,在耐盐植物的选育方面也取得了一定进展。辽宁省盐碱地利用研究所以 N84-1 种质为母本,以日本品种丰锦为父本杂交,育成抗盐 10 号,在辽宁、河北、新疆大面积示范种植达 $1.33×10^6$ m$^2$(李培夫,1999)。山东大学的夏光敏教授等,用小麦的近缘植物、有高度耐盐性状的高冰草与小麦作亲本,通过非对称融合技术杂交,获得的后代能够在 0.7%～1% 的盐渍土中生长。杂交育种是获得稳定遗传耐盐品种的一种比较可靠的方法,但因为这种方法选育周期太长,工作量大,所以在选育耐盐植物的工作中没有被广泛采用,主要应用于农作物的选育上。

　　突变体筛选是利用突变体培育耐盐植物,其过程是:选择植物的种子或腋芽作外植体,在含盐培养基上培养,获得经初步盐胁迫锻炼的芽尖或细胞,在含盐培养基上继续培养,每一世代盐分浓度逐渐提高,直至选出高度盐胁迫下表现良好的细胞系再经分化培养,最终获得耐盐植株。植物组织培养过程中存在广泛的变异,若用诱变剂则可大大提高变异发生的频率(陈可咏等,1994;廖树华,1990)。突变体诱导主要用人工诱变方法,包括化学诱变剂和辐射诱变。常见的诱变剂有甲基磺酸、乙酯、亚硝基胍、亚硝基脲等。辐射诱变多用X-射线、紫外线和 γ-射线等。自 Nabors 等(1980)首次报道从烟草耐盐细胞系成功地筛选出耐盐突变体再生植株,且能通过有性繁殖而遗传后,目前研究的植物已达 40 余种(郑国琦等,2002)。国外在水稻、高粱、亚麻上已得到对 $Na^+$ 抗性稳定的再生植株。陈可咏(1994)、郭丽娟(1998)、沈银柱(1997)和张小玲(1999)等分别在芦苇、玉米、小麦和水稻愈伤组织突变体诱导方面做过深入细致研究,得到了一些具有较高水平的耐盐碱细胞系及由此产生的耐盐植株。近几年,突变体筛选的范围逐渐扩大,不仅限于经济作物,在林木、花卉和药材方面也出现了成功范例。张绮纹等(1995)以群众杨的嫩茎为外植体,进行耐盐培养,已获得耐盐的杨树再生植株;王长泉等(2003)利用 γ-射线诱导杜鹃不定芽,得到了耐 1‰ NaCl 的变异株系;薛建平等(2004)也获得了安徽药菊的耐盐愈伤组织突变体。突变体育种和常规选育一样,以培养中的表现为选择依据,不考虑遗传物质或结构是如何变异的,因此,选出的植株一般稳定性较高(张建锋等,2003)。但是突变发生的几率不好掌握,而且一些植物细胞再生困难,再生植物畸形,优良性状无法遗传给下一代,这些都是难以解决的问题(杨继涛,2003)。

基因工程法是指通过对植物耐盐机理的研究,人们发现了许多与植物耐盐性相关的基因,包括渗透调节基因、保护酶基因、转录因子传递信号基因和程序性死亡有关基因等(李玉全等,2002)。在研究这些基因本身的同时,人们还尝试通过现代基因工程的手段和技术对它们进行分离、克隆,进而转入目的植物中,以提高它们的耐盐性。迄今为止,人们已经相继克隆出了一系列与耐盐性有关的基因,如甜菜碱醛脱氢酶 BADH、脯氨酸合成酶 AproA、胚胎发育晚期丰富蛋白 LEA、6-磷酸山梨醇脱氢酶 Gut-D、大肠杆菌 12 磷酸甘露醇脱氢酶 Mtl-D、肌醇甲基转移酶 Imtl(尹建道等,2006;李晓燕等,2004),还有与保护酶有关的 SOD 基因。把这些基因转入植物如水稻、烟草(Tarczynski,1992)、小麦、鼠耳芥(又名拟南芥)(Apse et al,1999)、马铃薯、番茄、草莓(李晓燕等,2004)、苜蓿(李玉全等,2002)、杨树、玉米(尹建道等,2006)中,都不同程度地提高了它们的耐盐性。近年来,也有人尝试通过花粉管通道技术将外源耐盐基因导入目的植物中,改变它们的遗传基础,从而培育出新的耐盐品种(陈洁等,2003;Sawahel et al,2002)。还有一种设想是利用根瘤菌与豆科植物的共生性,把耐盐基因转移到根瘤菌中,再把它接种到寄主植物上,为寄主提供渗透保护。这种方法可以缩短选育周期,但缺点是寄主仅限于豆科植物(张建锋等,2003)。目前,学界普遍认为植物的耐盐性是多种抗盐生理性状在一种植物中叠加起来形成的综合体现,由位于不同染色体上的多个基因控制的数量性状(陈洁等,2003;Flowers,1994),并受到外界环境因子的影响或制约(付莉等,2001)。所以,要获得真正的耐盐植物品种需要转移多个基因。此外,还有研究指出盐胁迫下植物的质子泵等基因的表达有器官组织差异性(杨明峰等,2002)。因此,在利用基因工程提高植物的耐盐性时,不仅需要转移多个基因,还要使相关基因表达在合适的部位才有可能培育出耐盐植物。

　　以上几种耐盐植物的选育方法各有优缺点(表 1-1),在实践中,可以根据技术条件和实验目的不同,选用不同的方法。研究表明,利用耐盐植物是合理改良利用盐碱地一个切实可行的方法。目前,人们已经通过多种方法和途径对耐盐植物进行了选育,使耐盐植物的种类和数量有了显著增多,取得了一定的成绩。特别是运用基因工程技术来培育新的耐盐植物品种,已成为了近年来国内外的研究热点,经过努力培育出了几种基因工程耐盐植物新品种。然而,这仅限于实验水平上,距离实际的生产应用还相差甚远,此领域方兴未艾。随着植物耐盐机理和方法的不断深入和完善,将会发掘出更多的耐盐植物资源,培育出更多具有实际应用价值的新品种。

表 1-1                                        耐盐植物选育主要方法及其优缺点

| 方法 | 优点 | 缺点 | 备注 |
|---|---|---|---|
| 常规选育 | 1.方法简便；<br>2.植物表现稳定 | 1.选育周期长,选择范围有限；<br>2.只能代表立地条件下植物的耐盐性,不适于其他盐碱地 | 最广泛、最常用的选育方法 |
| 杂交育种 | 1.遗传稳定；<br>2.能使位于不同个体的优良性状集中于一个个体上 | 1.选育时间最长,工作量大,过程复杂；<br>2.一般只能在同一物种的不同品种间进行杂交；<br>3.只能利用已有基因的重组,按需选择,不能产生新基因；<br>4.后代可能出现性状分离现象 | 一般用于农作物 |
| 突变体筛选 | 1.提高突变频率,加快选育进程；<br>2.能诱导产生新基因,短时间内获得更多优良的变异类型 | 1.突变方向难以掌握,突变体难以集中多个理想性状；<br>2.突变个体产生有利变异的极少,所以必须处理大量实验材料 | 已研究了多种植物 |
| 基因工程 | 1.植物几乎可以不受限制地接受任何外源基因,可以任意改造植物的遗传特性,创造出生物的新性状；<br>2.使开发新品种的时间大为缩短 | 1.可能需要多个基因的转移及转移基因表达的定位；<br>2.作为食物,转基因植物存在安全性问题；<br>3.基因工程技术还未成熟,转基因的效率不高,此领域方兴未艾 | 目前的研究热点,但成功的例子不多 |

# 第二章 长三角地区滨海盐渍土水盐动态及植被特征

　　盐渍土系是指一系列受土体中盐碱成分作用的,包括各种盐土和碱土以及其他不同程度盐化和碱化的各种类型土壤,又称为盐碱土。在盐渍土的诸种成土过程中,土壤盐渍化(或盐碱化)起着主导或显著的作用。各种类型盐渍土的共同特性是土体中含有显量的盐碱成分,如土壤表层或亚表层中(一般厚度为 20~30 cm)水溶性盐类积累超过 0.1%或 0.2%(即 100 g 风干土中含 0.1 g 水溶性盐类,或在富含石膏情况下含 0.2 g 水溶性盐类),或土壤碱化层的碱化度超过 5%(王遵亲,1993;赵可夫,2013)。由于受到太平洋季风气候和欧亚大陆性气候交汇以及复杂的地质、地形因素影响,中国盐渍土资源丰富、种类多样。从东到西,随着生物气候带由半湿润、半干旱、干旱到漠境的水热条件变化,各种盐渍土分布的广度和积盐强度逐渐增强,空间分布上呈现出从斑块到片状、区域化的特征。研究人员根据分区范围、气候特点、成土类型、积盐特征等因素,将中国土壤盐渍区分为 8 个区:① 滨海湿润-半湿润海水浸渍盐渍区;② 东北半湿润-半干旱草原-草甸盐渍区;③ 黄淮海半湿润-半干旱耕作-草甸盐渍区;④ 内蒙古高原干旱-半漠境盐渍区;⑤ 黄河上游半干旱-半漠境盐渍区;⑥ 新疆、内蒙古干旱-漠境盐渍区;⑦ 青海、新疆极端干旱-漠境盐渍区;⑧ 西藏高寒漠境盐渍区。

　　滨海盐渍土成片自然分布区在辽宁、河北、山东、江苏、上海、浙江等地沿海,包含辽东半岛、渤海湾、黄海和东海的泥质海岸,在福建、广东、广西、台湾等省区的沿海有零星分布。滨海盐渍土的形成过程属于现代积盐过程中海水浸渍影响下的盐分积累过程,其盐分主要来自海水,以 NaCl 为主。土壤盐渍过程先于成土过程,主要在盐渍淤泥基础上成陆发育而成。同时,由于海水周期性浸渍滨海低洼地区,以及通过海潮对内陆入海河流水系的顶托倒灌等形式,长期以海水补充地下水或直接浸渍沿岸低洼地,促进了滨海盐渍土的形成。降水和地面蒸发强度与土壤盐渍化的关系密切,故降雨量和蒸发量的比值可反映地区土壤水分状况和土壤积盐状况,以及泥质海滩和沙质海滩的沉积物对盐类沉积的差异,从而导致滨海盐渍土从北到南在土壤脱盐、积盐和盐分组成方面存在较大差异,一般划分为以下 3 个区域:

① 长江以北蒸发量与降水量比值大于 1 的区域,土壤水盐以上行运动为主,绝大多数为碱性氯化物盐土,北部存在苏打成分。

② 长江以南区域,潮湿多雨、年均降水量多在 1000 mm 以上,年均蒸发量与年均降水量的比值小于 1。土壤水盐以下行运动为主,长期趋势有利于土壤脱盐发生,盐分组成为氯化物盐土。

③ 闽江口以南的滨海地区和台湾西南部沿岸零星分布有中性滨海氯化物盐土和少量酸性滨海硫酸盐盐土。

# 一、长三角地区滨海盐渍土基本特征

长三角地区地处亚热带季风性气候带北缘,滨海盐渍土分布在江苏、上海、浙江等省市沿海区域,年降雨量 900~2000 mm,属滨海湿润海水浸渍盐渍区,由黄河、淮河、长江、钱塘江等河流下游的冲积物,经海浪激荡作用在沿海沉积成陆。其地下水和地表水的盐分状况沿海岸线有规律地呈现出带状分布特征,越靠近海岸线,水中盐分越高,土壤含盐量随之上升。长三角地区滨海盐渍土分布特征:长江以北的江苏沿海地区成片分布,岸线全长737.5 km,其中可垦盐土荒地 $7 \times 10^3$ hm²,滩涂资源 $6.251 \times 10^5$ hm²(张文渊,1999);上海市自吴淞口至杭州湾大陆岸线及崇明、长兴和横沙三岛的海岸线长约508.23 km,呈宽窄不等的条带状分布着总面积约630 km²的滨海盐渍土;杭州湾以南的浙江省海岸线长 6486 km,其中大陆海岸线长 2200 km,面积大于 500 m² 的岛屿有 3061 个,共有滨海盐渍土 $5.045 \times 10^4$ hm²(黄伟,2012)。

长三角地区海岸滩涂由于岸线水动力条件存在差异,受咸潮浸渍程度、水体盐度和沉积物颗粒组成等影响,岸线的侵蚀和淤涨在自然条件下同时存在。滩涂资源作为重要的后备土地资源,总体上不断淤积扩展,长期以来不断被围垦开发,不仅缓解了"人多地少"的耕地紧张问题,而且为沿海经济发展提供了大量的建设用地,为各地港口开发、临港产业园区和新城镇开发提供了充足的拓展空间。因此,长三角地区滨海盐渍土的形成是自然淤涨和人为加速围垦两种不同速率成陆形式共同作用的结果,导致了长三角地区滨海盐渍土呈现出以下明显特征:

① 以发展盐碱地农林业为目标的滨海盐渍土。几千年来沿海地区遵循着自然淤涨成陆,筑堤促淤,以满足农林业发展需求的滨海盐渍土成陆模式。土壤历经不断沉积的盐渍淤泥、自然出水成陆、脱盐与积盐交替、成土和自然植被演替等漫长的自然过程后,再经过人工筑堤围垦,修筑排水灌溉设施,耕作施肥,逐步开发为滨海农林土地。

② 以发展港口经济、临港产业园区和新城镇为目的的滨海盐渍土。近 20 年来,随着沿海经济产业带的崛起,大量采用人工围海造陆。这种利用海岸线水下盐渍淤泥吹填加速造陆的模式,由于缺少了土壤熟化成土和自然植被演替过程,其土壤性质比自然成陆的滨

海盐渍土物理结构更加板结、透水透气性差、有机质含量低。

## 二、滨海盐渍土水盐动态特征

滨海盐渍土盐分运动十分复杂,盐分随着水分的运动而迁移,水分是盐分迁移的主要载体。土壤水盐动态是指土壤中的水盐含量和组成在气候、地形、地貌、水文地质及人为因素等作用下随时间的变化过程。大气降水到达地面后,在下垫面条件共同作用下,一部分形成地表水,另一部分渗入土壤中,并在重力作用下大部分被拦蓄成为土壤水。在大气降水转化为地表水、土壤水、地下水的过程中,降雨淋溶大地的盐分,并使之随水运动,发生分移与累积。一般在雨水多而集中的夏季,降雨量大于蒸发量时,大量可溶性盐随水渗到下层或流走,称为"淋溶脱盐"过程;冬春季地表水分蒸发强烈,降雨量较少,地下水中的盐分随毛细管水上行而聚集在土壤表层,称为"表土返盐"过程。各类盐渍土都是在一定的自然条件下,由各种易溶性盐类遵循"盐随水来、盐随水去"的水盐动态规律在土壤层的水平方向与垂直方向实现重新分配。土壤水盐运动与旱涝盐碱密切相关,是蒸发积盐和淋溶脱盐过程交替发生的结果,是土壤与地下水的水盐运动相互作用的结果,是四水转化、施肥、植被等因素综合作用的结果。水盐动态研究是随着人类农业生产水平的不断提高而发展的,并逐渐成为农业生态系统的研究对象,是评价土壤质量和农业生态环境质量的重要动态指标之一。

国内外就盐渍土水盐的动态、运移机制、空间分布特征等方面从不同时空尺度进行了多角度的研究,尤以内陆盐渍土水盐运动模拟研究较多。其中,以黄淮海平原的半湿润季风气候区盐渍土区水盐运动40多年研究为代表(李保国,2003),从理论上研究和提出了半湿润季风气候区旱涝盐碱和地下咸水的共存性和以此为特征的独立地理景观和生态系统。该系统研究了半湿润季风气候条件下盐渍土区水盐运动的基本特征、易溶性盐的古地球化学过程和近代的空间分异、季风性的规律,对地块、区域和不同地学条件下的水盐平衡研究,系统指导了黄淮海平原盐渍土综合治理技术实践。在滨海盐渍土水盐运动研究方面,刘春卿等(2007)对灌溉流量土壤水盐运移再分布的作用规律进行研究,得出灌溉结束后土壤盐分进入一个再分布的过程,盐分向深层运移。高祥伟(2001)结合水均衡法、水动力学、SPSS统计软件等多种方法,对山东省滨海盐渍土水盐运动规律进行了定性、定量的研究,得出了水盐运动的基本规律。李保国等(2003)对区域地下水盐运动进行研究,使区域水盐运动规律的理论更进一步发展。赵成等(2004)对土壤剖面进行分类,得出了水盐运移规律及分布形态。何贵平等(2006)研究了海涂盐碱地造林对土壤水盐动态的变化规律,为提高盐碱地造林存活率、生长量和盐碱地改良提供科学依据。曹帮华等(2008)对黄河三角洲滨海盐碱地林内土壤水分和盐分的年运动规律进行了跟踪调查与研究,得出混交林对土壤含水量、含盐量的改良作用明显,不同土层含水量与含盐量之间有明显的相关性。张维成等(2008)通过对滨海盐碱地造林模式及土壤水盐运动规律的研究,提出了有效改良滨海盐碱地的三种滨海盐碱地造林模式。

综合上述,水盐运动研究结果表明影响长三角地区滨海盐渍土盐分的主要因子如下。

① 气候。中国从南到北的海岸线均有盐渍土分布,其分布规律和气候地带特征密切相关,尤其是降水量和蒸发量的比值,反映了一个地区的干湿状况,同时表征了该地区的土壤水分状况及土壤积盐状况。受太平洋季风气候影响,长三角地区年均降雨量大于900 mm,属湿润地区气候条件,从水盐动态的总趋势分析,土壤具有长期不断脱盐和地下水向淡化方向发展的趋势。从南到北随着年均降雨量的

不断增加,土壤脱盐速率递增,长三角地区滨海盐渍土积盐状况与成陆时间呈显著负相关。

②　地形与地貌。地形高低起伏和物质组成差异,直接影响了地面、地下径流的运动,进而影响土体中盐分的迁移,以及土壤中盐分组成的迁移分化。长三角地区属海积平原地貌类型,分布在黄海、东海西岸和杭州湾沿岸,区域内河道水系密集,是海陆邻接作用强烈的地区。海积平原形成时间短,人为活动强烈,以堆积地貌为主,平坦开阔,洼淀众多,为典型的淤泥质平原海岸。局部低洼地和排水不畅易造成盐分积累,同时由于地下水位较高,易造成少雨季节地表蒸发盐分随水上行形成土壤表层盐分聚集。

③　成土母质。成土母质的沉积类型及其沉积特性与盐渍化形成具有密切关系。以发展盐碱地农林业为目标的滨海盐渍土,一般在沿海滩涂围垦之前都有潮间带至潮上带自然生长的滩涂植被覆盖,如大量分布的海三棱藨草、扁杆藨草、藨草、大米草、互花米草、芦苇等。这些自然植被的地下根系发达、地上茎叶茂密,能促进盐渍淤泥的熟化,积累大量土壤有机物和微生物,有效改善土壤物理结构,为围垦后土壤脱盐和后续利用奠定良好基础;而以发展港口经济、临港产业园区和新城镇为目的的滨海盐渍土,则因其采用海底淤泥人工吹填造陆,缺少 $10\sim20$ 年的潮间带自然植被覆盖、熟化成土过程,不利于土壤自然脱盐和养分积累。

④　水文及水文地质条件。长三角地区河网和湿地密集,河流支流众多,汇集入海,河槽浅平,落差小,流速缓慢。区域内地下水埋深 $0.60\ m$,矿化度 $6.82\ g\cdot kg^{-1}$。受海水倒灌或风暴潮影响,海水对土壤的侵蚀十分严重,这也是造成滨海盐渍土的原因之一。

# 三、基于水盐动态研究的盐渍土改良措施

围绕盐渍土水盐运动理论的核心问题,国内外在改良盐渍土方面开展了大量的研究和实践,主要包括水利工程措施、化学改良措施、有机物料改良措施、地表覆盖和隔离排盐措施等。

## (一) 水利工程措施

早期对于盐碱地改良的研究,利用盐渍土的水盐运动规律,根据"盐随水来,盐随水去"的运动特点,各种物理改良方法和水利工程改良方法被大规模地采用,诸如平整土地、深耕、及时松土、抬高地形、排灌配套、灌水洗盐和地下排盐等。世界各国都曾在盐碱地治理中开展了大规模的兴建水利工程,修筑各级排灌沟渠,采用明渠、暗管、竖井等措施,经过长期的研究和实践,人们对于排水防治土壤盐碱化的重要性已有较清楚的认识(熊毅,1962)。这些田间水利工程措施,在降低地下水位、控制地下水位在临界深度以下等方面起到重要作用。虽然这些措施被认为是行之有效的方法,但建立水利措施投资十分昂贵,维护费用颇高,同时要面对处理含盐排出水的问题,即使其短期效果比较明显,但随着土壤中的水盐活动,盐分会重新返回地表土层,无法从根本上降低土壤盐分(张建锋,2002)。1979 年 10 月,在西德波恩召开农业生产 80 年代研究与发展战略会议的总结中指出:"在世界大部分地区,土壤盐碱化的原因业已查明,但是合理的治理方法尚未确定,至今改良工作耗资巨大,在许多情况下收效甚微。"(Bentley et al,1979)在水源不足或水质不适,排水条件不好或没有排水出路,特别是滨海地区或沿河低地势的地区,不易甚至不能降低地下水位地区的盐碱地,在水利改良的基础上,必须考虑其他的改良措施。

## （二）化学改良措施

由于有大量的可交换性 $Na^+$ 吸附在土壤胶体的表面，因此碱土改良较难，盐土中如果不含硫酸钙（$CaSO_4$），冲洗中性的 NaCl 盐土才有形成碱土的可能性（Kovda et al,1979）。1990 年美国农业部盐土实验室的 Rhoades 和澳大利亚 CSIRO 的 Loveday 专门评述了碱化土壤的改良，并指出碱化土壤的改良需加入含钙物质来置换土壤胶体表面吸附的 $Ca^+$，或采用加酸或酸性物质的方法改良（Rhoades et al,1990）。在盐碱地土壤中添加石膏（$CaSO_4 \cdot 2H_2O$）是众多研究中普遍采用的化学改良措施。这个土壤胶体中分解-交换反应可以表示为：

$$2NaX + CaSO_4 \Longrightarrow CaX_2 + 2Na^+ + SO_4^{2-}$$

这里 X 为土壤可交换物质，土壤中可交换性 $Na^+$ 的减少、$Ca^{2+}$ 的增加，可以使土壤的 pH 值下降，易于产生土壤颗粒絮凝，有效改善土壤结构。研究表明，在表层土壤中加入石膏，配合水力渗滤，改良效果较好，故不断被重视和创新（Mohammed et al,1997；Qadir et al,2002）。近年来，随着清洁技术和循环经济理念的深入人心，众多的工业废弃物和副产物、城市废弃物等资源化措施的应用得到了大力推广，在盐碱地改良中，逐渐采用这类物质替换天然石膏，但是，这些物质在使用前必须进行充分调查，确保不造成二次污染（Lawrie,1996；Kaushik et al,1996）。烟气脱硫（FGD）副产物的脱硫石膏和生产磷肥副产物的磷石膏（张丽辉,2001）在这方面应用得比较成功。脱硫石膏改良土壤的最早研究是 20 世纪 90 年代美国进行酸性土壤的改良。20 世纪 90 年代末期，日本东京大学在我国沈阳进行用于盐碱地土壤的试验，取得了比较好的效果，并对一些痕量元素（Mo、Zn、Pb、Ni、Cd、B、Mn、Fe、Cr、Cu 和 Al）进行了追踪调查（Chun et al,2001）。陈昌和等在 1999 年提出利用烟气脱硫（FGD）副产物改良盐碱地,在内蒙古自治区进行了一系列的试验,取得了比较好的土壤改良效果(陈欢,2005;王金满,2005;石懿,2005)。美国进行了增压流化床燃烧(PFBC)飞灰改良盐碱地的研究。国内利用石膏之外的非金属矿物,诸如沸石、膨润土、炔石和珍珠岩等改良盐碱地的研究,目前大都注重它们作为矿物肥料的作用,而国外在利用其特有的结构优势改良土壤结构方面研究比较深入。

### (三) 有机物料改良措施

自从地下水状况在导致积盐过程中产生重要作用的理论被确立以来,盐碱地的水盐动态和水盐平衡的研究极大地推动了土壤盐碱化防治的科学研究,也取得了巨大的实际效果,成为盐渍土改良的重要理论依据。土壤盐分的运动受气候、土壤、地下水、排灌条件、土壤肥力和土壤管理等诸多因素的影响。陈恩凤等(1979)提出"排灌是基础,培肥是根本",生产上采用的排盐、压盐、躲盐等措施,能防治盐分向地表聚集,培肥能改良土壤理化性质,既利于排盐,又利于增加作物产量。有机质在改良盐碱地中的作用越来越受到重视,其作用主要为增加土壤的有机质含量,提高土壤肥力,改善盐渍土土壤生态环境,促进脱盐,改善盐渍土土壤物力、土壤化学、土壤胶体和土壤生物性状,以及利用有机物质调控土壤水盐平衡和肥盐平衡。因此,有机物质是改良盐渍土的重要物质。肥盐动态和肥盐平衡是盐渍土改良的另一个重要理论依据(谢承陶,1993)。盐渍土的改良和研究工作由水盐运动和水盐平衡的二元结构,转向水、肥、盐运动和水、肥、盐平衡的三元结构。

国内外有许多利用泥炭、腐殖酸、风化煤、柠檬酸渣、沼气渣及城市污泥等有机物质进行盐碱地的改良研究,取得了不错的效果。土壤施用有机肥后,土壤有机质增加,促进土壤微团聚体数量增加(王涌清,1983),改善了土壤的物理参数,如降低土壤容重、增加土壤总空隙度、提高土壤入渗率等(张锐,1997)。有机物分解过程中产生的有机酸降低土壤 pH 值,调节土壤的酸碱度,同时增加土壤腐殖质胶体的含量,提高土壤中阳离子的吸附能力,降低盐渍土中盐分的活性。有机物料为土壤中微生物生长活动提供养分,促进土壤微生物的生长繁殖,提高土壤酶活性,改善土壤生态环境。

### (四) 地表覆盖和隔离改良措施

土壤盐分表聚是土壤发生盐渍化的重要因素。通过地表覆盖,减少表面蒸发,抑制盐分表聚,是盐渍土改良的一种手段。梁银丽把覆盖定义为利用化学、物理和生物物质覆盖盐碱地的表层,使其对植物的生长产生有益作用的栽培措施(梁银丽,1997)。研究表明,在盐碱地上覆盖秸秆后,可明显减少土壤水分蒸发,抑制盐分表聚,阻止水分与大气间直接对流,对土表水分上行起到阻隔作用;同时,能增加光的反射率和热量传递,降低土表温度,从而降低土壤的蒸发耗水。根据许慰睟等(1990)的研究,应用免耕覆盖法将现代土壤耕作制与覆盖措施结合起来治理盐碱地,可使原生植被所形成的黑土层(有机质层)不被破坏,同时提高土壤保水保墒能力。研究还表明,在土表下 30 cm 处铺设一层 8 cm 厚沙砾层,将土壤毛细管作用的连续性破坏,就可以防止底土或地下水中盐分随毛管水上升积累到地表,明显减少底层盐渍土对表土的影响(Rooney et al,1998)。另外,秸秆深层覆盖改良也取得一定的效果(乔海龙,2006)。秸秆覆盖和绿色覆盖能够增加土壤总有机碳(TOC)、焦磷酸钠提取有机碳(SPPC)和水解碳水化合物(HDC)的含量,促进土壤团聚体的形成。

# 四、上海临港新城滨海盐渍土及其植被特征

临港新城位于现浦东新区南汇地区,是上海东部的门户,也是上海陆域的最前沿,地理坐标为北纬 30°59′～31°16′,东经 120°53′～121°17′(图 2-1)。临港新城规划辖区面积 453.26 km²,辖区内有洋山深水港、芦潮港、老港(大治港)、白龙港四大港口,其中芦潮港为国家一级口岸,洋山深水港为世界上第一个建在外海上的城市深水港。

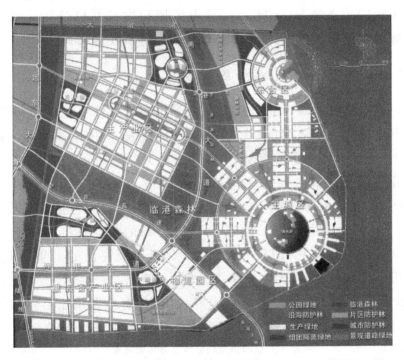

**图 2-1　临港新城规划辖区**

临港新城地处长江口与杭州湾交汇处,杭州湾涌潮对两岸产生冲淤,因此,此处泥沙既受海水侵蚀又遭海潮侵蚀,经往返搬运和分选,颗粒自西向东由粗变细。河流携带大量泥沙入海被海水浸渍,成

为盐渍淤泥,海底淤泥不断沉积,日积月累,海退成陆,经蒸发作用盐分进一步浓缩,同时潮水入侵补给地下盐水,参与土壤积盐过程,最终形成滨海盐渍土。其盐分的输入方式主要是海水浸渍和溯河倒灌,有时风浪、降水,特别是暴雨可补给输入一部分。土体表现出盐分含量高、碱性强、有机质含量低、结构差的特征,其分布大致与海岸线平行,由海向陆方向,土壤含盐量和地下水矿化度逐渐递减。

临港新城区域的成陆方式为自然淤涨和人工加速围堤相结合,这在我国长三角滨海盐渍土区域是极具代表性的。因此,了解其新成陆区域的盐水动态、不同年代筑堤区域盐度及其植被特征对长三角滨海绿化耐盐植物的筛选和应用工作具有重要意义。

## (一) 临港新城新成陆区域盐水动态

在临港新城主城区新近成陆区域采用实地具体参照物和 GPS 定位的方法选择 3 个采样点,分别用 A、B、C 代表,具体位置和环境概况见表 2-1 和图 2-2。项目组于 2005 年 1 月开始进行了连续 12 个月的逐月分层采样分析。每个采样点分 0～30 cm、30～60 cm 和 60～90 cm 三层纵向采样,测定地下水位并分析物化指标,包括 pH、EC、有机质、土壤质地和盐分等。分析方法以公布的行业标准[《森林土壤水化学分析》(LY/T 1275—1999)和《森林土壤样品的采集与制备》(LY/T 1210—1999)]为主要依据,同时参照《森林土壤分析方法》,即 pH 值采用电位计法,EC 值采用电导仪测定,有机质采用重铬酸钾容量法,质地采用密度计法,含盐量采用质量法分别进行测定。

表 2-1　　　　　　　A、B、C 采样点地理坐标及其环境概况

| 采样点 | A 点 | B 点 | C 点 |
|---|---|---|---|
| 地理坐标 | N30°54′51.4″<br>E121°56′11.5″ | N30°54′11.2″<br>E 121°57′20″ | N30°53′5.71″<br>E121°53′52.9″ |
| 环境概况 | 成陆时间居中,芦苇群落,盖度 60% | 成陆时间最晚,光板地,少量碱蓬 | 成陆时间较早,狗牙根和田菁群落,盖度 100% |

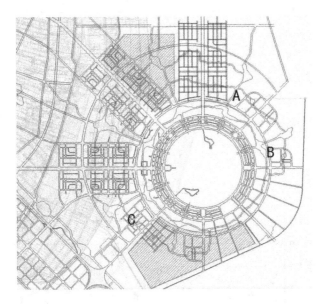

**图 2-2　A、B、C 监测点在临港新城的位置示意**

（1）pH

① 采样点不同土壤层 pH 年度变化。

图 2-3 描述了 A、B、C 三个采样点各自纵向土壤的 pH 年度变化。由图可见，A 点三层土壤 pH 的年度变化均较大。表层土壤 pH 在 1 月较低，为 7.8，然后逐渐上升，在 3 月达到最大值 9.33，4 月出现最小值 7.41 后，又逐渐增大，在 7 月达到 9.23，之后逐渐下降，可见一年之中 A 点表层土壤在 3 月、7 月达到两个峰值。A 点中层土壤和下层土壤呈现出先升高后降低的趋势，它们都分别在 5 月达到最大值 9.71 和 9.79；中层土壤在 12 月达到最小值 7.51，下层土壤在 11 月降至最小值 7.46。

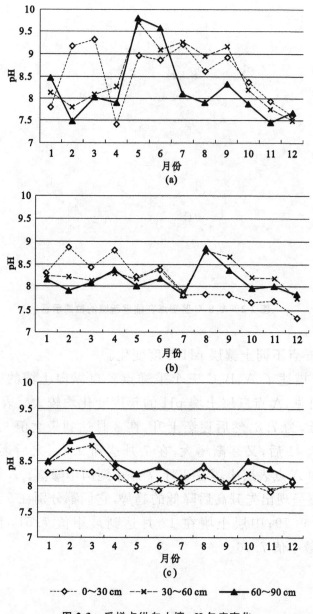

图 2-3 采样点纵向土壤 pH 年度变化

（a）A 采样点；（b）B 采样点；（c）C 采样点

B点三层土壤pH的年度变化较小。表层土壤pH的变化趋势基本是一条逐渐下降的曲线,2月最高为8.87,12月最低为7.32。中层土壤和下层土壤pH的变化趋势基本一致。C点三层土壤pH的年度变化不大。表层土壤pH波动不大,在8月出现最大值8.37,11月出现最小值7.89。

② 不同采样点相同采样层土壤pH年度变化。

比较三个采样点相同采样层土壤pH年度变化(图2-4)可以发现,A点表层土壤的pH年度变化最大,最大值与最小值之差为1.92;B点次之,为1.55;C点最小,为0.48。三点表层土壤的pH最大值出现在3月的A点,而且一年中除1月、4月、12月外,A点pH都高于其他两点。A、B、C三点表层土壤pH的年平均值分别为8.51、8.09、8.13,发育程度居中的A点土壤表层pH年平均值最大。

(2) 含盐量

① 采样点不同采样层土壤含盐量年度变化。

图2-5描述了三个采样点不同采样层土壤含盐量的年度变化。A点表层盐分含量在1月为最大值7.1 g·kg$^{-1}$,2—9月在1 g·kg$^{-1}$左右波动,8月达到最小值0.1 g·kg$^{-1}$,10月盐分含量又增大至3.55 g·kg$^{-1}$,11月、12月下降至2.5 g·kg$^{-1}$左右。中层和下层盐分含量变化幅度要小于表层,它们的变化趋势是5—9月中下层盐分含量基本在2 g·kg$^{-1}$内,其他月份则大部分在2～4 g·kg$^{-1}$。

B点表层土壤盐分含量变化剧烈,其变化趋势基本上呈现两个峰值。从1月开始B点表层土壤的盐分含量逐渐升高,在8月达到最大值20.65 g·kg$^{-1}$,然后下降至11月的4.1 g·kg$^{-1}$,12月又升高至16.9 g·kg$^{-1}$。全年B点表层土壤盐分的最小值出现在2月,为0.7 g·kg$^{-1}$。B点中、下层土壤盐分含量差异不大,一年中波动也不大,大多集中在2 g·kg$^{-1}$左右。一年内中、下层土壤盐分的最大值出现在3月,分别为2.7 g·kg$^{-1}$、2.5 g·kg$^{-1}$,最小值都出现在8月,分别为0.55 g·kg$^{-1}$、0.6 g·kg$^{-1}$。

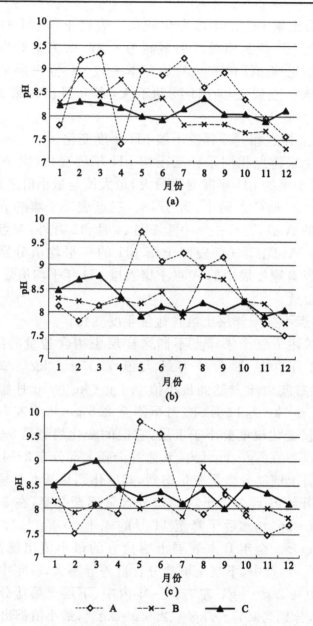

**图 2-4　不同采样点相同采样层 pH 年度变化**

（a）0～30 cm 土层；（b）30～60 cm 土层；（c）60～90 cm 土层

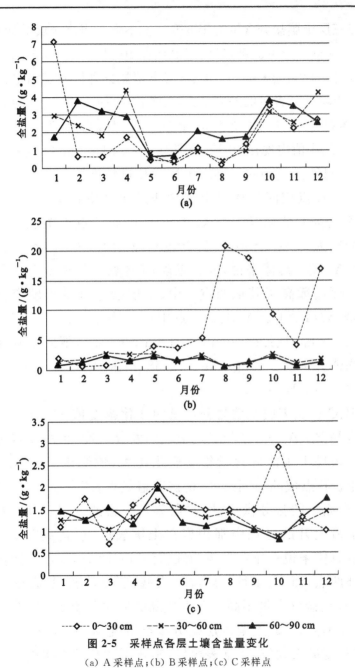

图 2-5 采样点各层土壤含盐量变化

（a）A 采样点；（b）B 采样点；（c）C 采样点

C点三层土壤盐分含量的年度变化都不大。表层土壤的盐分含量基本在 $1.5\ g\cdot kg^{-1}$ 上下波动,最大值出现在 10 月,为 $2.9\ g\cdot kg^{-1}$;最小值出现在 3 月,为 $0.7\ g\cdot kg^{-1}$。中、下层土壤盐分含量的变幅比表层更小,而且两层土壤盐分含量的差异不大,大多在 $1\sim1.5\ g\cdot kg^{-1}$ 的范围波动。两层土壤盐分含量的最大值出现在 5 月,分别为 $1.7\ g\cdot kg^{-1}$ 和 $2\ g\cdot kg^{-1}$;最小值出现在 10 月,分别为 $0.9\ g\cdot kg^{-1}$ 和 $0.8\ g\cdot kg^{-1}$。

② 不同采样点相同采样层土壤含盐量年度变化。

不同采样点相同采样层土壤含盐量年度变化见图 2-6。三点表层土壤含盐量的变幅是 B>A>C。A、B、C 三点土壤盐分含量的年平均值分别为 $1.81\ g\cdot kg^{-1}$、$7.30\ g\cdot kg^{-1}$、$1.55\ g\cdot kg^{-1}$,大小次序也是 B>A>C。总体来说,发育最晚的 B 点一年中 5—12 月的土壤盐分含量要远远高于其他两点。中、下层盐分含量年度变化幅度的次序都是 A>B>C。A、B、C 三点中层土壤盐分含量的年平均值分别为 $2.04\ g\cdot kg^{-1}$、$1.84\ g\cdot kg^{-1}$、$1.28\ g\cdot kg^{-1}$,下层土壤盐分含量的年平均值分别为 $2.35\ g\cdot kg^{-1}$、$1.58\ g\cdot kg^{-1}$、$1.32\ g\cdot kg^{-1}$,大小次序也都是 A>B>C。

A、B、C 三点表层土壤盐分含量的变化幅度依次为 B>A>C,年平均值也是 B>A>C,这和三点土壤的发育程度、植被覆盖和水盐动态有关。表层土壤盐分含量年度变化越大,说明土壤季节性返盐现象越严重。B 点成陆时间最晚,植被覆盖最少,离海最近,地下水矿化度极高,有充足的盐分供应,因此在蒸发旺盛的 8 月、9 月,表层盐分在土壤溶液上升的过程中都积聚在土壤表层,可达到 $20\ g\cdot kg^{-1}$ 左右。而且总体来说一年蒸发较为旺盛的 5—12 月,B 点含盐量也远远高于另外两点;而 1—4 月一般温度较低,蒸发较弱,且春季降雨量较大,因而 B 点盐分含量不高。A 点成陆时间早于 B 点,虽然有植被覆盖,但盖度不大,因此土壤表层盐分年度变化居中。C 点成陆时间最早,植被盖度最大,减缓了地表蒸发,阻止了含盐地下水的上升,使土

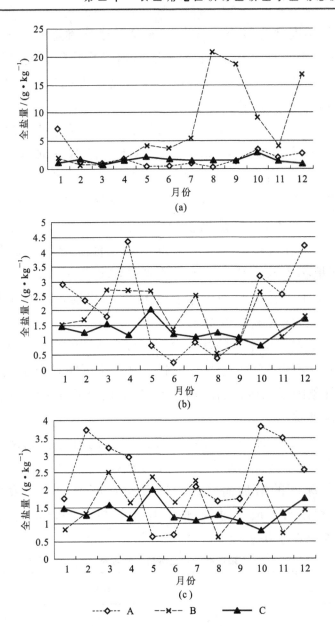

图 2-6　不同采样点相同采样层含盐量年度变化

(a) 0～30 cm 土层；(b) 30～60 cm 土层；(c) 60～90 cm 土层

体中盐分的年度变化最小。三点土壤表层盐分含量的年平均值也说明,滨海盐渍土发育过程中,土壤是逐渐朝着脱盐的方向发展的。

三点土壤的中、下层盐分含量年度变化幅度的次序均是 A＞B＞C,年平均值的大小次序也都是 A＞B＞C。这说明发育阶段处于中间的 A 点土体中、下部的盐分含量是最高的。出现这种现象可能是由于新成陆的 B 点植被最少,盐分随土壤水分的蒸发都被带到土壤表层,使土壤表层盐分含量变化剧烈,而土体中、下部的盐分变化则较小。C 点茂盛的植被减少了水分的蒸发,减缓了土体中盐分的移动,而且在成陆过程中,土壤是朝脱盐的方向发展,因而中、下层土壤盐分含量不大,变化幅度也不大。A 点土壤发育阶段处于 B 点、C 点之间,已经有植物参与了成土过程,但植被盖度并不大,由于植物的蒸腾作用,加剧了含盐土壤地下水在土体中的移动,使中、下层土壤的盐分含量增大,变化幅度也增大。

比较三个点三层土壤的盐分含量可以发现,每个点中、下层土壤盐分含量的差异不大,变化趋势也基本一致。这可能是由于表层土壤盐分含量受气象因子和覆盖的影响最大,其变化明显异于中、下层土壤。

（3）有机质

A、B、C 三个采样点不同采样层土壤有机质分析结果见表 2-2。整体来说,三个采样点有机质含量依次为 C＞A＞B,且三点有机质含量都是随着深度的增加而降低。这表明在滨海盐渍土发育的过程中,由于植物参与了成土过程,使土壤中有机质的含量增加,而且有机质主要累积在土壤表层。

表 2-2　　　　　　　采样点不同土层有机质含量　　　　（单位:$g \cdot kg^{-1}$）

| 深度 \ 采样点 | A 点 | B 点 | C 点 |
|---|---|---|---|
| 0～30 cm | 6.56 | 5.50 | 18.40 |
| 30～60 cm | 6.21 | 5.19 | 13.49 |
| 60～90 cm | 5.39 | 4.95 | 12.33 |

（4）土壤质地

A、B、C 三个采样点不同采样层土壤质地分析结果见表 2-3。B 点土壤质地下层为壤质沙土,上层为沙质壤土,从上到下土壤颗粒中沙粒的含量增加。这是因为 B 点是新近成陆区域,土壤颗粒的垂直分布规律使得颗粒大的先沉积下来,颗粒小的后沉积于表层,以致土体形成下沙上黏的构型。A 点土壤均为沙质壤土,质地中细颗粒物质多于 B 点。C 点上层为粉沙壤土,下层为粉沙黏壤土,细颗粒物质多于 A 点。C 点下层土壤中黏粒含量要高于上层土壤,这是土壤在长期的演化过程中,细颗粒随下降土壤溶液逐渐淋洗,积淀于下层的缘故。

表 2-3　　　　　　　　　　采样点各层土壤质地

| 深度 \ 采样点 | A 点 | B 点 | C 点 |
|---|---|---|---|
| 0～30 cm | 沙质壤土 | 沙质壤土 | 粉沙壤土 |
| 30～60 cm | 沙质壤土 | 壤质沙土 | 粉沙黏壤土 |
| 60～90 cm | 沙质壤土 | 壤质沙土 | 粉沙黏壤土 |

（5）相关性分析

① 土壤 pH 和含盐量的相关性。

采样点土壤一年中 pH 和含盐量相关性分析见表 2-4。

表 2-4　　　　采样点各层土壤 pH 与含盐量的相关关系($n=12$)

| 深度 \ 采样点 | A 点 | B 点 | C 点 |
|---|---|---|---|
| 0～30 cm | −0.593* | −0.697* | −0.318 |
| 30～60 cm | −0.790* | −0.619* | −0.386 |
| 60～90 cm | −0.851* | −0.480 | −0.005 |

注：* 表示显著相关。

A 点三层土壤的 pH 与含盐量呈负相关关系,并均达到显著水平;B 点三层土壤 pH 和含盐量也呈负相关关系,但只有上层和中层达到了显著水平;C 点 pH 和含盐量的关系则不显著。

成陆时间不同的 A、B、C 三点 pH 与含盐量出现这种关系可能是由于在滨海盐渍土脱盐的过程中,最先被淋洗出土体的是阴离子($Cl^-$、$SO_4^{2-}$),阳离子虽然有一部分也被淋洗出,但尚有一部分(如 $Na^+$)被阴性的土壤胶体所吸附,使土壤的碱化度增大,pH 也随之升高。一般来说,盐渍土的碱化度超过 20% 时,盐渍土就开始有碱化现象发生。A 点和 B 点都是新近成陆的土壤,因而它们的 pH 和含盐量有这种负相关关系,即随着含盐量的降低,土壤的碱化度增大,pH 升高。C 点土壤负相关关系不显著,可能是由于 C 点土壤成陆时间较长。一方面,上海雨量充沛,土壤胶体上吸附的 $Na^+$ 被 $Ca^{2+}$、$Mg^{2+}$ 所置换。另一方面,上海滨海盐渍土的成土母质来源于长江冲积物,富含碳酸钙,全剖面呈强烈的石灰反应,碳酸钙虽然是难溶性的盐类,但在丰富的淡水条件下,还是有一定的溶解度,这样溶解的 $Ca^{2+}$ 置换了吸附在土壤胶体上的 $Na^+$,降低了碱化度,使土壤在进一步脱盐的过程中没有继续向碱化方向发展。

② 盐水动态与相关气象因子的相关性。

滨海盐渍土的水盐关系与气象因子密切相关,如降水量、蒸发量、温度都会影响到含盐地下水在土体中的移动。分析了 A、B、C 三个采样点不同采样层土壤 pH、含盐量与气象因子的关系(见表 2-5、表 2-6),发现没有明显的规律,这可能是由于气象资料反映的是每个月的天气情况,而每月所采的土样只能代表某个时间点的土壤性质,而这些土壤性质对于滨海盐渍土来说时刻都在发生变化,因而它们之间没有表现出明显的相关性。

表2-5　采样点各层土壤 pH 与气象因子的相关关系

| 项目 | | A点上层 | A点中层 | A点下层 | B点上层 | B点中层 | B点下层 | C点上层 | C点中层 | C点下层 | 平均低温 | 平均高温 | 降雨量 | 降雨天数 |
|---|---|---|---|---|---|---|---|---|---|---|---|---|---|---|
| A点上层 | Pearson Correlation | 1 | .518 | .289 | .215 | .140 | -.091 | .111 | .183 | .230 | .388 | .362 | .501 | .524 |
| | Sig. (2-tailed) | · | .084 | .363 | .503 | .664 | .778 | .731 | .569 | .473 | .213 | .248 | .097 | .080 |
| | N | 12 | 12 | 12 | 12 | 12 | 12 | 12 | 12 | 12 | 12 | 12 | 12 | 12 |
| A点中层 | Pearson Correlation | .518 | 1 | .740** | .031 | .391 | .294 | -.202 | -.449 | -.444 | .809** | .803** | .859** | .682** |
| | Sig. (2-tailed) | .084 | · | .006 | .924 | .209 | .354 | .529 | .143 | .148 | .001 | .002 | .000 | .015 |
| | N | 12 | 12 | 12 | 12 | 12 | 12 | 12 | 12 | 12 | 12 | 12 | 12 | 12 |
| A点下层 | Pearson Correlation | .289 | .740** | 1 | .197 | .171 | .035 | -.401 | -.291 | -.235 | .348 | .347 | .519 | .627 |
| | Sig. (2-tailed) | .363 | .006 | · | .540 | .595 | .915 | .196 | .358 | .463 | .268 | .270 | .083 | .029 |
| | N | 12 | 12 | 12 | 12 | 12 | 12 | 12 | 12 | 12 | 12 | 12 | 12 | 12 |
| B点上层 | Pearson Correlation | .215 | .031 | .197 | 1 | .187 | .116 | .323 | .661* | .631* | -.267 | -.284 | .101 | .573 |
| | Sig. (2-tailed) | .503 | .924 | .540 | · | .560 | .719 | .306 | .019 | .028 | .402 | .371 | .754 | .051 |
| | N | 12 | 12 | 12 | 12 | 12 | 12 | 12 | 12 | 12 | 12 | 12 | 12 | 12 |
| B点中层 | Pearson Correlation | .140 | .391 | .171 | .187 | 1 | .876** | .142 | .035 | .004 | .441 | .421 | .562 | .269 |
| | Sig. (2-tailed) | .664 | .209 | .595 | .560 | · | .000 | .660 | .915 | .990 | .151 | .173 | .057 | .398 |
| | N | 12 | 12 | 12 | 12 | 12 | 12 | 12 | 12 | 12 | 12 | 12 | 12 | 12 |
| B点下层 | Pearson Correlation | -.091 | .294 | .035 | .116 | .876** | 1 | .350 | .044 | -.019 | .420 | .411 | .498 | .216 |
| | Sig. (2-tailed) | .778 | .354 | .915 | .719 | .000 | · | .265 | .893 | .954 | .173 | .184 | .099 | .500 |
| | N | 12 | 12 | 12 | 12 | 12 | 12 | 12 | 12 | 12 | 12 | 12 | 12 | 12 |
| C点上层 | Pearson Correlation | .111 | -.202 | -.401 | .323 | .142 | .350 | 1 | .685* | .497 | -.212 | -.236 | -.139 | -.071 |
| | Sig. (2-tailed) | .731 | .529 | .196 | .306 | .660 | .265 | · | .014 | .100 | .508 | .460 | .667 | .826 |
| | N | 12 | 12 | 12 | 12 | 12 | 12 | 12 | 12 | 12 | 12 | 12 | 12 | 12 |

续表

| 项目 | | A点上层 | A点中层 | A点下层 | B点上层 | B点中层 | B点下层 | C点上层 | C点中层 | C点下层 | 平均低温 | 平均高温 | 降雨量 | 降雨天数 |
|---|---|---|---|---|---|---|---|---|---|---|---|---|---|---|
| C点中层 | Pearson Correlation | .183 | −.449 | −.291 | .661* | .035 | .044 | .685* | 1 | .910** | −.552 | −.576 | −.321 | .106 |
| | Sig. (2-tailed) | .569 | .143 | .358 | .109 | .915 | .893 | .014 | | .000 | .063 | .050 | .309 | .743 |
| | N | 12 | 12 | 12 | 12 | 12 | 12 | 12 | 12 | 12 | 12 | 12 | 12 | 12 |
| C点下层 | Pearson Correlation | .230 | −.444 | −.235 | .631* | .004 | −.019 | .497 | .910** | 1 | −.516 | −.529 | −.368 | .088 |
| | Sig. (2-tailed) | .473 | .148 | .463 | .028 | .990 | .954 | .100 | .000 | | .086 | .077 | .239 | .786 |
| | N | 12 | 12 | 12 | 12 | 12 | 12 | 12 | 12 | 12 | 12 | 12 | 12 | 12 |
| 平均低温 | Pearson Correlation | .388 | .809** | .348 | −.267 | .441 | .420 | −.212 | −.552 | −.516 | 1 | .999** | .862** | .452 |
| | Sig. (2-tailed) | .213 | .001 | .268 | .402 | .151 | .173 | .508 | .063 | .086 | | .000 | .000 | .140 |
| | N | 12 | 12 | 12 | 12 | 12 | 12 | 12 | 12 | 12 | 12 | 12 | 12 | 12 |
| 平均高温 | Pearson Correlation | .362 | .803** | .347 | −.284 | .421 | .411 | −.236 | −.576 | −.529 | .999** | 1 | .851** | .446 |
| | Sig. (2-tailed) | .248 | .002 | .270 | .371 | .173 | .184 | .460 | .050 | .077 | .000 | | .000 | .147 |
| | N | 12 | 12 | 12 | 12 | 12 | 12 | 12 | 12 | 12 | 12 | 12 | 12 | 12 |
| 降雨量 | Pearson Correlation | .501 | .859** | .519 | .101 | .562 | .498 | −.139 | −.321 | −.368 | .862** | .851** | 1 | .756* |
| | Sig. (2-tailed) | .097 | .000 | .083 | .754 | .057 | .099 | .667 | .309 | .239 | .000 | .000 | | .004 |
| | N | 12 | 12 | 12 | 12 | 12 | 12 | 12 | 12 | 12 | 12 | 12 | 12 | 12 |
| 降雨天数 | Pearson Correlation | .524 | .682* | .627* | .573 | .269 | .216 | −.071 | .106 | .088 | .452 | .446 | .756* | 1 |
| | Sig. (2-tailed) | .080 | .015 | .029 | .051 | .398 | .500 | .826 | .743 | .786 | .140 | .147 | .004 | |
| | N | 12 | 12 | 12 | 12 | 12 | 12 | 12 | 12 | 12 | 12 | 12 | 12 | 12 |

注:**. Correlation is significant at the 0.01 level(2-tailed).
*. Correlation is significant at the 0.05 level(2-tailed).

表2-6　采样点各层土壤全盐量与气象因子的相关关系

| 项目 | | A点上层 | A点中层 | A点下层 | B点上层 | B点中层 | B点下层 | C点上层 | C点中层 | C点下层 | 平均低温 | 平均高温 | 降雨量 | 降雨天数 |
|---|---|---|---|---|---|---|---|---|---|---|---|---|---|---|
| A点上层 | Pearson Correlation | 1 | .538 | .152 | -.120 | -.003 | -.261 | -.054 | -.306 | -.061 | -.496 | -.502* | -.620* | .536 |
| | Sig. (2-tailed) | | .071 | .637 | .771 | .993 | .413 | .868 | .333 | .851 | .101 | .097 | .031 | .072 |
| | N | 12 | 12 | 12 | 12 | 12 | 12 | 12 | 12 | 12 | 12 | 12 | 12 | 12 |
| A点中层 | Pearson Correlation | .538 | 1 | .625* | -.175 | .343 | -.077 | -.068 | -.282 | .006 | -.705* | -.683* | -.763* | -.519 |
| | Sig. (2-tailed) | .071 | | .030 | .587 | .275 | .812 | .833 | .374 | .985 | .010 | .014 | .004 | .084 |
| | N | 12 | 12 | 12 | 12 | 12 | 12 | 12 | 12 | 12 | 12 | 12 | 12 | 12 |
| A点下层 | Pearson Correlation | .152 | .625* | 1 | -.205 | .232 | .018 | .042 | -.708** | -.372 | -.495 | -.487 | -.634* | -.472 |
| | Sig. (2-tailed) | .637 | .030 | | .522 | .469 | .955 | .896 | .010 | .234 | .102 | .108 | .027 | .121 |
| | N | 12 | 12 | 12 | 12 | 12 | 12 | 12 | 12 | 12 | 12 | 12 | 12 | 12 |
| B点上层 | Pearson Correlation | -.120 | -.175 | -.205 | 1 | -.552 | -.323 | .017 | -.026 | -.108 | .425 | .425 | .270 | -.331 |
| | Sig. (2-tailed) | .771 | .587 | .522 | | .063 | .306 | .958 | .935 | .738 | .168 | .168 | .397 | .293 |
| | N | 12 | 12 | 12 | 12 | 12 | 12 | 12 | 12 | 12 | 12 | 12 | 12 | 12 |
| B点中层 | Pearson Correlation | -.003 | .343 | .232 | -.552 | 1 | .849** | .221 | -.063 | .154 | -.181 | -.160 | -.185 | .321 |
| | Sig. (2-tailed) | .993 | .275 | .469 | .063 | | .000 | .490 | .846 | .632 | .574 | .620 | .566 | .309 |
| | N | 12 | 12 | 12 | 12 | 12 | 12 | 12 | 12 | 12 | 12 | 12 | 12 | 12 |
| B点下层 | Pearson Correlation | -.261 | -.077 | .018 | -.323 | .849** | 1 | .293 | -.094 | .080 | .141 | .153 | .162 | .512 |
| | Sig. (2-tailed) | .413 | .812 | .955 | .306 | .000 | | .356 | .770 | .804 | .662 | .635 | .615 | .089 |
| | N | 12 | 12 | 12 | 12 | 12 | 12 | 12 | 12 | 12 | 12 | 12 | 12 | 12 |
| C点上层 | Pearson Correlation | -.054 | -.068 | .042 | .017 | .221 | .293 | 1 | -.083 | -.432 | .371 | .378 | .160 | .064 |
| | Sig. (2-tailed) | .868 | .833 | .896 | .958 | .490 | .356 | | .798 | .160 | .236 | .235 | .620 | .842 |
| | N | 12 | 12 | 12 | 12 | 12 | 12 | 12 | 12 | 12 | 12 | 12 | 12 | 12 |

续表

| 项目 | | A点上层 | A点中层 | A点下层 | B点上层 | B点中层 | B点下层 | C点上层 | C点中层 | C点下层 | 平均低温 | 平均高温 | 降雨量 | 降雨天数 |
|---|---|---|---|---|---|---|---|---|---|---|---|---|---|---|
| C点中层 | Pearson Correlation | −.306 | −.282 | −.708** | −.026 | −.063 | −.094 | −.083 | 1 | .645* | .156 | .166 | .254 | .233 |
| | Sig. (2-tailed) | .333 | .374 | .010 | .935 | .846 | .770 | .798 | . | .023 | .629 | .607 | .426 | .465 |
| | N | 12 | 12 | 12 | 12 | 12 | 12 | 12 | 12 | 12 | 12 | 12 | 12 | 12 |
| C点下层 | Pearson Correlation | −.061 | .006 | −.372 | −.108 | .154 | .080 | −.432 | .645* | 1 | −.377 | −.362 | −.229 | −.013 |
| | Sig. (2-tailed) | .851 | .985 | .234 | .738 | .632 | .804 | .160 | .023 | . | .227 | .248 | .473 | .967 |
| | N | 12 | 12 | 12 | 12 | 12 | 12 | 12 | 12 | 12 | 12 | 12 | 12 | 12 |
| 平均低温 | Pearson Correlation | −.496 | −.705* | −.495 | .425 | −.181 | .141 | .371 | .156 | −.377 | 1 | .999** | .862** | .452 |
| | Sig. (2-tailed) | .101 | .010 | .102 | .168 | .574 | .662 | .236 | .629 | .227 | . | .000 | .000 | .140 |
| | N | 12 | 12 | 12 | 12 | 12 | 12 | 12 | 12 | 12 | 12 | 12 | 12 | 12 |
| 平均高温 | Pearson Correlation | −.502 | −.683* | −.487 | .425 | −.160 | −.153 | .378 | .166 | −.362 | .999** | 1 | .851** | .446 |
| | Sig. (2-tailed) | .097 | .014 | .108 | .168 | .620 | .635 | .225 | .607 | .248 | .000 | . | .000 | .147 |
| | N | 12 | 12 | 12 | 12 | 12 | 12 | 12 | 12 | 12 | 12 | 12 | 12 | 12 |
| 降雨量 | Pearson Correlation | −.620* | −.763* | −.634* | .270 | −.185 | .162 | .160 | .254 | −.229 | .862** | .851** | 1 | .756* |
| | Sig. (2-tailed) | .031 | .004 | .027 | .397 | .566 | .615 | .620 | .426 | .473 | .000 | .000 | . | .004 |
| | N | 12 | 12 | 12 | 12 | 12 | 12 | 12 | 12 | 12 | 12 | 12 | 12 | 12 |
| 降雨天数 | Pearson Correlation | −.536 | −.519 | −.472 | −.331 | .321 | .512 | .064 | .233 | −.013 | .452 | .446 | .756** | 1 |
| | Sig. (2-tailed) | .072 | .084 | .121 | .293 | .309 | .089 | .842 | .465 | .967 | .140 | .147 | .004 | . |
| | N | 12 | 12 | 12 | 12 | 12 | 12 | 12 | 12 | 12 | 12 | 12 | 12 | 12 |

注: *. Correlation is significant at the 0.05 level(2-tailed).

**. Correlation is significant at the 0.01 level(2-tailed).

## （二）临港新城近 60 年成陆盐渍土及其植被特征

临港新城大部分土壤是在不断自然淤积和人工吹填中形成的，在这个过程中修建了一系列的堤或塘，保护已成陆的地方免受海水再侵蚀。这些堤塘依成陆时间早晚主要为人民塘、解放塘、八五塘、九四塘。在塘与塘之间，地势平坦、土壤的理化性质基本一致，植被状况相似。

为了解临港新城近 60 年来成陆区域土壤的基本理化性状和植被状况，我们以滴水湖为中心，向东南方向辐射，确定了一条有代表性的射线。该射线穿越四个堤塘，避开了施工作业面，调查结果代表了临港新城近 60 年来成陆区域土壤植被本底情况。在射线上选取了 7 个土壤取样点，其中九四塘外 3 个点，利用参照物和 GPS 定位。调查射线及堤塘分布位置示意图见图 2-7，7 个土壤取样点与最新的 2002 海堤的直线距离见表 2-7。每个点分别取 0～30 cm 土层和 30～60 cm 土层的土样进行分析，测定项目有：pH、EC、含盐量、有机质，测定方法同上。塘内植被状况调查以选取调查样方的方式进行。每个堤内设置 1 m×1 m 或 10 m×10 m 的样方 2～3 个，在 2005 年 5 月和 10 月进行了两次土壤和植被状况的调查。

表 2-7　　　　　　射线上 7 个土壤取样点与 2002 海堤的距离

| 样点编号 | 位置 | 距离 2002 海堤/km |
|---|---|---|
| 1 | 九四塘外 | 5.85 |
| 2 | 九四塘外 | 5.86 |
| 3 | 九四塘外 | 5.87 |
| 4 | 九四塘—八五塘 | 6.51 |
| 5 | 八五塘—解放塘 | 6.79 |
| 6 | 八五塘—解放塘 | 7.16 |
| 7 | 解放塘—人民塘 | 7.76 |

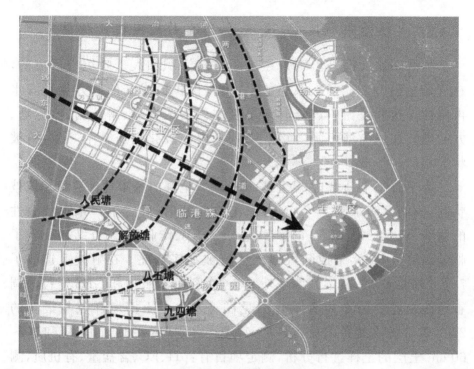

**图 2-7 临港新城采样射线**

（1）土壤理化特征

5月土壤主要理化指标调查分析结果见图2-9,7个样点两层土壤的pH都在7.8以上,样点7表层土壤的pH最高达8.34。随着样点离海越来越远,pH有升高的趋势,这说明临港新城滨海盐渍土在脱盐的过程中有碱化的趋势。从土壤EC值可以看出,随着成陆时间的延长,土壤EC值逐渐下降。土壤上、下层EC值的变化和这一地区盐水变化有关,上海属亚热带海洋性季风气候,全年降水量大于蒸发量,滨海盐渍土成陆后将会逐步脱盐。由于天气状况的原因,土壤存在季节性返盐现象,土体中盐分的分布还和植被状况、地下水位、地下水矿化度、土壤质地等因素有关。5月九四塘外新成陆区域有些地块的有机质含量低于 5 g·kg$^{-1}$,滩涂成土母质的有机质含量极低。随着成陆时间延长,植物参与到土壤的演替过程中,使土壤中有机质含量明显增加,表层达到 20 g·kg$^{-1}$左右。含盐量的变化趋势则与 EC 值相似,0~30 cm 土壤含盐量大多集中在 1~2 g·kg$^{-1}$,属轻度盐化土,30~60 cm 土壤含盐量均高于表层土壤含盐量,这可能是由于 5 月降水较多,土壤表层盐分被淋洗到了下层。

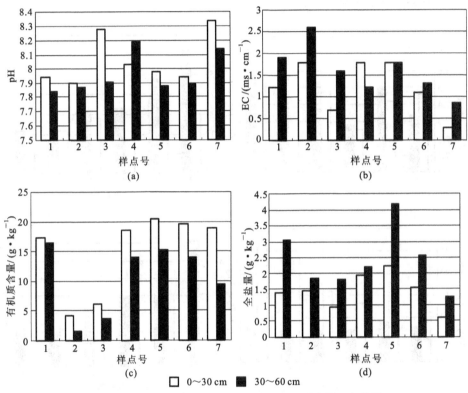

图 2-8　5 月不同堤塘间土壤 pH、EC、有机质含量和全盐量

秋季(10 月)土壤主要理化指标调查分析结果见图 2-10,可以看出土壤 pH 随成陆时间的延长而存在升高的趋势,和 5 月的变化趋势类似,堤塘间的土壤 pH 较 5 月有所下降。表层土壤的 pH 均在 7.5左右,最大值只有 7.65,接近中性。10 月 EC 值变化趋势与 5 月相

同,随成陆时间的延长都有下降的趋势,而且二次测定,土壤 EC 值数值相近。10 月堤塘间土壤有机质数据变化趋势与 5 月相同,说明随着成陆时间的延长,土壤中的有机质积累,含量逐渐增加。全盐量随成陆时间的延长有下降的趋势,但土体中盐分的含量较 5 月有所升高,这说明 10 月降水较少,而这时温度还较高,蒸发旺盛,使含盐地下水上升,增加了土体中的盐分。

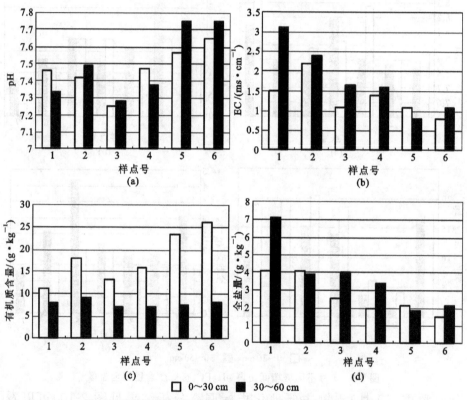

图 2-9　10 月不同堤塘间土壤 pH、EC、有机质含量和全盐量

（2）植物种类与植被

由于围垦堤塘修建时间间隔较长,堤塘间的植物组成和群落类型差异明显。其中,围垦堤塘建成时间较晚的堤塘间的植物差异最

大,围垦堤塘建成时间较早的堤塘间植物差异较小。

① 九四塘植被。

九四塘建于 1994 年,九四塘植被是指九四塘与八五塘之间区域的植被。由于受土壤盐碱度和水位的影响,塘内植被主要是挺水盐生植物互花米草,群落类型也是单一的互花米草群落。5 月,互花米草在塘内的覆盖率达 75%,在九四塘的互花米草群落中有少量碱蓬。

按地下水位不同,三个取样地调查分析结果见表 2-8,结果表明互花米草群落随地下水位的变化,群落有较为显著的变化。地下水位越高,互花米草群落生长越旺盛。样地 1 地下水位为 0.54 m,互花米草样方内总数量为 111 株,新、老植株各半。样地 2 地下水位在 0.80~1.00 m,互花米草样方内总数量减至 42 株,而其中新植株数量仅占 1/5,且植株也比较矮小。样地 3 地下水位在 1.00 m 以下,没有互花米草植株生长,取代它的是芦苇群落。

表 2-8 九四塘的样方调查统计表(5 月)

| 样地编号 | 植物名称 | 高度/cm | 地径/cm | 数量/株 |
|---|---|---|---|---|
| 样地 1<br>(地下水位:0.54 m) | 互花米草(当年生) | 105 | 1.11 | 55 |
| | 互花米草(多年生) | 184 | 1.06 | 56 |
| | 碱蓬 | 无 | | |
| 样地 2<br>(地下水位:<br>0.80~1.00 m) | 互花米草(当年生) | 60 | 1.29 | 9 |
| | 互花米草(多年生) | 118 | 1.25 | 33 |
| | 碱蓬 | 5 | | 12 |
| 样地 3<br>(地下水位:<br>1.00 m 以下) | 芦苇(当年生) | 198 | 0.63 | 43 |
| | 芦苇(多年生) | 147 | 0.42 | 57 |
| | 碱蓬 | 7 | | 6 |

10 月九四塘植被调查设置了四个样方,结果见表 2-9。植物种类主要有挺水盐生植物互花米草和芦苇,还有部分碱蓬。群落类型也由单一的互花米草群落、碱蓬群落或芦苇+互花米草群落组成。另外,还有空心莲子草等植物分布。

表 2-9 九四塘的样方调查统计表(10 月)

| 样地编号 | 植物名称 | 高度/cm | 地径/cm | 数量/株 |
|---|---|---|---|---|
| 样地 1:芦苇群落 | 芦苇 | 178 | 1.15 | 118 |
| 样地 2:<br>芦苇＋互花米草群落 | 芦苇 | 109 | 0.5 | 20 |
| | 互花米草 | 164 | 1.7 | 20 |
| 样地 3:碱蓬群落 | 碱蓬 | 75.8 | 44.3(蓬径) | 9 |
| 样地 4:芦苇群落 | 芦苇 | 149.9 | 0.5 | 28 |

② 八五塘植被。

八五塘建于 1985 年,八五塘植被是指八五塘与解放塘之间区域的植被。八五塘的植物种类比九四塘要丰富很多,植物生长的土壤条件好于九四塘。但由于八五塘很大面积被开垦为鱼塘,因此塘内植被只在部分滩涂上有分布,样方调查结果见表 2-10。

表 2-10 八五塘的样方调查统计表

| | 样地 1(湿地边) | | 样地 2(湿地) | |
|---|---|---|---|---|
| | 植物名称 | 盖度/% | 植物名称 | 盖度/% |
| 5 月 | 空心莲子草 | 85 | 芦苇 | 90 |
| | 香附子 | 1 | 空心莲子草 | 35 |
| | 齿果酸模 | 1 | 香附子 | 1 |
| 10 月 | 狗牙根 | 70 | 空心莲子草 | 3 |
| | 碱蓬 | 25 | 鳢肠 | 1 |
| | 野艾蒿 | 15 | 一枝黄花 | 1 |
| | 空心莲子草 | 5 | | |

5 月八五塘植被主要有空心莲子草、香附子、齿果酸模、芦苇、碱蓬等。在滩涂和塘堤间还分布有灰藜、牛膝、葎草、小蓟、鹅观草、油菜、乌蔹莓、野艾蒿、一年蓬、石胡荽等。

10月八五塘的植物种类依旧比九四塘丰富,湿地边缘以芦苇、碱蓬、狗牙根、空心莲子草、狗尾草为主,并有水芹、萝摩、葎草、小蓟、龙葵等伴生,其他还有野艾蒿、鳢肠、一枝黄花、苍耳等植物。

③ 解放塘植被。

解放塘植被是指解放塘与人民塘之间区域的植被。解放塘出现了较大面积和种类相对丰富的湿地群落。

5月解放塘植被主要有芦苇、香蒲、狗牙根等,并有空心莲子草、石胡荽、稗草、齿果酸模等伴生。湿地边缘与塘堤之间主要植物有石胡荽、齿果酸模、猪殃殃、葎草、救荒野豌豆、空心莲子草、野苜蓿、两栖蓼、禺毛茛、打碗花、狗牙根、灰藜、金狗尾草、臭荠、泽漆等。在解放塘的一些土堆上(高出湿地1.5~2 m),主要有猪殃殃、葎草、灰藜、禺毛茛、齿果酸模、独行菜等。

10月解放塘有较大面积的湿地群落,主要有芦苇、香蒲、狗牙根等,并有小蓟、蚤缀、一枝黄花、苘蔴、狗尾草、牛筋草、小画眉草、扁秆藨草、草木樨、萝摩、田菁、红蓼等伴生植物组成,结果见表2-11。

表 2-11 解放塘湿地群落样方调查表

| 样点 | 植物名称 | 平均高度/cm | 地径/cm | 数量/株 |
|---|---|---|---|---|
| 样点 1: 香蒲+芦苇群落 | 香蒲 | 157 | 2.19 | 56 |
| | 芦苇 | 189 | 1.42 | 40 |
| | 空心莲子草 | 45~50 | | 32 |
| 样点 2: 石胡荽群落 | 石胡荽 | 28 | | 85 |
| | 狗牙根 | 5 | | 3 |
| | 空心莲子草 | 4 | | 1 |
| | 救荒野豌豆 | 1 | | 1 |
| | 打碗花 | 1 | | 1 |
| | 野苜蓿 | 1 | | 1 |

④ 人民塘植被。

人民塘植被主要是向陆域方向 1～3 km 内的植被。人民塘的植物不单纯是湿地草本植物,还有大量人工种植的绿化植物。

5月人民塘植被主要有水杉、金合欢、雪松、香樟等,特别是在地被中发现有女贞、香樟的实生苗。草本植物主要有稗草、石胡荽、一年蓬、一枝黄花、臭荠、春一年蓬、龙葵、空心莲子草、芦苇、乌蔹莓、油菜、窃衣、牛膝、葎草、小飞蓬、蒲公英、婆婆纳、繁缕等。

10月人民塘的植物除原有的水杉、金合欢、雪松、香樟等以外,草本植物主要有鳢肠、小蓟、铁苋菜、一枝黄花、黄鹌菜、一年蓬、葎草、乌蔹莓、龙葵、马兰、栝楼、繁缕、萝藦、绿豆、婆婆纳、畚缀、苋、荷蒢、狗尾草、牛筋草等。

（3）结果与讨论

临港新城滨海盐渍土的形成受江海交互沉积的影响,其形成与演变大致可分为三个阶段:① 水下浸渍的淤泥阶段。当江河大量泥沙入海时,在河口和近海不断沉积,处在水下堆积阶段时,被一定盐度的咸淡混合水体所浸渍,形成水下盐渍淤泥。② 盐渍滩涂的生草阶段。由水下盐渍淤泥进入盐渍滩涂后,湿生和盐生植物参与成土作用。这些植物大致有互花米草、碱菀、芦苇、空心莲子草、香附子、齿果酸模、碱蓬、香蒲、狗牙根、石胡荽、稗草等。这些植物随土壤含盐量由高到低的演替顺序为:互花米草→碱菀、芦苇→空心莲子草、香附子、齿果酸模、碱蓬→香蒲、狗牙根、石胡荽、稗草等。这一时期随着植被的繁衍,出现活跃的生草脱盐和强烈的季节性返盐,水盐动态就体现在脱盐和返盐的交替过程中进行。③ 垦殖利用的脱盐阶段。盐渍滩涂围垦后,由于排水设施和耕作施肥等熟化措施,改变了自然生草阶段的缓慢进程,使土体脱盐速度逐渐加快。在相似的垦殖条件下,脱盐速度的先决条件是排水状况和垦殖熟化年限。

由于距海远近、地形高低、围垦时间长短直接影响土壤含盐量变化,进而影响盐生植物群落分布:九四塘、八五塘、解放塘内不宜直接栽植园林绿化植被,应对土壤进行一定的改良措施,降低土壤含盐量,改良土壤结构;人民塘内可直接种植轻度耐盐碱的园林绿化植被;距东海由近至远的九四塘、八五塘、解放塘和人民塘的人为利用方式依次是芦苇收割、修建鱼塘、农田开垦、苗圃育苗。滨海盐碱土的水盐关系与气象因子密切相关,如降雨量、蒸发强度、温度都会影响含盐地下水在土体中的移动。分析了 A、B、C 三个取样点的三层土壤 pH、全盐量与气象因子的关系,发现没有明显的规律,这可能是由于气象资料反映的是每个月的天气情况,而我们每个月所采的土样只能代表某个时间点土壤的性质,而这些土壤性质对于滨海盐渍土来说时刻都在发生变化,因而它们之间没有表现出明显关系。

# 第三章 绿化耐盐植物筛选及其耐盐性

　　本章在已有耐盐植物筛选和耐盐性研究的基础上介绍在盆栽可控试验和大田试验条件下,研究分析供试植物的耐盐能力,筛选并推荐适合长三角滨海城镇绿化的耐盐植物。供试植物主要有两大类:① 已在长三角城市特别是在滨海盐渍土绿化中应用,但没有确切报道耐盐能力的植物种类,如夹竹桃、伞房决明、大叶女贞等;② 国内外盐生植物中具有景观效果的植物,但将这类盐生植物,如沼泽小叶桦、厚叶石斑木、弗吉利亚栎等应用到长三角滨海绿化前需要进行区域适应性试验、快速繁殖等。

　　在筛选过程中,采用滨海盐渍土原土栽培、盐池盆栽及滩涂盐渍土直接种植等方法,相同植物种类采用不同试验方法相对照,判断不同试验方法下试验结果是否一致,从而初步确定供试植物的耐盐范围。根据长三角滨海地区不同时间围堤淤涨所形成的盐渍土盐度,推荐了能在不同盐度条件下正常生长的植物种类,使土壤盐度与植物种类耐盐能力相适配,进一步提高了绿化植物存活率,同时降低了盐渍土大面积改良及局部换土的工程成本。

# 一、绿化植物在可控条件下的耐盐试验

## (一) 盐池栽培

(1) 材料和方法

用于盐池栽培的试验植物共筛选了 41 种(含种或品种,见表 3-1)。供试植物要求选择生长健壮、无病虫害,同一树种长势基本一致的苗木。2008 年 3 月将供试苗木带原土移栽到口径 25 cm 的硬塑料容器中。7 月将容器苗移入由玻璃温室改造而成的试验池中,温室四周通风,只在顶部覆盖塑料薄膜,以防雨水渗入。试验池由砖和钢筋混凝土砌成,长 7.0 m,宽 2.0 m,深 0.8 m。8 月 16 日试验池中放入 30 cm 深的盐水,盛苗容器底部由空容器支撑,并保持底部 3～4 cm 浸在盐水中,配置的盐溶液可通过容器底部小孔和毛细管作用渗入土壤中。

在 9 个试验池中设计 9 个盐浓度梯度,分别为 0(CK)、1‰、2‰、3‰、4‰、5‰、6‰、8‰和 10‰。为了使盐分组成更接近崇明滨海盐土的实际情况,本试验按 85% NaCl、14.7% $Na_2SO_4$ 和 0.3% $NaHCO_3$ 的比例配制盐分(毕华松等,2007)。每个盐度梯度、每种供试植物都设 5～6 个。人工控制水分和盐分,定期对盆内土壤及试验池内盐溶液进行含盐量测定,适时 2 调整水盐比例以确保盆内土壤含盐量按实验设计的浓度梯度排列。耐盐试验从 8 月 16 日开始至 10 月 15 日结束,共 60 d。

生长指标的测定:试验期间分别对供试植物在试验处理前、处理一个月后、处理两个月后进行生长指标的测定,包括植株的地径、高生长量、分枝量、冠幅、存活率等,分期统计耐盐处理方式下不同植物的栽植总株数和存活株数。统计方法与公式如下。

表 3-1　　　　　　　　　　　盐池栽培试验植物名录

| 序号 | 学名 | 序号 | 学名 |
|---|---|---|---|
| 1 | 花叶胡颓子 | 22 | 滨枥 |
| 2 | 多花木蓝 | 23 | 绒毛白蜡 |
| 3 | 加拿大紫荆 | 24 | 水松 |
| 4 | 加拿大红叶紫荆 | 25 | 密实卫矛 |
| 5 | 溲疏 | 26 | 短枝红石榴 |
| 6 | 分药花 | 27 | 伞房决明 |
| 7 | 豪猪刺 | 28 | 矮生紫薇 |
| 8 | 金叶接骨木 | 29 | 柽柳 |
| 9 | 彩叶杞柳 | 30 | 杠柳 |
| 10 | 蔓生紫薇 | 31 | 迷迭香 |
| 11 | 蓝刺柏 | 32 | 红花绣线菊 |
| 12 | 蓝冰柏 | 33 | 海滨木槿 |
| 13 | 紫花醉鱼草 | 34 | 大花六道木 |
| 14 | 木槿 | 35 | 金叶莸 |
| 15 | 地中海荚蒾 | 36 | 金叶风箱果 |
| 16 | 丝棉木 | 37 | 紫穗槐 |
| 17 | 小花毛核木 | 38 | 黄果火棘 |
| 18 | 速生柏 | 39 | 花叶锦带花 |
| 19 | 金叶杨 | 40 | 欧洲椴 |
| 20 | 红叶杨 | 41 | 沼泽小叶桦 |
| 21 | 麻栎 | | |

$$存活率 = \frac{存活株数}{总株数} \times 100\%$$

植株高生长量＝试验结束时植株高度－试验开始时植株高度

$$冠幅增量＝试验结束时冠幅－试验开始时冠幅$$

叶绿素含量的测定(分光光度-乙醇法)：取植株相同部位的新鲜叶片洗净、擦干、去脉、剪碎、混匀。称取剪碎的新鲜样品 0.12 g，放入 15 mL 试管内，然后加入 15 mL 95％的乙醇，置于暗处放置 48 h，中间进行充分振荡，使叶绿素充分溶解。48 h 后，以 95％的乙醇为空白，在波长 665 nm、649 nm 和 470 nm 下测定吸光度。

(2) 结果与分析

两个月栽培试验结束后，对 41 种供试植物的生长和生理指标进行测定、盐胁迫症状观察，并对其存活率、生长量和叶绿素含量变化结果进行统计。由表 3-2 可知，供试的 41 种植物苗木的存活率、高生长量、冠幅增量和叶绿素含量均随着土壤盐浓度的升高而呈下降趋势，直至停止生长和植株枯萎死亡。这一变化趋势往往表现为前后两个差异悬殊的阶段，即从对照到盐浓度较低处理的缓慢下降阶段和较高盐浓度处理的急剧下降阶段。这些变化的转折点预示着植物耐盐极限的到来，一般表现为存活率低于 50％，高生长量和叶绿素含量大幅下降。

表 3-2　　　　　　　　　　　　绿化植物盐池耐盐试验结果

| 植物名称 | 耐盐处理 | 存活率/％ | 冠幅增量/cm | 高生长量/cm | 叶绿素含量/(mg·g$^{-1}$·Fw) | 盐胁迫症状 |
|---|---|---|---|---|---|---|
| | 2‰ | 100 | 14.7 | 16.8 | 2.14 | 生长正常 |
| | 3‰ | 100 | 11.5 | 15.3 | 1.80 | 少数叶片焦边、外翻 |
| 花叶胡颓子 | 4‰ | 83 | 9.2 | 11.1 | 1.65 | 部分叶片干枯、外翻 |
| | 5‰ | 33 | 5.6 | 5.1 | 1.23 | 大量叶片枯萎、近 70％植株死亡 |
| | 6‰ | 0 | — | — | | 全部死亡 |

续表

| 植物名称 | 耐盐处理 | 存活率/% | 冠幅增量/cm | 高生长量/cm | 叶绿素含量/(mg·g⁻¹·Fw) | 盐胁迫症状 |
|---|---|---|---|---|---|---|
| 多花木蓝 | CK | 100 | 18.3 | 5.4 | 1.34 | 生长正常 |
| | 1‰ | 80 | 13.8 | 4.1 | 0.97 | 叶片焦边、卷曲 |
| | 2‰ | 40 | 5.2 | 1.3 | 0.22 | 大量叶片枯萎脱落 |
| | 3‰ | 0 | — | — | — | 全部死亡 |
| 加拿大紫荆 | 2‰ | 100 | 6.7 | 5.4 | 1.20 | 生长正常 |
| | 3‰ | 80 | 5.6 | 4.8 | 1.19 | 少量叶片边缘枯黄 |
| | 4‰ | 60 | 3.3 | 1.9 | 0.92 | 落叶严重 |
| | 5‰ | 20 | 0.8 | 0.5 | — | 全部落叶 |
| | 6‰ | 0 | — | — | — | 全部死亡 |
| 加拿大红叶紫荆 | 3‰ | 100 | 12.9 | 10.4 | 0.81 | 生长正常 |
| | 4‰ | 83 | 11.5 | 7.9 | 0.67 | 叶片颜色变浅,开始脱落 |
| | 5‰ | 33 | 5.7 | 2.2 | 0.21 | 落叶严重 |
| | 6‰ | 0 | — | — | — | 全部死亡 |
| 溲疏 | 1‰ | 100 | 8.5 | 3.4 | 1.53 | 生长正常 |
| | 2‰ | 80 | 6.5 | 3.0 | 1.49 | 叶片出现焦边、卷曲 |
| | 3‰ | 60 | 1.9 | 1.2 | 0.85 | 叶片枯萎脱落 |
| | 4‰ | 20 | 1.7 | 0.5 | 0.40 | 死亡严重 |
| | 5‰ | 0 | — | — | — | 全部死亡 |
| 分药花 | CK | 100 | 24.2 | 11.1 | 1.74 | 生长正常 |
| | 1‰ | 83 | 20.8 | 9.4 | 1.54 | 叶片出现焦边 |
| | 2‰ | 50 | 9.4 | 5.0 | 0.73 | 枯枝、焦叶较多 |
| | 3‰ | 17 | 5.3 | 3.6 | 0.31 | 死亡严重 |
| | 4‰ | 0 | — | — | — | 全部死亡 |

续表

| 植物名称 | 耐盐处理 | 存活率/% | 冠幅增量/cm | 高生长量/cm | 叶绿素含量/$(mg \cdot g^{-1} \cdot Fw)$ | 盐胁迫症状 |
|---|---|---|---|---|---|---|
| 豪猪刺 | CK | 100 | 9.4 | 6.6 | 0.66 | 生长正常 |
| | 1‰ | 80 | 8.1 | 5.9 | 0.60 | 出现枯叶 |
| | 2‰ | 60 | 3.4 | 5.0 | 0.33 | 枯叶严重 |
| | 3‰ | 20 | 0.8 | 1.6 | 0.17 | 死亡严重 |
| | 4‰ | 0 | — | — | — | 全部死亡 |
| 金叶接骨木 | 1‰ | 100 | 37.4 | 16.0 | 1.53 | 生长正常 |
| | 2‰ | 80 | 32.1 | 13.7 | 1.39 | 叶片卷曲,边缘枯黄 |
| | 3‰ | 60 | 18.1 | 6.8 | 0.78 | 多数叶片枯萎 |
| | 4‰ | 20 | 3.6 | 3.3 | 0.59 | 大部分植株枯萎 |
| | 5‰ | 0 | — | — | — | 全部死亡 |
| 彩叶杞柳 | 2‰ | 100 | 19.4 | 22.9 | 1.46 | 生长正常 |
| | 3‰ | 83 | 16.4 | 20.4 | 1.37 | 叶片出现焦边 |
| | 4‰ | 50 | 9.1 | 10.3 | 0.62 | 枯叶严重 |
| | 5‰ | 17 | 7.6 | 5.9 | 0.48 | 大部分植株枯萎 |
| | 6‰ | 0 | — | — | — | 全部死亡 |
| 蔓生紫薇 | CK | 100 | 15.4 | 12.1 | 1.46 | 生长正常 |
| | 1‰ | 80 | 11.8 | 10.5 | 1.12 | 叶片出现焦边 |
| | 2‰ | 60 | 4.8 | 5.5 | 0.57 | 叶片枯黄、卷曲 |
| | 3‰ | 20 | 0.6 | 1.8 | 0.27 | 大部分植株枯萎 |
| | 4‰ | 0 | — | — | — | 全部死亡 |

续表

| 植物名称 | 耐盐处理 | 存活率/% | 冠幅增量/cm | 高生长量/cm | 叶绿素含量/(mg·g⁻¹·Fw) | 盐胁迫症状 |
|---|---|---|---|---|---|---|
| 蓝刺柏 | 1‰ | 100 | 6.5 | 8.4 | 1.30 | 生长正常 |
| | 2‰ | 100 | 5.8 | 7.7 | 1.12 | 针叶泛黄 |
| | 3‰ | 80 | 3.8 | 3.5 | 0.91 | 针叶泛红 |
| | 4‰ | 40 | 1.0 | 1.7 | 0.05 | 针叶干枯 |
| | 5‰ | 0 | — | — | — | 全部死亡 |
| 蓝冰柏 | 1‰ | 100 | 2.3 | 5.0 | 1.05 | 生长正常 |
| | 2‰ | 100 | 2.1 | 4.5 | 0.96 | 针叶尖端泛红 |
| | 3‰ | 80 | 1.7 | 3.9 | 0.72 | 老针叶泛红 |
| | 4‰ | 40 | 0.6 | 1.0 | 0.17 | 全株泛红 |
| | 5‰ | 0 | — | — | — | 全部死亡 |
| 紫花醉鱼草 | 1‰ | 100 | 29.6 | 7.0 | 3.00 | 生长正常 |
| | 2‰ | 100 | 27.5 | 6.9 | 2.70 | 叶片出现焦边、卷曲 |
| | 3‰ | 83 | 24.4 | 5.6 | 1.68 | 出现落叶现象 |
| | 4‰ | 50 | 16.5 | 2.0 | — | 全部脱落 |
| | 5‰ | 17 | — | — | — | 大部分死亡 |
| 木槿 | 1‰ | 100 | 7.7 | 19.0 | 3.07 | 生长正常 |
| | 2‰ | 100 | 6.8 | 18.2 | 2.37 | 部分叶缘枯黄 |
| | 3‰ | 80 | 6.6 | 13.0 | 2.26 | 出现落叶 |
| | 4‰ | 40 | 3.2 | 5.9 | 1.58 | 落叶严重 |
| | 5‰ | 0 | — | — | — | 全部死亡 |

续表

| 植物名称 | 耐盐处理 | 存活率/% | 冠幅增量/cm | 高生长量/cm | 叶绿素含量/(mg·g$^{-1}$·Fw) | 盐胁迫症状 |
|---|---|---|---|---|---|---|
| 地中海荚蒾 | CK | 100 | 4.9 | 4.3 | | |
| | 1‰ | 80 | 3.3 | 3.8 | | |
| | 2‰ | 40 | 1.2 | 1.7 | | |
| | 3‰ | 0 | — | — | | |
| 丝棉木 | 2‰ | 100 | 6.3 | 16.8 | 1.94 | 生长正常 |
| | 3‰ | 100 | 6.2 | 10.4 | 1.33 | 部分叶片焦边 |
| | 4‰ | 83 | 4.7 | 10.3 | 1.23 | 落叶,少量植株枯萎 |
| | 5‰ | 50 | 3.8 | 6.4 | 0.52 | 落叶严重,半数植株枯萎 |
| | 6‰ | 17 | 1.2 | 2.7 | — | 全部落叶,绝大多数枯萎死亡 |
| 小花毛核木 | 2‰ | 100 | 15.0 | 21.8 | 4.74 | 生长正常 |
| | 3‰ | 83 | 14.2 | 17.2 | 3.60 | 叶缘枯黄、叶片卷曲,开始落叶 |
| | 4‰ | 50 | 9.6 | 8.8 | 2.17 | 梢部枯萎,落叶严重,半数死亡 |
| | 5‰ | 17 | 7.9 | 6.2 | 2.01 | 大多数植株枯萎死亡 |
| | 6‰ | 0 | — | — | — | 全部死亡 |
| 速生柏 | 2‰ | 100 | 2.9 | 10.2 | 0.90 | 生长正常 |
| | 3‰ | 100 | 2.7 | 6.3 | 0.88 | 针叶有变黄趋势 |
| | 4‰ | 80 | 2.3 | 4.9 | 0.64 | 部分针叶枯黄,少数植株死亡 |
| | 5‰ | 20 | 0.9 | 1.5 | 0.33 | 大多数植株枯萎死亡 |
| | 6‰ | 0 | — | — | — | 全部死亡 |

续表

| 植物<br>名称 | 耐盐<br>处理 | 存活率/<br>% | 冠幅<br>增量/cm | 高生长量/<br>cm | 叶绿素<br>含量/<br>(mg·g⁻¹·Fw) | 盐胁迫症状 |
|---|---|---|---|---|---|---|
| | 1‰ | 100 | 14.6 | 11.7 | 0.49 | 生长正常 |
| | 2‰ | 100 | 14.4 | 6.0 | 0.38 | 部分叶片枯萎、卷曲 |
| 金叶杨 | 3‰ | 80 | 10.2 | 5.4 | 0.34 | 出现落叶 |
| | 4‰ | 40 | 3.0 | 2.9 | 0.15 | 落叶严重 |
| | 5‰ | 0 | — | — | — | 全部死亡 |
| | 1‰ | 100 | 27.0 | 25.5 | 2.11 | 生长正常 |
| | 2‰ | 100 | 24.0 | 12.2 | 1.92 | 部分叶片枯萎、卷曲 |
| 红叶杨 | 3‰ | 80 | 16.1 | 10.2 | 1.44 | 出现落叶 |
| | 4‰ | 40 | 9.5 | 4.8 | — | 落叶较多 |
| | 5‰ | 0 | — | — | — | 全部死亡 |
| | 2‰ | 100 | 15.1 | 16.7 | 1.14 | 生长正常 |
| | 3‰ | 100 | 11.5 | 12.8 | 1.01 | 少数叶片焦边 |
| 麻栎 | 4‰ | 83 | 10.3 | 12.0 | 0.89 | 部分叶片枯黄、卷曲，<br>落叶 |
| | 5‰ | 33 | 4.1 | 5.8 | 0.34 | 落叶严重 |
| | 6‰ | 0 | — | — | — | 全部死亡 |
| | 4‰ | 100 | 3.6 | 5.1 | 2.64 | 生长正常 |
| | 5‰ | 83 | 3.1 | 3.7 | 2.31 | 部分叶片枯萎，<br>17%植株死亡 |
| 滨柃 | 6‰ | 50 | 1.9 | 1.9 | 1.03 | 萎蔫叶片较多,半数死亡 |
| | 8‰ | 17 | 1.0 | 0.6 | 0.51 | 少量植株存活 |

续表

| 植物名称 | 耐盐处理 | 存活率/% | 冠幅增量/cm | 高生长量/cm | 叶绿素含量/(mg·g$^{-1}$·Fw) | 盐胁迫症状 |
|---|---|---|---|---|---|---|
| 绒毛白蜡 | 3‰ | 100 | 13.5 | 13.1 | 2.54 | 生长正常 |
| | 4‰ | 100 | 12.5 | 12.9 | 2.33 | 叶片出现焦边 |
| | 5‰ | 83 | 11.8 | 12.3 | 2.06 | 叶片焦边、干枯 |
| | 6‰ | 33 | 5.2 | 7.7 | 1.48 | 大半死亡 |
| | 8‰ | 17 | 2.2 | 1.6 | — | 少量存活 |
| 水松 | 2‰ | 100 | 7.3 | 11.3 | 1.30 | 生长正常 |
| | 3‰ | 100 | 6.5 | 7.8 | 1.23 | 少量枯叶 |
| | 4‰ | 80 | 5.5 | 7.3 | 1.17 | 枯叶严重 |
| | 5‰ | 20 | 2.1 | 1.9 | — | 大半死亡 |
| | 6‰ | 0 | — | — | — | 全部死亡 |
| 密实卫矛 | 1‰ | 100 | 1.8 | 1.8 | 2.16 | 生长正常 |
| | 2‰ | 100 | 1.1 | 1.1 | 1.98 | 少量叶片出现红色 |
| | 3‰ | 80 | 1.0 | 0.9 | 1.01 | 多数叶片红色,开始落叶 |
| | 4‰ | 40 | 0.7 | 0.3 | — | 全部落叶 |
| | 5‰ | 0 | — | — | — | 全部死亡 |
| 短枝红石榴 | 3‰ | 100 | 6.5 | 10.9 | 1.08 | 生长正常 |
| | 4‰ | 83 | 5.7 | 9.8 | 0.84 | 出现黄叶 |
| | 5‰ | 33 | 1.6 | 3.0 | 0.41 | 落叶严重 |
| | 6‰ | 0 | — | — | — | 全部死亡 |

续表

| 植物名称 | 耐盐处理 | 存活率/% | 冠幅增量/cm | 高生长量/cm | 叶绿素含量/(mg·g$^{-1}$·Fw) | 盐胁迫症状 |
|---|---|---|---|---|---|---|
| 伞房决明 | 3‰ | 100 | 26.5 | 39.6 | 1.98 | 少数叶片焦边、枯黄 |
| | 4‰ | 80 | 13.9 | 18.5 | 1.82 | 部分叶片焦边、枯黄、脱落 |
| | 5‰ | 40 | 7.6 | 9.4 | 1.30 | 大量叶片枯萎、脱落 |
| | 6‰ | 0 | — | — | — | 全部死亡 |
| 矮生紫薇 | 1‰ | 100 | 5.1 | 3.5 | 1.52 | 生长正常 |
| | 2‰ | 100 | 4.9 | 3.0 | 1.48 | 叶片焦边、卷曲，长势较差 |
| | 3‰ | 80 | 3.9 | 2.5 | 1.03 | 叶片枯黄，开始脱落 |
| | 4‰ | 40 | 1.6 | 1.1 | 0.37 | 落叶严重 |
| | 5‰ | 0 | — | — | — | 全部死亡 |
| 柽柳 | 8‰ | 100 | 15.0 | 17.5 | 1.56 | 生长正常 |
| | 10‰ | 83 | 12.5 | 11.7 | 1.28 | 出现枯枝 |
| 杠柳 | 4‰ | 100 | 71.9 | 53.7 | 3.29 | 生长正常 |
| | 5‰ | 83 | 60.0 | 50.8 | 3.17 | 少量叶片枯黄、脱落 |
| | 6‰ | 33 | 31.6 | 32.5 | 1.84 | 落叶严重，大部分死亡 |
| | 8‰ | 0 | — | — | — | 全部死亡 |
| 迷迭香 | 3‰ | 100 | 11.0 | 6.7 | 2.55 | 生长正常 |
| | 4‰ | 100 | 10.7 | 6.2 | 2.36 | 少数叶片出现枯萎 |
| | 5‰ | 80 | 9.4 | 4.9 | 2.11 | 部分叶片干枯、卷曲、脱落 |
| | 6‰ | 40 | 3.1 | 2.5 | 0.87 | 卷曲枯叶多，过半植株干枯 |
| | 8‰ | 0 | — | — | — | 全部死亡 |

| 植物<br>名称 | 耐盐<br>处理 | 存活率/<br>% | 冠幅<br>增量/cm | 高生长量/<br>cm | 叶绿素<br>含量/<br>（mg·g$^{-1}$·Fw） | 盐胁迫症状 |
|---|---|---|---|---|---|---|
| 红花<br>绣线菊 | CK | 100 | 9.3 | 10.2 | 3.86 | 生长正常 |
| | 1‰ | 80 | 5.2 | 8.9 | 3.05 | 少量叶片干枯、卷曲 |
| | 2‰ | 40 | 1.9 | 3.8 | 1.17 | 大量卷曲、枯叶，<br>过半植株干枯 |
| | 3‰ | 0 | — | — | — | 全部死亡 |
| 海滨木槿 | 5‰ | 100 | 6.3 | 31.3 | 0.85 | 生长正常 |
| | 6‰ | 80 | 5.3 | 26.8 | 0.40 | 叶片焦边、卷曲 |
| | 8‰ | 40 | 4.7 | 7.3 | 0.15 | 叶干枯、脱落，<br>过半植株干枯 |
| 大花<br>六道木 | 3‰ | 100 | 13.1 | 8.8 | 1.69 | 生长正常 |
| | 4‰ | 100 | 12.8 | 8.2 | 1.72 | 少数叶片变黄 |
| | 5‰ | 83 | 10.7 | 6.9 | 1.89 | 部分叶片干枯、卷曲、脱落 |
| | 6‰ | 50 | 3.4 | 1.9 | 1.07 | 叶片干枯、卷曲,落叶严重 |
| | 8‰ | 0 | — | — | — | 全部死亡 |
| 金叶莸 | 2‰ | 100 | 20.1 | 11.6 | 1.38 | 生长正常 |
| | 3‰ | 80 | 18.8 | 9.7 | 1.26 | 叶片出现焦边、枯黄、卷曲 |
| | 4‰ | 40 | 7.7 | 1.5 | 0.63 | 叶片枯黄、卷曲、脱落，<br>植株枯萎 |
| | 5‰ | 0 | — | — | — | 全部死亡 |
| 金叶<br>风箱果 | CK | 100 | 20.5 | 15.1 | 1.87 | 生长正常 |
| | 1‰ | 60 | 11.8 | 9.6 | 0.95 | 叶片萎蔫,出现死亡 |
| | 2‰ | 20 | 2.1 | 3.3 | 0.61 | 死亡严重 |
| | 3‰ | 0 | — | — | — | 全部死亡 |

续表

| 植物名称 | 耐盐处理 | 存活率/% | 冠幅增量/cm | 高生长量/cm | 叶绿素含量/(mg·g⁻¹·Fw) | 盐胁迫症状 |
|---|---|---|---|---|---|---|
| 紫穗槐 | 3‰ | 100 | 11.3 | 17.7 | 1.65 | 生长正常 |
| | 4‰ | 83 | 10.6 | 14.3 | 1.49 | 部分叶片枯黄,开始落叶 |
| | 5‰ | 33 | 1.8 | 3.5 | 0.46 | 大量落叶 |
| | 6‰ | 0 | — | — | — | 全部死亡 |
| 黄果火棘 | 2‰ | 100 | 24.5 | 81.5 | 3.72 | 生长正常 |
| | 3‰ | 80 | 20.8 | 78.1 | 3.55 | 叶片出现焦边、枯黄 |
| | 4‰ | 40 | 1.7 | 5.6 | 1.04 | 叶片枯萎严重,过半植株干枯 |
| | 5‰ | 0 | — | — | — | 全部死亡 |
| 花叶锦带花 | 2‰ | 100 | 10.0 | 5.5 | 2.36 | 生长正常 |
| | 3‰ | 80 | 8.3 | 5.2 | 2.17 | 叶片焦边、枯黄,少量植株枯萎 |
| | 4‰ | 40 | 3.5 | 1.6 | 1.63 | 大部分叶片枯黄,过半植株死亡 |
| | 5‰ | 0 | — | — | — | 全部死亡 |
| 欧洲椴 | 2‰ | 100 | 3.5 | 3.2 | 3.65 | 生长正常 |
| | 3‰ | 80 | 3.1 | 3.0 | 3.33 | 叶片出现焦边、枯黄、卷曲 |
| | 4‰ | 40 | 1.8 | 1.7 | 2.09 | 大量落叶,过半植株枯萎 |
| | 5‰ | 0 | — | — | — | 全部死亡 |
| 沼泽小叶桦 | 5‰ | 100 | 6.3 | 31.3 | 0.85 | 生长正常 |
| | 6‰ | 80 | 5.3 | 26.8 | 0.40 | 叶片焦边、卷曲 |
| | 8‰ | 40 | 4.7 | 7.3 | 0.15 | 叶片干枯、脱落,过半植株干枯 |

由表 3-2 可见,金叶风箱果在对照(含盐量为 0)中存活率为 100%,其高生长量、冠幅增量和叶绿素含量较高,生长正常;当土壤盐浓度为 1‰ 时,其高生长量、冠幅增量和叶绿素含量大幅下降,存活率也降为 60%。因此,初步认为金叶风箱果的耐盐能力为 0,耐盐极限为 1‰。多花木蓝、分药花、豪猪刺、蔓生紫薇、地中海荚蒾、红花绣线菊 6 种植物在对照中能正常生长,当土壤盐浓度小于或等于 1‰ 时,高生长量、冠幅增量、存活率和叶绿素含量受盐浓度的影响不大;而盐浓度为 2‰ 时,这 6 种植物高生长量、冠幅增量和叶绿素含量大幅下降,存活率也降为 50% 左右。因此,初步认定这 6 种植物的耐盐能力为 1‰,耐盐极限为 2‰。溲疏和金叶接骨木在土壤盐浓度小于或等于 2‰ 时,高生长量、冠幅增量、存活率和叶绿素含量受盐浓度的影响不大;而当土壤盐浓度为 3‰ 时,两者的高生长量、冠幅增量和叶绿素含量大幅下降,存活率也降为 60%。故可认为溲疏和金叶接骨木的耐盐能力为 2‰,耐盐极限为 3‰。加拿大紫荆、彩叶杞柳、蓝刺柏、蓝冰柏、紫花醉鱼草、木槿、小花毛核木、金叶杨、红叶杨、密实卫矛、矮生紫薇、金叶莸、黄果火棘、花叶锦带花、欧洲椴 15 种植物在土壤盐浓度小于或等于 3‰ 时,高生长量、冠幅增量、存活率和叶绿素含量受盐浓度的影响较小;而当土壤盐浓度为 4‰ 时,这 15 种植物的高生长量、冠幅增量和叶绿素含量大幅下降,存活率也明显下降为 50% 左右。故可以认为这 15 种植物的耐盐能力为 3‰,耐盐极限为 4‰。花叶胡颓子、加拿大红叶紫荆、丝棉木、速生柏、麻栎、水松、短枝红石榴、紫穗槐、伞房决明 9 种植物在土壤盐浓度小于或等于 4‰ 时,高生长量、冠幅增量、存活率和叶绿素含量受土壤盐分胁迫的影响不大;而当土壤盐浓度为 5‰ 时,这 9 种植物的高生长量、冠幅增量和叶绿素含量大多大幅下降,存活率也大多低于 50%。由此可认为,这 9 种植物的耐盐能力为 4‰,耐盐极限约 5‰。滨柃、绒毛白蜡、杠柳、迷迭香、大花六道木 5 种植物在土壤盐浓度小于或等于 5‰ 时,高生长量、冠幅增量、存活率和叶绿素含量受盐胁迫的影响不大;当土壤盐浓度为 6‰时,其高生长量、冠幅增量和叶绿素含量大幅下降,存活率也明显降为 33%～50%。故认为这 5 种植物的耐盐能力为 5‰,耐盐极限为 6‰。海滨木槿和沼泽小叶桦在土壤盐浓度小于或等于 6‰时,高生长量、冠幅增量、存活率和叶绿素含量受盐胁迫影响较小;当土壤盐浓度为 8‰时,其高生长量、冠幅增量和叶绿素含量大幅下降,存活率也降为 40%。由此可认为,海滨木槿和沼泽小叶桦的耐盐能力为 6‰,耐盐极限低于 8‰。柽柳在土壤盐浓度小于或等于 10‰时,高生长量、冠幅增量、存活率和叶绿素含量等指标受盐胁迫影响较小。由此可认为,柽柳耐盐能力为 10‰,耐盐极限超过 10‰。

41 种绿化植物耐盐能力及耐盐极限见表 3-3。

表 3-3　　　　　　　41 种绿化植物耐盐能力及耐盐极限一览表

| 耐盐状况 | 耐盐处理 | 植物名称 |
|---|---|---|
| 耐盐能力 | 0‰ | 金叶风箱果 |
| | 1‰ | 多花木蓝、分药花、豪猪刺、蔓生紫薇、地中海荚蒾、红花绣线菊 |
| | 2‰ | 溲疏、金叶接骨木 |
| | 3‰ | 加拿大紫荆、彩叶杞柳、蓝刺柏、蓝冰柏、紫花醉鱼草、木槿、小花毛核木、金叶杨、红叶杨、密实卫矛、矮生紫薇、金叶莸、黄果火棘、花叶锦带花、欧洲椴 |
| | 4‰ | 花叶胡颓子、加拿大红叶紫荆、丝棉木、速生柏、麻栎、水松、短枝红石榴、紫穗槐、伞房决明 |
| | 5‰ | 绒毛白蜡、杠柳、迷迭香、大花六道木、滨柃 |
| | 6‰ | 海滨木槿 |
| | 10‰ | 柽柳 |

续表

| 耐盐状况 | 耐盐处理 | 植物名称 |
|---|---|---|
| 耐盐极限 | 1‰ | 金叶风箱果 |
| | 2‰ | 多花木蓝、分药花、豪猪刺、蔓生紫薇、地中海荚蒾、红花绣线菊 |
| | 3‰ | 溲疏、金叶接骨木 |
| | 4‰ | 加拿大紫荆、彩叶杞柳、蓝刺柏、蓝冰柏、紫花醉鱼草、木槿、小花毛核木、金叶杨、红叶杨、密实卫矛、矮生紫薇、金叶莸、黄果火棘、花叶锦带花、欧洲椴 |
| | 5‰ | 花叶胡颓子、加拿大红叶紫荆、速生柏、麻栎、水松、紫穗槐、短枝红石榴、丝棉木、伞房决明 |
| | 6‰ | 绒毛白蜡、杠柳、滨枃、迷迭香、大花六道木 |
| | 8‰ | 海滨木槿、沼泽小叶桦 |
| | 10‰ | 柽柳 |

（3）结论

通过对 41 种园林绿化植物在生长期进行 60 d 盐池耐盐试验,根据试验期间不同植物的生长表现(存活率、高生长、冠幅增量),同化能力(叶绿素含量)初步确定其耐盐能力和耐盐极限。

不耐盐植物:金叶风箱果。

耐 1‰～2‰ 盐植物:多花木蓝、分药花、豪猪刺、蔓生紫薇、地中海荚蒾、红花绣线菊、溲疏、金叶接骨木。

耐 2‰～4‰ 盐植物:加拿大紫荆、彩叶杞柳、蓝刺柏、蓝冰柏、紫花醉鱼草、木槿、小花毛核木、金叶杨、红叶杨、密实卫矛、矮生紫薇、金叶莸、黄果火棘、花叶锦带花、欧洲椴、花叶胡颓子、加拿大红叶紫荆、丝棉木、速生柏、麻栎、水松、短枝红石榴、紫穗槐、伞房决明。

耐 4‰～6‰ 盐植物:滨枃、绒毛白蜡、杠柳、迷迭香、大花六道木。

耐 ＞6‰ 盐植物:柽柳、海滨木槿、沼泽小叶桦。

## （二）原土栽培

采用盐渍土原土栽培方法测试 17 种绿化植物的耐盐能力。盐渍土原土栽培试验根据不同的绿化植物种类共进行两次试验。第一次试验,供试树种 7 个;第二次试验,供试树种 10 个。

（1）第一次试验:7 种绿化植物的耐盐能力

① 材料与方法。

7 种常见园林绿化植物（表 3-4）为两年实生苗。7 种苗均来自江苏宿迁苗圃,运到后先种入实验地适应半月,备用。

表 3-4 第一次试验 7 种供试植物名录

| 中文名 | 拉丁学名 |
|---|---|
| 连翘 | *Forsythia suspense* |
| 月季 | *Rosa Chinensis* |
| 四季桂 | *Osmanthus fragrans* 'Semperflorens' |
| 金叶女贞 | *Ligustrum* × *vicaryi* |
| 爬地柏 | *Sabina procumbens* |
| 雪松 | *Cedrus deodara* |
| 油松 | *Pinus tabulaeformis* |

种植土壤采用上海临港新城表层原土,根据成陆时间和含盐量的不同,选取 A、B、C 三个样点采样。A 点离海最近,成陆时间最短,含盐量最高（12.7 g · kg$^{-1}$）;B 点次之,含盐量为 4.6 g · kg$^{-1}$;C 点离海最远,成陆时间最长,含盐量较低（2.3 g · kg$^{-1}$）。所采集的原土经晾干、敲碎、过筛（2 mm 筛孔孔径）后按下列体积比配制成 6 个浓度含量的试验用种植土,并以园艺栽培土作为对照（表 3-5）。

表 3-5　　　　　　　　　　　试验栽培土壤配方

| 耐盐处理 | 1‰ | 2‰ | 3‰ | 4‰ | 5‰ | 6‰ | CK |
|---|---|---|---|---|---|---|---|
| 配比 | A 点原土 | A：B=1：1 | A：C=1：2 | A：C=1：3 | B 点原土 | C 点原土 | 园艺栽培土 |
| 含盐量/(g·kg$^{-1}$) | 12.7 | 8.7 | 5.8 | 4.9 | 4.6 | 2.3 | 1.2 |
| pH | 8.26 | 8.19 | 7.99 | 7.96 | 8.11 | 8.10 | 7.78 |

表 3-4 中每种植物均选择生长良好且相对一致的小苗,清除根部泥土,用口径 20 cm 花盆种植,每盆 1 株,每种处理重复 15 个。花盆底部用托盘承接,按树种、梯度布设在塑料大棚内,人工控制水分,渗透水分及时返还花盆中,以确保盆内盐碱总量。栽培试验从 2005 年 12 月 20 日开始到 2006 年 3 月 15 日结束。试验期间对植物生长情况进行观察记录,统计方法和计算公式如下。

a. 存活率:统计方法和计算公式同前。

b. 叶绿素含量:分光光度-乙醇法(刘秀丽等,1999)。

c. 叶片相对含水量(RWC):称叶片原始鲜重后先用蒸馏水浸泡 24 h,称其饱和鲜重;再放入烘箱中 105 ℃下杀青 30 min;最后在 80 ℃下烘 48 h,称其干重。

$$RWC = \frac{饱和鲜重-原始鲜重}{饱和鲜重-干重} \times 100\%$$

② 结果与分析。

a. 植物存活率。

3 个月栽培试验结束后统计 7 种植物的存活率,结果见表 3-6。

表 3-6　　　　　　　　7 种绿化植物耐盐试验结果总表

| 植物名称 | 耐盐处理 | 存活率/% | 高生长量/cm | 叶绿素含量/(mg·g$^{-1}$·Fw) | 相对含水量/% | 生长状况 |
|---|---|---|---|---|---|---|
| 连翘 | 1‰ | 0 | — | — | — | 虽有芽萌发,但无法生长,萎蔫死亡 |
| | 2‰ | 0 | — | — | — | 虽有芽萌发,但无法生长,萎蔫死亡 |
| | 3‰ | 0 | — | — | — | 虽有芽萌发,但无法生长,萎蔫死亡 |
| | 4‰ | 0 | — | — | — | 虽有芽萌发,但无法生长,萎蔫死亡 |
| | 5‰ | 40 | 0.07 | 0.84 | 73.87 | 虽新芽萌发,但生长极其缓慢 |
| | 6‰ | 100 | 0.84 | 1.49 | 75.39 | 萌发新芽,生长正常 |
| | CK | 100 | 1.06 | 1.64 | 77.1 | 萌发新芽,生长正常 |
| 月季 | 1‰ | 0 | — | — | — | 全部死亡 |
| | 2‰ | 0 | — | — | — | 全部死亡 |
| | 3‰ | 0 | — | — | — | 全部死亡 |
| | 4‰ | 0 | — | — | — | 全部死亡 |
| | 5‰ | 20 | 1.1 | 1.97 | 69.36 | 濒死,叶片稀少,叶色泛黄,萎蔫 |
| | 6‰ | 100 | 2.22 | 2.13 | 74.83 | 正常,叶片繁多,叶色浓绿 |
| | CK | 100 | 3.04 | 2.21 | 78.26 | 正常,叶片繁多,叶色浓绿 |
| 四季桂 | 1‰ | 0 | — | — | — | 全部死亡 |
| | 2‰ | 0 | — | — | — | 全部死亡 |
| | 3‰ | 0 | — | — | — | 全部死亡 |
| | 4‰ | 0 | — | — | — | 全部死亡 |
| | 5‰ | 0 | — | — | — | 全部死亡 |
| | 6‰ | 60 | 0.6 | 1.21 | 69.6 | 较差,叶片较少,叶色淡绿 |
| | CK | 100 | 0.8 | 1.38 | 89.92 | 正常,叶片繁多,叶色浓绿 |

| 植物名称 | 耐盐处理 | 存活率/% | 高生长量/cm | 叶绿素含量/(mg·g$^{-1}$·Fw) | 相对含水量/% | 生长状况 |
|---|---|---|---|---|---|---|
| 金叶女贞 | 1‰ | 0 | — | — | — | 全部死亡 |
| | 2‰ | 0 | — | — | — | 全部死亡 |
| | 3‰ | 0 | — | — | — | 全部死亡 |
| | 4‰ | 0 | — | — | — | 全部死亡 |
| | 5‰ | 100 | 0.13 | 0.57 | 80.15 | 萌发新芽,生长较慢 |
| | 6‰ | 100 | 0.74 | 0.86 | 79.17 | 新芽萌发,生长正常 |
| | CK | 100 | 0.96 | 0.98 | 80.01 | 新芽萌发,生长正常 |
| 爬地柏 | 1‰ | 60 | 0.1 | 0.65 | 35.44 | 差,叶色黄 |
| | 2‰ | 80 | 0.18 | 0.9 | 48.77 | 稍差,叶色较绿 |
| | 3‰ | 100 | 0.14 | 0.97 | 55.17 | 正常,叶色浓绿 |
| | 4‰ | 100 | 0.24 | 1 | 56.15 | 正常,叶色浓绿 |
| | 5‰ | 100 | 0.28 | 1.05 | 55.78 | 正常,叶色浓绿 |
| | 6‰ | 80 | 0.33 | 0.95 | 54.18 | 正常,叶色浓绿 |
| | CK | 100 | 0.32 | 1.12 | 55.98 | 正常,叶色浓绿 |
| 雪松 | 1‰ | 0 | — | — | — | 全部死亡 |
| | 2‰ | 0 | — | — | — | 全部死亡 |
| | 3‰ | 0 | — | — | — | 全部死亡 |
| | 4‰ | 100 | 0.2 | 0.73 | 66.05 | 正常,叶色浓绿 |
| | 5‰ | 100 | 0.06 | 0.78 | 70.17 | 正常,叶色浓绿 |
| | 6‰ | 100 | 0.13 | 0.8 | 74.04 | 正常,叶色浓绿 |
| | CK | 100 | 0.15 | 0.99 | 77.04 | 正常,叶色浓绿 |

续表

| 植物名称 | 耐盐处理 | 存活率/% | 高生长量/cm | 叶绿素含量/(mg·g⁻¹·Fw) | 相对含水量/% | 生长状况 |
|---|---|---|---|---|---|---|
| | 1‰ | 40 | 0.15 | 0.26 | 30.3 | 差,叶色黄 |
| | 2‰ | 80 | 0.25 | 0.41 | 41.94 | 较差,叶色泛黄 |
| | 3‰ | 100 | 0.72 | 0.87 | 64.49 | 正常,叶色浓绿 |
| 油松 | 4‰ | 80 | 0.05 | 0.9 | 50.73 | 正常,叶色浓绿 |
| | 5‰ | 80 | 1.48 | 0.91 | 75.22 | 正常,叶色浓绿 |
| | 6‰ | 80 | 2.45 | 1.04 | 71.07 | 正常,叶色浓绿 |
| | CK | 60 | 0.63 | 1.13 | 70.84 | 正常,叶色浓绿 |

注:存活率为 2006 年 3 月 15 日统计;叶绿素为 2006 年 3 月 10 日测定;相对含水量为 2006 年 3 月 14 日测定。

由表 3-6 可见,只有爬地柏和油松两种植物在所有处理中均有植株存活。其中,以爬地柏存活率最高,平均存活率达 88.6%;油松平均存活率次之,达 74.3%;雪松的平均存活率居第三位,为 54.3%。其余 4 种植物在含盐量较高的土壤中不能存活,种植一段时间后逐渐萎蔫、死亡,其平均存活率都低于 50%,分别为金叶女贞 42.9%、连翘 34.3%、月季 31.4%、四季桂 22.9%。方差分析结果表明,7 种植物在不同含盐量的土壤中,其存活率有极显著差异($F = 5.08, P < 0.001$),且基本遵循土壤含盐量越高,存活率越低的规律。多重比较分析(表 3-7)表明,在极显著水平下 7 种处理的存活率从大到小依次可分为 A、B、C 三个类别以及介于两两之间的 AB 和 BC 类别。此组试验均值可被归纳为 A、AB、BC、C 类别,对应四个从高到低的存活率水平。耐盐处理 6‰ 和 CK 处于第一水平,存活率最高达 88% 以上;耐盐处理 5‰ 处于第二水平,存活率为 63%;耐盐处理 2‰、耐盐处理 3‰、耐盐处理 4‰ 处于第三水平,存活率为 22%~40%;存活率最低的耐盐处理 1‰ 处于第四水平,仅为 14%。

表 3-7      **7 种园林植物不同盐度下存活率多重比较**

| 耐盐处理 | 存活率均值/% | 5%显著水平 | 1%显著水平 |
|---|---|---|---|
| CK | 91.43 | a | A |
| 6‰ | 88.57 | a | A |
| 5‰ | 62.86 | ab | AB |
| 4‰ | 40.00 | bc | BC |
| 3‰ | 28.57 | c | BC |
| 2‰ | 22.86 | c | BC |
| 1‰ | 14.29 | c | C |

b. 植物高生长。

盐胁迫一方面抑制了植物叶片的生长,另一方面影响植物体内的新陈代谢过程,如 $CO_2$ 的同化、蛋白质的合成、呼吸作用及植物激素的代谢等,所有这些最终都会影响苗木的高生长。7 种植物中高生长量最大的为月季,平均高生长量为 0.91 cm;最小为雪松,平均高生长量仅为 0.08 cm。方差分析表明,在不同含盐量的土壤中,植物的高生长量有极显著的差异($F=5.7$, $P<0.001$)。盐分含量越高,抑制现象越明显。多重分析表明,耐盐处理 6‰和 CK 的平均高生长量显著高于耐盐处理 1‰~5‰,如表 3-8 所示。

表 3-8      **7 种园林植物不同盐度下高生长量多重比较**

| 耐盐处理 | 高生长量均值/cm | 5%显著水平 | 1%显著水平 |
|---|---|---|---|
| 6‰ | 1.04 | a | A |
| CK | 0.99 | a | A |
| 5‰ | 0.45 | b | AB |
| 3‰ | 0.12 | b | B |
| 4‰ | 0.07 | b | B |
| 2‰ | 0.06 | b | B |
| 1‰ | 0.04 | b | B |

c. 叶绿素。

叶绿素是重要的光合作用原料,其含量在一定程度上反映了植物光合作用强度的高低,从而影响植物的生长。很多研究都表明各个细胞器中受盐分影响最敏感的是叶绿素。

栽培结束前,对存活植株进行了叶绿素测定,结果见表3-9。方差分析表明,不同植物在不同含盐量的土壤中,其叶绿素含量有显著差异。随着土壤中盐分浓度的增加,植物叶片中叶绿素含量随之减少,不同植物下降程度不一样。多重比较表明,耐盐处理 1‰~4‰与 CK 的差异都达到了极显著,叶绿素含量还不到 $0.4\ mg \cdot g^{-1} \cdot Fw$;而耐盐处理 5‰叶绿素含量显著高于耐盐处理 1‰~4‰,但也与 CK 有显著差异。只有耐盐处理 6‰与 CK 无显著差异。

表 3-9　　　　　7 种园林植物不同盐度下叶绿素含量多重比较

| 耐盐处理 | 叶绿素含量均值/(mg · g⁻¹ · Fw) | 5%显著水平 | 1%显著水平 |
|---|---|---|---|
| CK | 1.35 | a | A |
| 6‰ | 1.21 | ab | A |
| 5‰ | 0.87 | b | AB |
| 4‰ | 0.38 | c | BC |
| 3‰ | 0.26 | c | C |
| 2‰ | 0.19 | c | C |
| 1‰ | 0.13 | c | C |

d. 叶片相对含水量。

叶片相对含水量是反映植物体内水分状况的重要生理指标。栽培试验结束前,采集存活植株的成熟叶片,进行相对含水量测定。结果表明,这 7 种植物中油松相对含水量最高,平均达 57.8%;其次为爬地柏,平均值为 51.6%;其余 5 种植物的平均相对含水量均小于50%,分别为连翘32.3%、月季 31.8%、四季桂 22.8%、金叶女贞34.2%、雪松41%。其中,金叶女贞处理方法 5‰的叶片平均相对含水量稍大于耐盐处理 6‰和 CK,可能是因为采摘叶片时耐盐处理 5‰老叶已经完全脱落,所取叶片全是新叶,而耐盐处理 6‰和 CK 皆有去年的成熟叶片,所以测定结果耐盐处理 5‰的偏高。方差分析表明,在不同含盐量的土壤中,植物的相对含水量有极显著差异($F=14.4$,$P<0.001$)。叶片相对含水量随着土壤盐分的升高,呈下降趋势。多重比较表明,耐盐处理 5‰、耐盐处理 6‰和 CK 的相对含水量极显著高于耐盐处理 1‰~4‰,如表 3-10 所示。

表 3-10　　　　　　　 **7 种园林植物不同盐度下相对含水量多重比较**

| 耐盐处理 | 相对含水量均值/% | 5%显著水平 | 1%显著水平 |
| --- | --- | --- | --- |
| CK | 75.59 | a | A |
| 6‰ | 71.18 | a | A |
| 5‰ | 60.65 | a | A |
| 4‰ | 24.70 | b | B |
| 3‰ | 17.09 | b | B |
| 2‰ | 12.96 | b | B |
| 1‰ | 9.39 | b | B |

③ 结论与讨论。

目前,国际上对评定植物耐盐性的强弱还没有一个统一的标准,因为选取测定指标和研究角度不同,得出的结果也各有差异。本试验根据观测的 4 个指标,即存活率、高生长量、叶绿素含量和相对含水量,结合实际情况选择利用耐盐指数来对 7 种植物的耐盐性进行分析比较。公式如下:

$$耐盐指数 = \frac{盐分处理的高生长量}{对照} \times 100 + $$
$$\frac{盐分处理的叶绿素含量}{对照} \times 100 + $$
$$\frac{盐分处理的相对含水量}{对照} \times 100 + 存活率$$

　　通过上述试验观察和生长生理指标的测定,可以得出以下结论(表 3-11):a. 这 7 种植物在不同盐浓度处理下盐危害程度存在不同,方差分析表明,各植物之间盐胁迫程度存在显著差异,同一植物不同盐浓度处理之间存在极显著差异。b. 若植物的耐盐极限以它们受到盐碱的抑制直至死亡的土壤含盐量来衡量(陈纪香,2005),本次试验 7 种园林植物耐盐碱的范围分别为连翘、月季、四季桂 3 种植物的耐盐性较差,只能在含盐量为 2.3 g·kg$^{-1}$的土壤中正常生长;其次为金叶女贞,只能在含盐量约为4.6 g·kg$^{-1}$的土壤中生长;雪松,在含盐量约为 4.9 g·kg$^{-1}$的土壤中能正常生长;油松,能生长在含盐量达 5.8 g·kg$^{-1}$的土壤中;耐盐性最好的是爬地柏,能生长在含盐量为8.7 g·kg$^{-1}$的土壤中。c. 按耐盐指数大小,对 7 种植物耐盐性进行排序,其结果为:四季桂＜连翘＜月季＜金叶女贞＜雪松＜爬地柏＜油松。

表 3-11　　　　　　　　　　　7 种园林植物耐盐指数综合分析

| 植物名称 ＼ 耐盐处理/‰ | 1 | 2 | 3 | 4 | 5 | 6 | 总得分 |
|---|---|---|---|---|---|---|---|
| 连翘 | 0 | 0 | 0 | 0 | 193.63 | 367.89 | 561.52 |
| 月季 | 0 | 0 | 0 | 0 | 233.95 | 365.02 | 598.98 |
| 四季桂 | 0 | 0 | 0 | 0 | 0 | 300.08 | 300.08 |
| 金叶女贞 | 0 | 0 | 0 | 0 | 271.88 | 363.79 | 635.67 |
| 爬地柏 | 212.59 | 303.73 | 328.91 | 364.59 | 380.89 | 364.73 | 1955.45 |
| 雪松 | 0 | 0 | 0 | 392.81 | 309.87 | 363.58 | 1066.26 |
| 油松 | 129.59 | 215.17 | 382.31 | 239.19 | 501.63 | 661.25 | 2129.15 |

　　在排序系列中,若爬地柏和油松的位置互换,则与实际情况更加相符。这个误差可能是由油松对照组苗的问题引起的。刘萍、魏雪莲(2005)的研究报道指出松科植物如雪松,种植试验时死亡率超过50%,不适合在盐碱地上栽培。而在本试验中,松科植物中油松和雪

松经过 3 个月的栽培试验表现良好,在中度盐碱的土壤中也能正常生长,这与之前报道结果不一致。试验结果的不同,可能是因为栽培土壤和试验条件的不同而引起的,至于真正的原因有待进一步研究。

(2) 10 种绿化植物的耐盐能力试验

① 材料与方法。

供试植物材料 10 种(表 3-12),均为两年生苗。试验所选用的这些植物都是园林绿化中的常用植物,而目前国内对于它们的耐盐性研究极少或未曾研究。

表 3-12　　　　　　　　　　第二次试验 10 种供试植物名录

| 中文名 | 拉丁学名 |
| --- | --- |
| 七叶树 | *Aesculus chinensis* |
| 鹅掌楸 | *Liriodendron chinense* |
| 溲疏 | *Deutzia scabra* |
| 贴梗海棠 | *Malus spectabilis* |
| 金桂 | *Osmanthus fragrans* var. *thunbergii* |
| 檵木 | *Loropetalum chinense* |
| 合欢 | *Albizzia julibrissin* |
| 结香 | *Edgeworthia chrysantha* |
| 朴树 | *Celtis sinensis* |
| 无患子 | *Sapindus mukorossi* |

种植土壤采用上海临港新城原土,根据成陆时间和含盐量的不同,选取 A、B、C 三个样点采集表层土。C 点离海最近,成陆时间最短,含盐量最高(25.9 g·kg$^{-1}$);B 点次之,含盐量为 3.84 g·kg$^{-1}$;A 点离海最远,成陆时间最长,含盐量较低(1.32 g·kg$^{-1}$)。经晾干、敲碎、过筛(2 mm 筛孔孔径)后备用,1 个对照,6 个处理水平,每个处理 5 个重复。将采自 A、B、C 三个样点的盐土,按下列体积比配制成

6 个浓度含量的试验用种植土(表 3-13)。

表 3-13　　　　　　　　　　　　试验栽培土壤的配方

| 耐盐处理 | 1 | 2 | 3 | 4 | 5 | 6 |
|---|---|---|---|---|---|---|
| 配比 | A：C= 2：1 | A：C= 3：1 | A：C= 4：1 | B 点原土 | A：C= 40：1 | A 点原土 |
| 含盐量/ (g·kg⁻¹) | 10.16 | 9.4 | 5.68 | 3.84 | 2.12 | 1.32 |

对所有植物种,每种植物选择生长良好且相对一致的两年生小苗,清除根部泥土,用花盆种植,1 株/盆,每种处理重复 5。放置于温室大棚内,进行生长性状观察测定。栽培试验从 2005 年 6 月 8 日开始到 9 月 8 日结束。每次栽培试验开始时,测定植物的株高。种植期间,每天对栽培植物进行观察记录。如植株叶片枯黄、萎蔫的程度、数量和时间;所发新芽的时间和数量;有落叶的植株每半月收集一次落叶或对落叶量进行记数。每周拍照一次。三个月栽培结束后,测定植物的高生长量、叶绿素含量、叶片相对含水量,统计存活率。

② 结果与分析。

a. 植物存活率。

三个月栽培实验结束后统计 10 种植物的存活率(表 3-14)。

表 3-14　　　　　　　　　10 种绿化植物耐盐试验结果总表

| 植物 名称 | 耐盐 处理/‰ | 存活率/ % | 高生长量/ cm | 叶绿素含量/ (mg·g⁻¹·Fw) | 相对 含水量/% | 生长状况 |
|---|---|---|---|---|---|---|
| | 1 | 0 | — | — | — | 全部死亡 |
| | 2 | 0 | — | — | — | 全部死亡 |
| 七叶树 | 3 | 60 | 0.7 | 2.25 | 68.05 | 萌发新芽,生长较差 |
| | 4 | 60 | 1.48 | 2.28 | 73.00 | 萌发新芽,生长较差 |
| | 5 | — | — | — | — | 全部死亡 |
| | 6 | 100 | 2.56 | 2.40 | 74.54 | 萌发新芽,生长正常 |

| 植物名称 | 耐盐处理/‰ | 存活率/% | 高生长量/cm | 叶绿素含量/(mg·g$^{-1}$·Fw) | 相对含水量/% | 生长状况 |
|---|---|---|---|---|---|---|
| 鹅掌楸 | 1 | 0 | — | — | — | 全部死亡 |
| | 2 | 0 | — | — | — | 全部死亡 |
| | 3 | 0 | — | — | — | 全部死亡 |
| | 4 | 0 | — | — | — | 全部死亡 |
| | 5 | 40 | 0.5 | 1.57 | 73.42 | 较差,叶片较少,叶色淡绿 |
| | 6 | 40 | 1.0 | 1.63 | 77.06 | 较差,叶片较少,叶色淡绿 |
| 溲疏 | 1 | 0 | — | — | — | 全部死亡 |
| | 2 | 0 | — | — | — | 全部死亡 |
| | 3 | 0 | — | — | — | 全部死亡 |
| | 4 | 0 | — | — | — | 全部死亡 |
| | 5 | 0 | — | — | — | 全部死亡 |
| | 6 | 0 | — | — | — | 全部死亡 |
| 贴梗海棠 | 1 | 0 | — | — | — | 全部死亡 |
| | 2 | 0 | — | — | — | 全部死亡 |
| | 3 | 0 | — | — | — | 全部死亡 |
| | 4 | 0 | — | — | — | 全部死亡 |
| | 5 | 80 | 1.20 | 1.72 | 65.63 | 萌发新芽,生长较慢 |
| | 6 | 100 | 3.42 | 1.82 | 71.74 | 萌发新芽,生长正常 |

续表

| 植物名称 | 耐盐处理/‰ | 存活率/% | 高生长量/cm | 叶绿素含量/(mg·g⁻¹·Fw) | 相对含水量/% | 生长状况 |
|---|---|---|---|---|---|---|
| 金桂 | 1 | 0 | — | — | — | 全部死亡 |
| | 2 | 0 | — | — | — | 全部死亡 |
| | 3 | 0 | — | — | — | 全部死亡 |
| | 4 | 0 | — | — | — | 全部死亡 |
| | 5 | 80 | 0.62 | 1.31 | 58.02 | 较差,叶片较少,叶色淡绿 |
| | 6 | 100 | 0.70 | 1.35 | 82.59 | 正常,叶片繁多,叶色浓绿 |
| 榉木 | 1 | 0 | — | — | — | 全部死亡 |
| | 2 | 0 | — | — | — | 全部死亡 |
| | 3 | 0 | — | — | — | 全部死亡 |
| | 4 | 0 | — | — | — | 全部死亡 |
| | 5 | 0 | — | — | — | 全部死亡 |
| | 6 | 0 | — | — | — | 全部死亡 |
| 合欢 | 1 | 0 | — | — | — | 全部死亡 |
| | 2 | 0 | — | — | — | 全部死亡 |
| | 3 | 0 | — | — | — | 全部死亡 |
| | 4 | 0 | — | — | — | 全部死亡 |
| | 5 | 40 | 1.05 | 3.01 | 77.26 | 稍差,叶色较绿 |
| | 6 | 100 | 2.96 | 3.21 | 79.00 | 正常,叶色浓绿 |

续表

| 植物名称 | 耐盐处理/‰ | 存活率/% | 高生长量/cm | 叶绿素含量/$(mg \cdot g^{-1} \cdot Fw)$ | 相对含水量/% | 生长状况 |
|---|---|---|---|---|---|---|
| 结香 | 1 | 0 | — | — | — | 全部死亡 |
| | 2 | 0 | — | — | — | 全部死亡 |
| | 3 | 0 | — | — | — | 全部死亡 |
| | 4 | 0 | — | — | — | 全部死亡 |
| | 5 | 0 | — | — | — | 全部死亡 |
| | 6 | 40 | 0.18 | 2.05 | 64.81 | 差,叶色黄 |
| 朴树 | 1 | 0 | — | — | — | 全部死亡 |
| | 2 | 0 | — | — | — | 全部死亡 |
| | 3 | 0 | — | — | — | 全部死亡 |
| | 4 | 0 | — | — | — | 全部死亡 |
| | 5 | 0 | — | — | — | 全部死亡 |
| | 6 | 100 | 5.72 | 2.95 | 80.63 | 正常,叶色浓绿 |
| 无患子 | 1 | 0 | — | — | — | 全部死亡 |
| | 2 | 0 | — | — | — | 全部死亡 |
| | 3 | 0 | — | — | — | 全部死亡 |
| | 4 | 0 | — | — | — | 全部死亡 |
| | 5 | 100 | 1.74 | 3.76 | 79.73 | 正常,叶色浓绿 |
| | 6 | 100 | 3.82 | 3.32 | 77.72 | 正常,叶色浓绿 |

注:存活率为2005年9月8日统计;叶绿素含量为2005年9月10日测定;相对含水量为2005年9月14日测定。

　　由表3-14可见,溲疏和檵木两种植物所有植株全部死亡,无一存活;结香在耐盐处理6‰中有植株存活,但生长表现差,叶片稀少且泛黄;朴树虽然也只有耐盐处理6‰中的植株存活,但存活率高达100%,且叶色浓绿,生长良好;鹅掌楸在耐盐处理5‰、耐盐处理6‰中都有植株存活,但存活率不高,仅为40%,且生长状况较差;合欢在耐盐处理 5‰、耐盐处理 6‰中都能存活,耐盐处理 5‰的存活率明显低于耐盐处理 6‰,植株在耐盐处理 6‰中才能正常生长;金桂和贴梗海棠两种植物相似,在耐盐处理 5‰中存活率达到了 80%,耐盐处理 6‰中全部存活;无患子在耐盐处理 5‰、耐盐处理 6‰中所有植株全部存活,存活率均为 100%,且生长良好;表现最好的是七叶树,在耐盐处理 3‰、耐盐处理 4‰、耐盐处理 6‰中都有植株存活,其中耐盐处理 3‰、耐盐处理 4‰的存活率达到 60%,耐盐处理 6‰中的存活率为 100%。方差分析表明,10 种植物在不同含盐量的土壤中,其存活率有极显著差异($F=11.96$,$P<0.001$)。基本遵循土壤含盐量越高,存活率越低的规律。多重比较(表 3-15)表明,在显著水平下六种处理的存活率分为 3 个水平:耐盐处理 6‰处于第一水平,其平均存活率为 68%;耐盐处理 5‰处于第二水平,其平均存活率为 34%;耐盐处理 1‰~4‰处于第三水平,其平均存活率均小于 10%。

表 3-15 10 种园林植物不同盐度下存活率多重比较

| 耐盐处理/‰ | 存活率均值/% | 5%显著水平 | 1%显著水平 |
| --- | --- | --- | --- |
| 6 | 68 | a | A |
| 5 | 34 | b | B |
| 4 | 06 | c | BC |
| 3 | 06 | c | BC |
| 2 | 0 | c | C |
| 1 | 0 | c | C |

b. 植物高生长。

经过 3 个月的栽培,8 种存活的植物中,高生长最为迅速的是朴树,平均高生长量为 0.95 cm;其次为无患子,平均高生长量为 0.93 cm;除去全部死亡的溲疏和檵木,高生长最缓慢的是结香,其平均高生长量仅为 0.03 cm。方差分析表明,在不同含盐量的土壤中,植物的高生长有极显著差异($F=5.3$,$P<0.001$)。盐分含量越大,抑

制现象越明显。多重比较表明,耐盐处理 6‰的平均高生长量极显著高于其他五种处理,其均值达 1.85。如表 3-16 所示。

表 3-16　　　　　　10 种园林植物不同盐度下高生长量多重比较

| 耐盐处理/‰ | 高生长量均值/mm | 5%显著水平 | 1%显著水平 |
| --- | --- | --- | --- |
| 6 | 1.85 | a | A |
| 5 | 0.51 | b | B |
| 4 | 0.07 | b | B |
| 3 | 0.07 | b | B |
| 2 | 0 | b | B |
| 1 | 0 | b | B |

c. 叶绿素。

七叶树、合欢和无患子 3 种植物的平均叶绿素含量较高,都大于 $1.0 \, mg \cdot g^{-1} \cdot Fw$;而鹅掌楸、贴梗海棠、金桂、结香和朴树这五种植物的平均叶绿素含量较低,仅为 $0.3 \sim 0.6 \, mg \cdot g^{-1} \cdot Fw$。方差分析表明,不同植物在不同含盐量的土壤中,其叶绿素含量差异极显著($F = 8.89, P < 0.001$)。随着土壤中盐分浓度的增加,植物叶片中叶绿素含量随之减少,不同植物下降程度不一样。多重比较表明,在显著水平下这六种处理的叶绿素含量分为 3 个水平。耐盐处理 6‰处于第一水平,植物的叶绿素含量均值达 $1.87 \, mg \cdot g^{-1} \cdot Fw$;耐盐处理 5‰处于第二水平,其均值为 $1.14 \, mg \cdot g^{-1} \cdot Fw$;耐盐处理 1‰~4‰处于第三水平,其均值小于 $0.3 \, mg \cdot g^{-1} \cdot Fw$。如表 3-17 所示。

表 3-17　　　　　　10 种园林植物不同盐度下叶绿素含量多重比较

| 耐盐处理/‰ | 叶绿素含量均值/($mg \cdot g^{-1} \cdot Fw$) | 5%显著水平 | 1%显著水平 |
| --- | --- | --- | --- |
| 6 | 1.873 | a | A |
| 5 | 1.137 | b | AB |
| 4 | 0.228 | c | BC |

续表

| 耐盐处理/‰ | 叶绿素含量均值/(mg·g⁻¹·Fw) | 5%显著水平 | 1%显著水平 |
|---|---|---|---|
| 3 | 0.225 | c | BC |
| 2 | 0 | c | C |
| 1 | 0 | c | C |

d. 叶片相对含水量。

8 种存活的植物中,以七叶树的叶片相对含水量最高,其均值为 35.93%;其次为鹅掌楸、贴梗海棠、金桂、合欢和无患子,这五种植物的叶片相对含水量均值都达到了 20%以上;结香和朴树的叶片相对含水量最低,仅为 10.80%和 13.44%。方差分析表明,在不同含盐量的土壤中,植物的相对含水量有极显著差异($F = 11.52, P < 0.001$)。叶片相对含水量随着土壤盐分的升高,呈下降趋势。多重分析结果表明,在显著水平下这六种处理的叶绿素含量分为 3 个水平:耐盐处理 6‰处于第一水平,植物的叶片相对含水量均值达 60.81%;耐盐处理 5‰处于第二水平,其均值为 35.41%;耐盐处理 1‰~4‰处于第三水平,其均值小于 10%。如表 3-18 所示。

表 3-18 **10 种园林植物不同盐度下相对含水量多重比较**

| 耐盐处理/‰ | 相对含水量均值/% | 5%显著水平 | 1%显著水平 |
|---|---|---|---|
| 6 | 60.8 | a | A |
| 5 | 35.4 | b | AB |
| 4 | 7.3 | c | BC |
| 3 | 6.8 | c | BC |
| 2 | 0 | c | C |
| 1 | 0 | c | C |

③ 结果与讨论。

通过上述试验观察和生长生理指标的测定,可以得出以下结论。

a.这10种植物在不同盐浓度处理下盐危害程度存在不同,方差分析表明,各植物之间盐胁迫程度存在显著差异,同一植物不同盐浓度处理之间存在极显著差异。

b.若植物的耐盐极限以它们受到盐碱抑制直至死亡的土壤含盐量来衡量,则本次试验10种园林植物按耐盐程度可归纳为:溲疏和檵木两种植物耐盐性最差,不适于在盐碱土中种植;结香和鹅掌楸两种植物,在耐盐处理6‰和处理5中虽有植株存活,但存活率极低,且生长状况也极差,所以它们也不适于在盐碱土中种植;朴树和合欢只能在含盐量为 1.32 g·kg$^{-1}$ 的土壤中生长;贴梗海棠、金桂和无患子能够生长在含盐量为 2.12 g·kg$^{-1}$ 的土壤中;表现最好的是七叶树,能够生长在含盐量为 5.68 g·kg$^{-1}$ 的土壤中。

(3) 按其生长表现和生理指标测定结果,对10种植物耐盐性进行排序,其结果为:溲疏、檵木<结香、鹅掌楸<朴树、合欢<贴梗海棠、金桂<无患子<七叶树。

# 二、绿化植物在大田条件下的耐盐试验

## (一) 崇明东滩湿地公园82种绿化植物耐盐能力

(1) 试验设计与指标测定

在东滩湿地公园内,试验地紧靠鸟类自然保护区大堤内侧,宽 50～70 m、长 1480 m(图 3-1)。试验区内进行了挖沟、挖湖、堆高地形和设置排盐沟等措施,经过一个冬季的空置,自然形成了盐度梯度。由南向北选择7个点,对崇明东滩湿地公园一期东侧试验地进行土壤采样、水质采样及地下水观测。根据分析结果,试验地土壤含盐量由高到低可划分为4个盐度梯度,即 2‰～3‰、3‰～4‰、4‰～5‰和 6‰～7‰,共种植82种园林绿化植物。所有试验树种均选用生长健壮、无病虫害,同一树种长势基本一致的苗木作为供试树种。

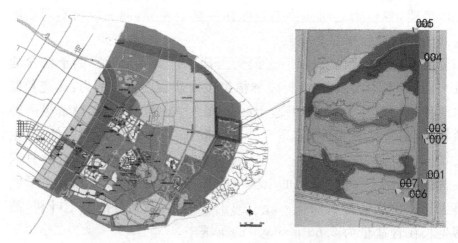

**图 3-1 东滩湿地公园内试验地位置图**

供试植物在 2005 年春季种植,经过一个生长季节,于 11 月观察生长指标的测定和形态,并对统计存活株数、测量高生长量、胁迫症状、叶绿素含量等进行记录。测定方法和计算公式如下。

① 存活率。

$$存活率 = \frac{存活株数}{总株数} \times 100\%$$

② 植株高生长量:一个生长季节主梢生长量。

③ 胁迫症状:生长季节叶色、叶形变化,叶脱落情况,枯梢、枯株情况。

④ 叶绿素含量的测定(分光光度-乙醇法):取植株相同部位的新鲜叶片洗净、擦干,去脉、剪碎、混匀。称取剪碎的新鲜样品 0.12 g,放入 15 mL 试管内,然后加入 15 mL 95% 的乙醇,置于暗处放置 48 h,中间进行充分振荡,使叶绿素充分溶解。48 h 后,以 95% 的乙醇为空白,在波长 665 nm、649 nm 和 470 nm 下测定吸光度。

（2）结果与分析

一个生长季节栽培试验结束后对82种供试植物的生长和生理指标进行测定、盐胁迫症状观察，并对其存活率、高生长量和叶绿素含量变化结果进行统计（表3-19）。

表3-19         **82种绿化植物耐盐试验结果**

| 植物名称 | 耐盐处理 | 存活率/% | 高生长量/cm | 叶绿素含量/$(mg \cdot g^{-1} \cdot Fw)$ | 盐胁迫症状 |
|---|---|---|---|---|---|
| 龙柏 | 3‰～4‰ | 100 | 15.7 | 2.08 | 生长正常 |
|  | 4‰～5‰ | 100 | 12.8 | 1.72 | 出现叶枯黄 |
|  | 6‰～7‰ | 33 | 5.5 | 1.21 | 大量叶枯萎，67%植株死亡 |
| 洒金柏 | 2‰～3‰ | 100 | 6.4 | 1.53 | 生长正常 |
|  | 3‰～4‰ | 56 | 3.1 | 0.88 | 大量叶枯黄，过半植株死亡 |
|  | 4‰～5‰ | 13 | 0 | — | 大部分死亡 |
| 西藏柏木 | 2‰～3‰ | 46 | 5.4 | 1.29 | 大量叶枯黄，半数死亡 |
|  | 3‰～4‰ | 23.5 | 2.8 | 0.71 | 植株大部分枯死 |
|  | 4‰～5‰ | 0 | — | — | 全部死亡 |
| 北美落羽杉 | 2‰～3‰ | 84.4 | 10.4 | 1.85 | 生长较正常 |
|  | 3‰～4‰ | 49.5 | 7.9 | 0.82 | 叶色变浅、脱落，半数死亡 |
|  | 4‰～5‰ | 15 | 2.2 | 0.21 | 落叶严重、枯枝，少数存活 |
|  | 6‰～7‰ | 0 | — | — | 全部死亡 |
| 水松 | 3‰～4‰ | 100 | 13.6 | 1.68 | 生长正常 |
|  | 4‰～5‰ | 46.3 | 3.7 | 0.85 | 叶黄、脱落，枯梢，过半死亡 |
|  | 6‰～7‰ | 0 | — | — | 全部死亡 |
| 彩叶杞柳 | 2‰～3‰ | 100 | 12.5 | 1.83 | 生长正常 |
|  | 3‰～4‰ | 83.3 | 9.6 | 1.54 | 叶片出现焦边 |
|  | 4‰～5‰ | 20.7 | 3.0 | 0.77 | 枯枝、焦叶较多，死亡严重 |
|  | 6‰～7‰ | 0 | — | — | 全部死亡 |

续表

| 植物名称 | 耐盐处理 | 存活率/% | 高生长量/cm | 叶绿素含量/($mg \cdot g^{-1} \cdot Fw$) | 盐胁迫症状 |
|---|---|---|---|---|---|
| 垂柳 | 2‰~3‰ | 100 | 14.6 | 1.76 | 生长正常 |
| | 3‰~4‰ | 94 | 5.9 | 1.42 | 出现枯叶 |
| | 4‰~5‰ | 48.5 | 5.0 | 0.33 | 枯叶严重,过半植株死亡 |
| | 6‰~7‰ | 22 | 1.6 | 0.17 | 死亡严重 |
| 单性木兰 | 2‰~3‰ | 30 | 4.8 | 0.87 | 多数叶片枯萎 |
| | 3‰~4‰ | 13.5 | 2.3 | 0.49 | 大部分植株枯死 |
| | 4‰~5‰ | 0 | — | — | 全部死亡 |
| 大叶香樟 | 2‰~3‰ | 100 | 20.5 | 1.64 | 生长正常 |
| | 3‰~4‰ | 80 | 19.4 | 1.35 | 叶片出现焦边 |
| | 4‰~5‰ | 49 | 10.3 | 0.42 | 枯叶严重 |
| | 6‰~7‰ | 17 | 5.9 | 0.18 | 大部分植株枯萎 |
| 舟山新木姜子 | 2‰~3‰ | 100 | 11.5 | 1.24 | 生长正常 |
| | 3‰~4‰ | 50 | 5.3 | 0.54 | 叶片枯黄、卷曲 |
| | 4‰~5‰ | 0 | — | — | 全部死亡 |
| 月季 | 2‰~3‰ | 75 | 8.4 | 1.30 | 生长较正常,部分叶枯黄 |
| | 3‰~4‰ | 30 | 4.7 | 0.42 | 叶枯、脱落,大部分植株死亡 |
| | 4‰~5‰ | 0 | — | — | 全部死亡 |
| 紫花海棠 | 2‰~3‰ | 98.5 | 15.0 | 1.25 | 生长正常 |
| | 3‰~4‰ | 85 | 7.5 | 0.92 | 叶出现焦边、卷曲 |
| | 4‰~5‰ | 40 | 3.6 | 0.45 | 枝梢枯萎,过半植株死亡 |
| | 6‰~7‰ | 0 | — | — | 全部死亡 |
| 石楠 | 2‰~3‰ | 100 | 7.4 | 2.10 | 生长正常 |
| | 3‰~4‰ | 55 | 2.9 | 0.74 | 落叶、枝梢枯萎,近半植株死亡 |
| | 4‰~5‰ | 0 | — | — | 全部死亡 |

续表

| 植物名称 | 耐盐处理 | 存活率/% | 高生长量/cm | 叶绿素含量/(mg·g⁻¹·Fw) | 盐胁迫症状 |
|---|---|---|---|---|---|
| 椤木石楠 | 2‰~3‰ | 88.5 | 9.0 | 3.17 | 生长较正常 |
| | 3‰~4‰ | 40 | 5.2 | 1.54 | 落叶、枝梢枯萎，大部分植株死亡 |
| | 4‰~5‰ | 0 | — | — | 全部死亡 |
| 桃 | 2‰~3‰ | 80 | 5.3 | 2.97 | 叶出现焦边、卷曲 |
| | 3‰~4‰ | 47.5 | 2.8 | 1.04 | 枝梢枯萎、过半植株死亡 |
| | 4‰~5‰ | 0 | — | — | 全部死亡 |
| 枇杷 | 2‰~3‰ | 36 | 4.3 | 1.35 | 落叶、枝梢枯萎，大半植株死亡 |
| | 3‰~4‰ | 7 | 1.4 | 0.57 | 落叶严重，大部分植株死亡 |
| | 4‰~5‰ | 0 | — | — | 全部死亡 |
| 金山绣线菊 | 2‰~3‰ | 62.5 | 14.7 | 3.54 | 叶缘枯黄、叶片卷曲，落叶 |
| | 3‰~4‰ | 24 | 7.6 | 1.19 | 梢部枯萎、落叶严重，大部分死亡 |
| | 4‰~5‰ | 0 | — | — | 全部死亡 |
| 红叶李 | 2‰~3‰ | 90 | 11.4 | 1.90 | 生长较正常 |
| | 3‰~4‰ | 58.5 | 6.5 | 0.84 | 叶枯、卷曲、脱落，近半植株死亡 |
| | 4‰~5‰ | 20 | 2.3 | 0.17 | 大部分植株死亡 |
| | 6‰~7‰ | 0 | — | — | 全部死亡 |
| 梅 | 2‰~3‰ | 40 | 2.6 | 0.55 | 叶枯黄脱落，植株过半死亡 |
| | 3‰~4‰ | 0 | — | — | 全部死亡 |
| 火棘 | 2‰~3‰ | 94.6 | 23.3 | 2.25 | 生长正常 |
| | 3‰~4‰ | 75 | 16.7 | 1.64 | 部分叶片枯萎、脱落 |
| | 4‰~5‰ | 46.5 | 9.2 | 1.23 | 枯梢，过半植株死亡 |
| | 6‰~7‰ | 0 | — | — | 全部死亡 |

续表

| 植物<br>名称 | 耐盐处理 | 存活率/<br>% | 高生长量/<br>cm | 叶绿素含量/<br>(mg·g$^{-1}$·Fw) | 盐胁迫症状 |
|---|---|---|---|---|---|
| 瓜子<br>黄杨 | 2‰~3‰ | 100 | 17.5 | 1.84 | 生长正常 |
| | 3‰~4‰ | 54 | 8.8 | 1.12 | 叶枯黄、枯梢,近半植株死亡 |
| | 4‰~5‰ | 13 | 2.0 | 0.29 | 大部分植株死亡 |
| 金边<br>黄杨 | 2‰~3‰ | 77.5 | 15.3 | 2.34 | 生长较正常 |
| | 3‰~4‰ | 53 | 4.6 | 1.76 | 部分叶枯黄,47%植株死亡 |
| | 4‰~5‰ | 11 | 1.2 | 0.83 | 大部分植株死亡 |
| 大叶<br>黄杨 | 2‰~3‰ | 100 | 16.8 | 2.75 | 生长正常 |
| | 3‰~4‰ | 55 | 10.4 | 1.63 | 叶枯黄、枝梢干枯,<br>近半植株死亡 |
| | 4‰~5‰ | 16 | 2.3 | 0.56 | 大部分植株死亡 |
| 丝棉木 | 2‰~3‰ | 100 | 19.8 | 2.13 | 生长正常 |
| | 3‰~4‰ | 71 | 11.2 | 1.64 | 枯叶、脱落,部分植株死亡 |
| | 4‰~5‰ | 49.8 | 5.3 | 0.47 | 枯叶、梢严重,半数植株死亡 |
| | 6‰~7‰ | 14 | 0 | — | 大部分植株死亡 |
| 拐枣 | 2‰~3‰ | 100 | 11.8 | 2.75 | 生长正常 |
| | 3‰~4‰ | 74.5 | 5.1 | 1.68 | 部分叶片焦边、卷曲、脱落 |
| | 4‰~5‰ | 36.2 | 1.7 | 0.54 | 多数叶片焦枯、脱落 |
| | 6‰~7‰ | 0 | — | — | 全部死亡 |
| 四季桂 | 2‰~3‰ | 67.5 | 9.8 | 1.08 | 部分叶焦枯、脱落 |
| | 3‰~4‰ | 27.8 | 3.5 | 0.54 | 多数叶枯黄、大部植株死亡 |
| | 4‰~5‰ | 0 | — | — | 全部死亡 |
| 女贞 | 2‰~3‰ | 66 | 10.3 | 1.78 | 叶焦边、枯黄,部分植株死亡 |
| | 3‰~4‰ | 23 | 5.5 | 0.32 | 大量叶片枯萎、脱落 |
| | 4‰~5‰ | 0 | — | — | 全部死亡 |

续表

| 植物名称 | 耐盐处理 | 存活率/% | 高生长量/cm | 叶绿素含量/(mg · g$^{-1}$ · Fw) | 盐胁迫症状 |
|---|---|---|---|---|---|
| 金叶女贞 | 2‰~3‰ | 100 | 13.8 | 2.53 | 生长正常 |
| | 3‰~4‰ | 83 | 9.3 | 1.48 | 叶片焦边、卷曲,长势较差 |
| | 4‰~5‰ | 40 | 2.5 | 0.73 | 叶片枯黄、脱落,大部分植株死亡 |
| | 6‰~7‰ | 0 | — | — | 全部死亡 |
| 金钟连翘 | 2‰~3‰ | 75.5 | 8.5 | 1.56 | 叶焦边、卷曲,部分枯落 |
| | 3‰~4‰ | 38.7 | 1.7 | 0.48 | 枯枝严重,大部分植株死亡 |
| | 4‰~5‰ | 0 | — | — | 全部死亡 |
| 紫薇 | 2‰~3‰ | 100 | 23.7 | 3.28 | 生长正常 |
| | 3‰~4‰ | 83.5 | 11.8 | 2.17 | 少量叶片枯黄、脱落 |
| | 4‰~5‰ | 33.2 | 5.5 | 1.34 | 落叶严重,大部分植株死亡 |
| | 6‰~7‰ | 0 | — | — | 全部死亡 |
| 矮生紫薇 | 2‰~3‰ | 100 | 7.6 | 2.55 | 生长正常 |
| | 3‰~4‰ | 54.5 | 2.2 | 1.36 | 部分叶片干枯、卷曲、脱落 |
| | 4‰~5‰ | 16 | 0.9 | 0.21 | 卷曲枯叶多,大部分植株干枯 |
| | 6‰~7‰ | 0 | — | — | 全部死亡 |
| 千屈菜 | 2‰~3‰ | 93.6 | 10.5 | 3.86 | 生长较正常 |
| | 3‰~4‰ | 53 | 8.6 | 2.05 | 叶片干枯、卷曲 |
| | 4‰~5‰ | 15 | 2.8 | 0.71 | 大量卷曲枯叶,大部分植株干枯 |
| | 6‰~7‰ | 0 | — | — | 全部死亡 |
| 滨枥 | 3‰~4‰ | 100 | 11.5 | 2.88 | 生长正常 |
| | 4‰~5‰ | 75 | 9.3 | 1.95 | 生长较正常,叶片焦边、卷曲 |
| | 6‰~7‰ | 10 | 1.6 | 0.40 | 叶干枯、脱落,大部分植株干枯 |

续表

| 植物名称 | 耐盐处理 | 存活率/% | 高生长量/cm | 叶绿素含量/(mg·g⁻¹·Fw) | 盐胁迫症状 |
|---|---|---|---|---|---|
| 木荷 | 2‰~3‰ | 68.3 | 8.2 | 1.97 | 部分叶片干枯、卷曲、脱落 |
| | 3‰~4‰ | 42 | 4.6 | 1.02 | 叶片干枯、卷曲,落叶严重 |
| | 4‰~5‰ | 13 | 1.5 | 0.49 | 大部分植株死亡 |
| | 6‰~7‰ | 0 | — | — | 全部死亡 |
| 弗吉尼亚栎 | 2‰~3‰ | 100 | 13.3 | 1.88 | 生长正常 |
| | 3‰~4‰ | 53 | 8.7 | 1.06 | 叶片出现焦边、枯黄、卷曲 |
| | 4‰~5‰ | 10 | 1.6 | 0.43 | 叶枯黄、卷曲、脱落,大部分植株枯萎 |
| | 6‰~7‰ | 0 | — | — | 全部死亡 |
| 构树 | 2‰~3‰ | 100 | 18.5 | 1.87 | 生长正常 |
| | 3‰~4‰ | 80 | 11.6 | 0.95 | 叶片萎蔫、枯黄,植株出现死亡 |
| | 4‰~5‰ | 21 | 3.5 | 0.31 | 植株死亡严重 |
| | 6‰~7‰ | 0 | — | — | 全部死亡 |
| 重阳木 | 2‰~3‰ | 75.5 | 15.7 | 1.65 | 部分叶枯黄、脱落,部分植株死亡 |
| | 3‰~4‰ | 39.3 | 4.3 | 0.94 | 大部分植株死亡 |
| | 4‰~5‰ | 0 | — | — | 全部死亡 |
| 海滨木槿 | 3‰~4‰ | 100 | 28.1 | 3.55 | 生长正常 |
| | 4‰~5‰ | 99 | 25.6 | 3.04 | 生长正常 |
| | 6‰~7‰ | 51 | 18.3 | 2.55 | 部分叶焦边、枯黄、卷曲、脱落 |
| 大花秋葵 | 2‰~3‰ | 100 | 15.9 | 2.44 | 生长正常 |
| | 3‰~4‰ | 81 | 10.2 | 2.17 | 叶出现焦边、枯黄,少量植株枯萎 |
| | 4‰~5‰ | 40 | 3.6 | 1.23 | 大部分叶枯黄、脱落,过半植株死亡 |
| | 6‰~7‰ | 0 | — | — | 全部死亡 |

续表

| 植物名称 | 耐盐处理 | 存活率/% | 高生长量/cm | 叶绿素含量/$(mg \cdot g^{-1} \cdot Fw)$ | 盐胁迫症状 |
|---|---|---|---|---|---|
| 小花毛核木 | 2‰~3‰ | 96 | 13.7 | 3.66 | 生长正常 |
| | 3‰~4‰ | 58.5 | 8.0 | 2.13 | 叶焦边、枯黄、卷曲、脱落 |
| | 4‰~5‰ | 20 | 1.4 | 0.59 | 大部分落叶,植株枯萎 |
| | 6‰~7‰ | 0 | — | — | 全部死亡 |
| 花叶锦带花 | 2‰~3‰ | 100 | 25.2 | 2.85 | 生长正常 |
| | 3‰~4‰ | 79 | 20.6 | 1.76 | 叶片焦边、枯黄、卷曲、脱落 |
| | 4‰~5‰ | 40.8 | 9.3 | 0.55 | 叶干枯、脱落,过半植株干枯 |
| | 6‰~7‰ | 0 | — | — | 植株全部死亡 |
| 红果金丝桃 | 2‰~3‰ | 44 | 6.8 | 1.14 | 叶干枯、脱落,过半植株干枯 |
| | 3‰~4‰ | 21.5 | 2.3 | 0.53 | 大部分植株死亡 |
| | 4‰~5‰ | 0 | — | — | 全部植株死亡 |
| 金叶莸 | 2‰~3‰ | 100 | 8.4 | 1.76 | 生长正常 |
| | 3‰~4‰ | 80 | 4.5 | 0.93 | 叶片焦边、卷曲 |
| | 4‰~5‰ | 49.2 | 1.6 | 0.22 | 大量叶片枯萎脱落 |
| | 6‰~7‰ | 0 | — | — | 全部死亡 |
| 单叶蔓荆 | 2‰~3‰ | 100 | 17.5 | 1.54 | 生长正常 |
| | 3‰~4‰ | 85 | 10.8 | 1.01 | 少数叶焦边、枯黄、脱落 |
| | 4‰~5‰ | 43 | 6.6 | 0.49 | 过半植株死亡 |
| | 6‰~7‰ | 0 | — | — | 全部死亡 |
| 四翅槐 | 2‰~3‰ | 100 | 15.2 | 1.55 | 生长正常 |
| | 3‰~4‰ | 90 | 8.4 | 1.09 | 少数叶焦边、枯黄、脱落 |
| | 4‰~5‰ | 45 | 2.1 | 0.42 | 过半植株死亡 |
| | 6‰~7‰ | 0 | — | — | 全部死亡 |

续表

| 植物名称 | 耐盐处理 | 存活率/ % | 高生长量/ cm | 叶绿素含量/ (mg · g$^{-1}$ · Fw) | 盐胁迫症状 |
|---|---|---|---|---|---|
| 金叶国槐 | 2‰～3‰ | 100 | 12.4 | 1.81 | 生长正常 |
| | 3‰～4‰ | 83 | 7.5 | 1.47 | 少数叶焦边、枯黄、脱落 |
| | 4‰～5‰ | 33 | 2.3 | 0.21 | 大部分植株死亡 |
| | 6‰～7‰ | 0 | — | — | 全部死亡 |
| 刺槐 | 2‰～3‰ | 100 | 12.6 | 1.93 | 生长正常 |
| | 3‰～4‰ | 89 | 8.0 | 1.49 | 少数叶焦边、枯黄、脱落 |
| | 4‰～5‰ | 48 | 1.2 | 0.75 | 过半植株死亡 |
| | 6‰～7‰ | 0 | — | — | 全部死亡 |
| 紫穗槐 | 2‰～3‰ | 100 | 18.1 | 1.74 | 生长正常 |
| | 3‰～4‰ | 98 | 11.4 | 1.16 | 少数叶焦边、枯黄、脱落 |
| | 4‰～5‰ | 47 | 5.0 | 0.73 | 过半植株死亡 |
| | 6‰～7‰ | 0 | — | — | 全部死亡 |
| 金合欢 | 2‰～3‰ | 67.9 | 9.6 | 1.76 | 叶枯、脱落,枝梢枯萎 |
| | 3‰～4‰ | 54.2 | 4.9 | 0.65 | 枝梢枯萎,近半植株死亡 |
| | 4‰～5‰ | 20 | 1.0 | 0.23 | 大部分植株死亡 |
| | 6‰～7‰ | 0 | — | — | 全部死亡 |
| 染料木 | 2‰～3‰ | 48 | 7.8 | 0.78 | 叶卷曲、边缘枯黄,过半植株死亡 |
| | 3‰～4‰ | 10.5 | 3.5 | 0.54 | 大部分植株枯萎 |
| | 4‰～5‰ | 0 | — | — | 全部死亡 |
| 紫荆 | 2‰～3‰ | 100 | 15.4 | 1.37 | 生长正常 |
| | 3‰～4‰ | 52 | 7.3 | 0.62 | 叶焦边、枯落,近半植株死亡 |
| | 4‰～5‰ | 0 | — | — | 全部死亡 |

续表

| 植物名称 | 耐盐处理 | 存活率/% | 高生长量/cm | 叶绿素含量/(mg·g$^{-1}$·Fw) | 盐胁迫症状 |
|---|---|---|---|---|---|
| 加拿大紫荆 | 2‰~3‰ | 100 | 12.4 | 1.46 | 生长正常 |
| | 3‰~4‰ | 58 | 8.5 | 0.32 | 叶焦边、枯落,近半植株死亡 |
| | 4‰~5‰ | 0 | — | — | 全部死亡 |
| 栾树 | 2‰~3‰ | 100 | 17.4 | 1.55 | 生长正常 |
| | 3‰~4‰ | 80.6 | 8.6 | 1.12 | 叶焦边、卷曲、脱落,少数枝干枯萎 |
| | 4‰~5‰ | 48 | 3.5 | 0.61 | 过半植株死亡 |
| | 6‰~7‰ | 0 | — | — | 全部死亡 |
| 无患子 | 2‰~3‰ | 80.8 | 7.6 | 1.15 | 生长较正常 |
| | 3‰~4‰ | 41.5 | 1.3 | 0.37 | 叶、枝枯萎,过半植株死亡 |
| | 4‰~5‰ | 0 | — | — | 全部死亡 |
| 七叶树 | 3‰~4‰ | 100 | 16.5 | 2.73 | 生长正常,叶出现焦边、卷曲 |
| | 4‰~5‰ | 80 | 8.7 | 1.62 | 叶焦边、脱落,少数枝干枯萎 |
| | 6‰~7‰ | 31.5 | 2.0 | 0.84 | 大多数植株死亡 |
| 复叶槭 | 2‰~3‰ | 35 | 3.3 | 0.86 | 大多数植株死亡 |
| | 3‰~4‰ | 0 | — | — | 全部死亡 |
| 茶条槭 | 2‰~3‰ | 43.5 | 4.3 | 2.69 | 大多数株死亡 |
| | 3‰~4‰ | 0 | — | — | 全部死亡 |
| 小檗 | 2‰~3‰ | 88.9 | 10.8 | 1.94 | 落叶,部分植株枯萎 |
| | 3‰~4‰ | 43 | 3.4 | 0.83 | 落叶严重,过半植株枯萎 |
| | 4‰~5‰ | 0 | — | — | 全部枯萎死亡 |
| 北美枫香 | 2‰~3‰ | 75 | 8.8 | 1.95 | 叶枯黄、脱落,部分植株死亡 |
| | 3‰~4‰ | 33 | 2.7 | 0.62 | 梢部枯萎,落叶严重,大多数植株死亡 |
| | 4‰~5‰ | 0 | — | — | 全部植株死亡 |

续表

| 植物名称 | 耐盐处理 | 存活率/% | 高生长量/cm | 叶绿素含量/(mg·g⁻¹·Fw) | 盐胁迫症状 |
|---|---|---|---|---|---|
| 枫香 | 2‰~3‰ | 30 | 1.6 | 0.43 | 大多数植株枯死 |
| | 3‰~4‰ | 0 | — | — | 全部死亡 |
| 梓树 | 2‰~3‰ | 86 | 6.8 | 1.57 | 部分叶枯萎、卷曲、脱落 |
| | 3‰~4‰ | 48 | 2.6 | 0.68 | 过半植株死亡 |
| | 4‰~5‰ | 13 | 0.8 | 0.14 | 大多数部植株死亡 |
| 欧洲椴 | 2‰~3‰ | 82 | 15.3 | 2.11 | 生长较正常 |
| | 3‰~4‰ | 56 | 7.2 | 1.92 | 叶片枯萎、卷曲,近半植株死亡 |
| | 4‰~5‰ | 20 | 1.5 | 1.44 | 大多数植株死亡 |
| | 6‰~7‰ | 0 | — | — | 全部死亡 |
| 花叶胡颓子 | 3‰~4‰ | 100 | 5.1 | 2.64 | 生长正常 |
| | 4‰~5‰ | 49 | 2.7 | 1.51 | 部分叶枯落,过半植株死亡 |
| | 6‰~7‰ | 17 | 0.6 | 0.43 | 枝梢枯萎较多,大多数植株死亡 |
| 喜树 | 2‰~3‰ | 73 | 13.1 | 1.54 | 叶枯落,部分植株枯萎 |
| | 3‰~4‰ | 31 | 5.9 | 0.43 | 大多数植株死亡 |
| | 4‰~5‰ | 0 | — | — | 全部死亡 |
| 溲疏 | 2‰~3‰ | 35.5 | 1.7 | 1.35 | 大多数植株枯死 |
| | 3‰~4‰ | 0 | — | — | 全部死亡 |
| 紫花醉鱼草 | 2‰~3‰ | 65 | 2.3 | 1.36 | 部分叶枯落,植株死亡 |
| | 3‰~4‰ | 20 | 1.1 | 0.58 | 枝梢枯萎严重,大多数植株死亡 |
| | 4‰~5‰ | 0 | — | — | 全部植株死亡 |
| 慈孝竹 | 2‰~3‰ | 100 | 10.4 | 1.28 | 叶、茎枯萎,部分植株死亡 |
| | 3‰~4‰ | 55 | 6.8 | 0.54 | 近半植株死亡 |
| | 4‰~5‰ | 0 | — | — | 全部死亡 |

| 植物名称 | 耐盐处理 | 存活率/% | 高生长量/cm | 叶绿素含量/$(mg \cdot g^{-1} \cdot Fw)$ | 盐胁迫症状 |
|---|---|---|---|---|---|
| 花叶芦竹 | 2‰~3‰ | 75.6 | 19.6 | 1.98 | 叶、茎枯萎,部分植株死亡 |
| | 3‰~4‰ | 26 | 8.5 | 1.82 | 大部分植株死亡 |
| | 4‰~5‰ | 0 | — | — | 全部死亡 |
| 水葱 | 2‰~3‰ | 95 | 13.5 | 1.52 | 生长较正常 |
| | 3‰~4‰ | 47.7 | 5.2 | 0.68 | 茎、叶枯萎,过半植株死亡 |
| | 4‰~5‰ | 0 | — | — | 全部死亡 |
| 水生美人蕉 | 2‰~3‰ | 97.5 | 17.5 | 1.56 | 生长较正常 |
| | 3‰~4‰ | 53 | 6.7 | 1.28 | 茎、叶枯萎,近半植株死亡 |
| | 4‰~5‰ | 0 | — | — | 全部死亡 |
| 黄菖蒲 | 2‰~3‰ | 98 | 23.7 | 2.23 | 生长较正常 |
| | 3‰~4‰ | 54.7 | 10.8 | 1.17 | 茎、叶枯萎,近半植株死亡 |
| | 4‰~5‰ | 0 | — | — | 全部死亡 |
| 水果兰 | 2‰~3‰ | 100 | 16.5 | 2.35 | 生长正常 |
| | 3‰~4‰ | 58 | 7.2 | 1.06 | 茎、叶枯萎,近半植株死亡 |
| | 4‰~5‰ | 0 | — | — | 全部死亡 |
| 小香蒲 | 2‰~3‰ | 65 | 10.2 | 1.86 | 茎、叶枯萎,部分植株死亡 |
| | 3‰~4‰ | 20 | 4.9 | 0.65 | 茎、叶枯萎,大部分植株死亡 |
| | 4‰~5‰ | 0 | — | — | 全部死亡 |
| 佛甲草 | 2‰~3‰ | 35 | 5.3 | 0.85 | 茎、叶枯萎,大部分植株死亡 |
| | 3‰~4‰ | 3.3 | 1.8 | 0.30 | 茎、叶枯萎,少量植株存活 |
| | 4‰~5‰ | 0 | — | — | 全部死亡 |

续表

| 植物名称 | 耐盐处理 | 存活率/% | 高生长量/cm | 叶绿素含量/(mg·g$^{-1}$·Fw) | 盐胁迫症状 |
|---|---|---|---|---|---|
| 德国景天 | 2‰～3‰ | 100 | 8.8 | 1.69 | 生长正常 |
| | 3‰～4‰ | 59 | 5.2 | 0.72 | 叶黄、茎萎蔫,部分植株死亡 |
| | 4‰～5‰ | 13 | 1.9 | 0.19 | 大多数植株死亡 |
| | 6‰～7‰ | 0 | — | — | 全部死亡 |
| 百子莲 | 2‰～3‰ | 94.5 | 15.6 | 1.84 | 生长正常 |
| | 3‰～4‰ | 55 | 9.7 | 1.06 | 叶枯、卷曲、脱落,近半植株枯萎 |
| | 4‰～5‰ | 16 | 1.5 | 0.33 | 大多数植株死亡 |
| 火炬花 | 2‰～3‰ | 61 | 15.1 | 1.87 | 叶枯、卷曲、脱落,近半植株枯萎 |
| | 3‰～4‰ | 33 | 9.6 | 0.95 | 大多数植株死亡 |
| | 4‰～5‰ | 0 | — | — | 全部死亡 |
| 萱草 | 2‰～3‰ | 63 | 5.7 | 1.65 | 部分叶片枯黄,植株死亡 |
| | 3‰～4‰ | 29.1 | 1.3 | 0.94 | 大多数植株死亡 |
| | 4‰～5‰ | 0 | — | — | 全部死亡 |
| 矮生沿阶草 | 2‰～3‰ | 90 | 5.5 | 2.72 | 生长较正常 |
| | 3‰～4‰ | 57 | 2.1 | 1.55 | 叶枯黄,近半植株枯萎 |
| | 4‰～5‰ | 11 | 0.5 | 0.54 | 植株枯萎严重 |
| 麦冬 | 2‰～3‰ | 100 | 5.5 | 2.36 | 生长正常 |
| | 3‰～4‰ | 58 | 2.3 | 1.17 | 叶片焦边、枯黄,近半植株枯萎 |
| | 4‰～5‰ | 20 | 1.4 | 0.63 | 大多数叶枯黄、脱落,植株死亡 |
| 再力花 | 2‰～3‰ | 90.3 | 3.2 | 2.65 | 生长较正常 |
| | 3‰～4‰ | 42 | 1.5 | 1.33 | 叶出现焦边、枯黄,过半植株枯萎 |
| | 4‰～5‰ | 17 | 0.7 | 0.53 | 大多数植株枯萎 |

续表

| 植物名称 | 耐盐处理 | 存活率/% | 高生长量/cm | 叶绿素含量/(mg·g⁻¹·Fw) | 盐胁迫症状 |
|---|---|---|---|---|---|
| 泽泻 | 2‰~3‰ | 68.7 | 11.3 | 0.95 | 叶片焦枯,部分植株死亡 |
| | 3‰~4‰ | 33 | 5.8 | 0.40 | 大部分植株干枯 |
| | 4‰~5‰ | 0 | — | — | 全部死亡 |

从表 3-19 可以看出,在土壤含盐量 2‰、3‰、5‰、7‰ 的梯度下,82 种供试植物存活率、高生长量、叶绿素含量均随着土壤盐浓度的升高而呈下降趋势,叶片盐胁迫症状也从绿色到萎蔫、变黄、卷曲、枯萎,直至停止生长和植株枯萎死亡。

红果金丝桃、枇杷、枫香、西藏柏木、佛甲草、茶条槭、复叶槭、染料木、单性木兰、溲疏、梅 11 种植物,在含盐量为 0 的土壤中存活率为 100%,高生长量、叶绿素含量较高,生长正常;而当土壤盐浓度为 2‰~3‰ 时,存活率仅为 10%~50%,存活植株盐胁迫症状明显,高生长较弱,叶绿素含量低,初步认为,这 11 种植物的耐盐能力为 0,耐盐极限为 1‰。火炬花、喜树、女贞、金合欢、木荷、泽泻、花叶芦竹、金边黄杨、桃、无患子、欧洲椴、落羽杉、椤木石楠、小檗、红叶李、矮生沿阶草、再力花、千屈菜、百子莲、小花毛核木、水生美人蕉、重阳木、梓树、大叶黄杨、矮生紫薇、弗吉尼亚栎、石楠、舟山新木姜子、洒金柏、紫荆、加拿大紫荆、北美枫香、水果兰、慈孝竹、麦冬、德国景天、瓜子黄杨、小香蒲、金山绣线菊、紫花醉鱼草、四季桂、萱草、月季、金钟连翘、水葱、黄菖蒲 46 种植物在盐浓度为 2‰~3‰ 时,虽出现叶枯、卷曲、脱落等现象,但存活率在 50% 以上,而在盐浓度为 3‰~4‰ 时,高生长量、叶绿素含量大幅下降,盐胁迫症状明显,绝大部分存活率也远低于 50%,甚至不超过 10%,则这 46 种植物的耐盐能力为 2‰,耐盐极限为 3‰。拐枣、大叶香樟、构树、栾树、金叶女贞、刺槐、四翅槐、垂柳、火棘、紫穗槐、紫花海棠、金叶国槐、水松、花叶胡颓子、紫薇、大花秋葵、彩叶杞柳、花叶锦带花、金叶菀、丝棉木 21 种植物在盐浓度为 3‰时，高生长量、叶绿素含量较高，盐胁迫症状不明显，存活率大于 70％；而在盐浓度为 5‰时，高生长量、叶绿素含量大幅下降，盐胁迫症状明显，绝大部分存活率低于 50％，甚至不超过 10％，则这 20 种植物的耐盐能力为 3‰，耐盐极限为 4‰～5‰。七叶树、海滨木槿、龙柏、滨枊 4 种植物在盐浓度为 5‰时，高生长量、叶绿素含量较高，存活率为 75％～100％，盐胁迫症状不明显；而在盐浓度为 6‰～7‰时，高生长量、叶绿素含量大幅下降，盐胁迫症状明显，存活率为 10％～51％，则 4 种植物的耐盐能力为 6‰，耐盐极限约为 7‰。

（3）结论与讨论

通过对 82 种绿化植物在生长季节进行不同盐度梯度盐渍滩涂耐盐试验，根据试验期间不同植物的生长表现（存活率、高生长量）、同化能力（叶绿素含量）初步确定其耐盐能力和耐盐极限。

不耐盐植物 11 种（土壤含盐量小于 1‰）：红果金丝桃、枇杷、枫香、西藏柏木、佛甲草、茶条槭、复叶槭、染料木、单性木兰、溲疏、梅。

耐轻度盐植物 46 种（土壤含盐量 1‰～3‰）：火炬花、喜树、女贞、金合欢、木荷、泽泻、花叶芦竹、金边黄杨、桃、无患子、欧洲椴、落羽杉、椤木石楠、小檗、红叶李、矮生沿阶草、再力花、千屈菜、百子莲、小花毛核木、水生美人蕉、重阳木、梓树、大叶黄杨、矮生紫薇、弗吉尼亚栎、石楠、舟山新木姜子、洒金柏、紫荆、加拿大紫荆、北美枫香、水果兰、慈孝竹、麦冬、德国景天、瓜子黄杨、小香蒲、金山绣线菊、紫花醉鱼草、四季桂、萱草、月季、金钟连翘、水葱、黄菖蒲。

耐中度盐植物 21 种（土壤含盐量 3‰～5‰）：拐枣、大叶香樟、构树、栾树、金叶女贞、刺槐、四翅槐、垂柳、火棘、紫穗槐、单叶蔓荆、紫花海棠、金叶国槐、水松、花叶胡颓子、紫薇、大花秋葵、彩叶杞柳、花叶锦带花、金叶菀、丝棉木。

耐重度盐植物 4 种（土壤含盐量大于 5‰）：七叶树、海滨木槿、龙柏、滨枥。

需要指出的是，上述结论是在一个生长季节下得出的，由于试验时间较短，尤其是对多年生木本植物而言，本次试验结论仅供参考。有必要与其他试验方法相结合，才能得出更为准确的结论。

### （二）杭州湾新区（慈溪）滨海滩涂绿化植物耐盐能力

"杭州湾滨海滩涂湿地绿化技术与模式研究"课题是在杭州湾跨海大桥项目立项后、工程开始实施时，由慈溪市农业局于 2003 年所立农业技术项目，为期两年。本项目结合杭州湾滨海生态绿地 480 亩示范工程的建设任务开展，旨在创造良好的生态环境，为杭州湾大桥建设和杭州湾工业新区建设服务。

杭州湾滨海滩涂生态绿地工程示范区位于慈溪市北部沿海的杭州湾新区，地理位置东经 30°18′46″，北纬 121°09′48″。课题试验区是其中一块，面积约为 5736.2 m² （图 3-2）。慈溪海岸为淤涨型岸滩，坡度 0.3‰～0.6‰，滩面宽阔。滩涂沉积物以粉细沙和沙质泥等细颗粒物质为主，滩坡物质交换随季节变化。沿海地区植被稀少，自然草本植物有菊科、禾本科、豆科、藜科等耐盐植物，多为碱蓬、盐蒿、田菁、芦苇、茅草等草本植物。

图 3-2　杭州湾滨海滩涂生态绿地绿化植物耐盐能力试验区

通过近两年的研究和不断建设,示范区种植植物截至目前有126种,植物名录见附录二。本节总结480亩示范工程中8.6亩试验区块试验结果,包括土壤本底值研究,通过植物生长状况评价不同盐渍土改良技术方案等,对示范工程只作简单介绍。

(1) 试验方法与设计

① 试验地分区。

将试验地分为六块(图 3-3),分别标记为 A、B、C、D、E 和 F,每块种植地设置重复,分别为 2 个、4 个、5 个、5 个、5 个和 3 个。

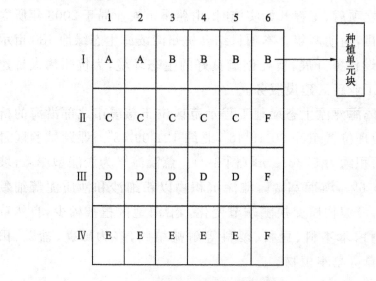

图 3-3  试验地分区示意图

注:A 块 2 个种植单元,即 2 个重复;B 块 4 个种植单元,即 4 个重复;
C~E 块 5 个种植单元,即 5 个重复;F 块 3 个种植单元,即 3 个重复。

② 盐渍土处理方案。

试验区是杭州湾滨海生态绿地示范区中的一块,其排水系统(排盐沟)、地形处理、种植面标高和日常管理同整个示范区一致。试验区块的设立旨在在现有的技术基础上,进一步探索盐渍土改良技术和耐盐植物筛选,并及时将成功的改良技术和新的植物种类应用到示范区中去。

试验区盐渍土处理方案的目的是:验证在没有任何改良技术措施条件下所选植物的生长状况,特别是一些非本地植物种类的存活能提高物种多样性,降低建设项目费用;探索一些经济实用的盐渍土改良技术,来丰富现有改良技术内容与体系。所以,从这些目的出发,设计如下方案(表 3-20)。

表 3-20                 盐渍土改良处理技术方案

| 处理 \ 项目 | 隔离层 | 固体肥料 | 介质 | 液肥 |
|---|---|---|---|---|
| A | — | — | — | — |
| B | + | — | — | — |
| C | ++ | + | — | — |
| D | ++ | — | + | — |
| E | ++ | — | — | + |
| F | ++ | ++ | ++ | + |

注:隔离层(一)——无隔离措施;

隔离层(+)——棉花秆作隔离,每把 10 kg,每平方米 3 把;

隔离层(++)——棉花秆(20%、6 cm 厚)+碎石(80%、24 cm 厚);

固体肥料(一)——无肥料;

固体肥料(+)——有机肥;

固体肥料(++)——腐殖酸肥料;

介质(一)——无介质;

介质(+)——栽培介质 6 号(通用介质),1 包/棵(体积比,1∶1 混合);

介质(++)——栽培介质 7 号(酸性介质),20 cm(体积比,1∶2 混合)。

③ 供试植物。

本次所选择供试植物共 32 种(表 3-31),其中前 25 种为耐盐碱或乡土植物种类,后 7 种为新园艺植物品种。

表 3-21                                      供试植物名录

| 序号 | 中文名 | 拉丁学名 |
|---|---|---|
| 1 | 柽柳 | *Tamarix chinensis* |
| 2 | 栾树 | *Koelreuteria paniculata* |
| 3 | 杨树 | *Populus sp.* |
| 4 | 金丝柳 | *Salix × aureo-pendula* |
| 5 | 紫荆 | *Cercis chinensis* |
| 6 | 木槿 | *Hibiscus syriacus* |
| 7 | 单叶蔓荆 | *Vitex trifolia* var. *simplicifolia* |
| 8 | 墨西哥落羽杉 | *Taxudium mucronatum* |
| 9 | 木麻黄 | *Casuarina equisetifolia* |
| 10 | 蜀桧 | *Sabina komarovii* |
| 11 | 女贞 | *Ligustrum lucidum* |
| 12 | 夹竹桃 | *Nerium indicum* |
| 13 | 小叶女贞 | *Ligustrum quihoui* |
| 14 | 龙柏 | *Sabina chinensis* ′kaizuca′ |
| 15 | 垂柳 | *Salix babylonica* |
| 16 | 珊瑚树 | *Viburnum odoratissimum* |
| 17 | 海桐 | *Pittosporum tobira* |
| 18 | 石榴 | *Punica granatum* |
| 19 | 香椿 | *Toona sinensis* |
| 20 | 丝棉木 | *Euonymus maackii* |
| 21 | 田菁(生态环境) | *Sesbania cannabina* |
| 22 | 狗牙根(覆盖地面) | *Cynodon dactylon* |
| 23 | 黑麦草(覆盖地面) | *Lolium perenne* |
| 24 | 大麦(覆盖地面) | *Hordeum vulgcrre* |
| 25 | 黑胡桃 | *Juglans nigra* |
| 26 | 金叶过路黄 | *Lysimachia mummularia* ′Aurea′ |

续表

| 序号 | 中文名 | 拉丁学名 |
|------|--------|----------|
| 27 | 大花萱草 | *Hemerocallis middendorffii* |
| 28 | 金叶莸 | *Caryopyteris clandonensis* |
| 29 | 冰生溲疏 | *Deutzia gracilis* |
| 30 | 金山绣线菊 | *Spiraea bumalda* 'Gold Mound' |
| 31 | 金焰绣线菊 | *Spiraea bumalda* 'Gold Flame' |
| 32 | 红果金丝桃 | Hypericum inodorum 'Excellent Flair' |

④ 组合方式。

为了比较不同土壤处理方式对盐渍土改良的效果,将相同的 24 种供试植物种植于经过不同处理后的盐渍土壤中(表 3-22),土壤处理 $A$ 为空白对照,土壤处理 $B$ 代表仅以棉花秆作隔离的土壤效果,土壤处理 $C$、土壤处理 $D$、土壤处理 $E$ 则代表以棉花秆和碎石作隔离,分别辅以固体废料、介质和液肥不同处理的土壤效果。土壤处理 $F$ 上种植的是新园艺植物品种,土壤经过棉花秆和碎石的隔离层,辅以腐殖酸肥料、栽培介质 7 号和有机肥处理,以观察在更为复杂的盐渍土改良处理后,滨海园林植物的生长情况。

表 3-22　　　　　　　　　**土壤与植物组合方式**

| 序号 | 组合方式 |
|------|----------|
| 1 | 土壤处理 $A$ ＋供试植物(序号 1~24) |
| 2 | 土壤处理 $B$ ＋供试植物(序号 1~24) |
| 3 | 土壤处理 $C$ ＋供试植物(序号 1~24) |
| 4 | 土壤处理 $D$ ＋供试植物(序号 1~24) |
| 5 | 土壤处理 $E$ ＋供试植物(序号 1~24) |
| 6 | 土壤处理 $F$ ＋供试植物(序号 25~31) |

注:所有处理均覆盖,$A$~$E$ 块主要以狗牙根、大麦、棉花秆和黑麦草覆盖为主,$F$ 块以狗牙根和陶粒覆盖为主。

⑤ 种植单元块植物种植情况。

种植单元块植物规格与数量见表 3-23。

表 3-23　　**A~E 块和 F 块,其中一个种植单元块的植物种类和数量**

| 区块号 | 名称 | 规格/cm | 数量/株 |
| --- | --- | --- | --- |
| | 柽柳 | H 30 | 20 |
| | 栾树 | D 2.5 | 20 |
| | 杨树 | H 120 | 20 |
| | 金丝柳 | H 20 | 20 |
| | 紫荆 | H 160 | 8 |
| | 木槿 | H 180 | 10 |
| | 单叶蔓荆 | H 40 | 8 |
| | 垂柳 | H 130 | 20 |
| | 木麻黄 | H 130 | 10 |
| | 香椿 | H 150 | 10 |
| | 墨西哥落羽杉 | H 150 | 8 |
| A~E 块 | 女贞 | H 150 | 20 |
| | 夹竹桃 | H 120 | 20 |
| | 小叶女贞 | P 20 | 10 |
| | 龙柏 | H 120 | 10 |
| | 海桐 | P 30 | 10 |
| | 珊瑚树 | H 150 | 20 |
| | 蜀桧 | H 140 | 10 |
| | 石榴 | H 140 | 5 |
| | 丝棉木 | | 补种 |
| | 黑胡桃 | | 补种 |

共计:259株/单元

| 区块号 | 名称 | 规格/cm | 数量/株 |
|---|---|---|---|
| F块 | 冰生溲疏 | | 20 |
| | 金叶过路黄 | | 50 |
| | 大花萱草 | | 20 |
| | 金叶莸 | | 10 |
| | 金山绣线菊 | | 10 |
| | 金焰绣线菊 | | 10 |
| | 红果金丝桃 | | 30 |
| | | | 共计:150 株 |

a. A~E 块的种植要求。

每个种植单元种植上述苗木,不留空地;根据苗木大小、实际景观、高低搭配、分散与成片相结合的方式种植;当一个种植单元种植组合方式确定后,其他单元必须同样种植;按照采购到的苗木数量和规格,决定上述一个单元每种植物的数量,留有余地,目的是保证苗木规格统一。

b. F 块的种植要求。

按一个品种成片方式种植;当一个单元种植方案确定后,其他单元必须同样种植;苗木规格必须统一。

⑥ 土壤分析方法。

在试验区选取了具有代表性的地方,采集综合土壤(以表层土为主)。由上海市园林科学规划研究院测试中心测试,土壤主要性状指标有 pH、EC、有机质、含盐量和土壤质地,分析方法以公布的行业标准[《森林土壤水化学分析》(LY/T 1275—1999)和《森林土壤样品的采集与制备》(LY/T 1210—1999)]为主要依据,并参照《森林土壤分析方法》,即 pH 值采用电位计法,EC 值采用电导仪测定,有机质采用重铬酸钾容量法,含盐量采用质量法,质地采用比重计法进行测定。

(2)结果与分析

① 土壤本底值调查与评价。

2003年4月4号(示范区建设和试验区试验之前),在试验区选取了两个有代表性的地方,野外采集综合土壤(以表层土为主),结果见表3-24。

表3-24 慈溪滨海滩涂试验区土壤本底值

| 样品 | pH | EC/(ms·cm$^{-1}$) | 有机质含量/ (g·kg$^{-1}$) | 含盐量/ (g·kg$^{-1}$) | 质地 |
|------|------|------|------|------|------|
| 样品1 | 9.5 | 2.12 | 5 | 9.8 | 粉沙土 |
| 样品2 | 9.8 | 2.17 | 5.6 | 10.5 | 粉沙壤土 |

从检测数据看,检测的各项指标均不满足园林植物生长要求;有机质含量小于10 g·kg$^{-1}$,土壤肥力差,属极贫瘠型;土壤含盐量为10 g·kg$^{-1}$左右,远远大于1 g·kg$^{-1}$的标准,属重盐土;土壤质地为粉沙土或粉沙壤土,为成土母质,远没有形成土壤质粒结构。

② 试验区A~F块土壤性质变化。

试验区A~F块采取了不同的土壤改良方式,并按方案进行种植。经过近两年的试验,土壤主要性质发生了变化。从土壤理化性质的变化,初步反映出土壤改良方式的不同效果。

除本底值调查取样(2003年4月)外,课题组还于2003年10月、2004年1月和2004年10月三次对试验区A~F块分别混合取样,检测数据见表3-25。

表3-25 试验区A~F块 2003—2004年土壤主要性状

| 取样时间 | 试验区块 | pH | EC/ (ms·cm$^{-1}$) | 有机质含量/ (g·kg$^{-1}$) | 含盐量/ (g·kg$^{-1}$) | 质地 |
|------|------|------|------|------|------|------|
| 2003年 4月4日 | 本底值1 | 9.5 | 2.12 | 5 | 9.8 | 粉沙土 |
| | 本底值2 | 9.8 | 2.17 | 5.6 | 10.5 | 粉沙壤土 |

| 取样时间 | 试验区块 | pH | EC/<br>(ms·cm⁻¹) | 有机质含量/<br>(g·kg⁻¹) | 含盐量/<br>(g·kg⁻¹) | 质地 |
|---|---|---|---|---|---|---|
| 2003 年<br>10 月 11 日 | A | 8.83 | 2.00 | 12.82 | 7.60 | — |
| | B | 8.45 | 1.40 | 12.07 | 5.40 | — |
| | C | 8.42 | 1.60 | 8.42 | 3.15 | — |
| | D | 8.50 | 1.20 | 11.13 | 2.20 | — |
| | E | 8.26 | 2.10 | 17.71 | 3.80 | — |
| | F | 7.98 | 1.70 | 28.73 | 2.75 | — |
| 2004 年<br>1 月 12 日 | A | 8.81 | 1.40 | 10.81 | 6.40 | — |
| | B | 8.10 | 1.00 | 13.23 | 4.30 | — |
| | C | 8.36 | 1.60 | 12.80 | 2.80 | — |
| | D | 8.58 | 0.90 | 15.98 | 1.80 | — |
| | E | 8.20 | 1.20 | 15.26 | 3.75 | — |
| | F | 8.36 | 1.65 | 14.83 | 2.00 | — |
| 2004 年<br>10 月 26 日 | A | 8.53 | 0.50 | 7.76 | 1.10 | 沙黏 |
| | B | 8.85 | 0.60 | 11.61 | 1.65 | 沙黏 |
| | C | 8.82 | 0.78 | 12.48 | 1.70 | 沙黏 |
| | D | 8.92 | 0.41 | 14.21 | 1.35 | 沙黏 |
| | E | 8.49 | 0.60 | 11.52 | 1.75 | 粉沙土 |
| | F | 8.20 | 0.20 | 29.37 | 0.80 | 粉沙土 |

　　四组数据初步反映了在不同改良措施下,土壤理化性质的年内和年际变化,其中 2003 年 4 月与 2004 年 1 月、2003 年 10 月与 2004 年 10 月正好构成两组数据,进行不同年份同一时期土壤理化性质的比较。忽略取样误差、试验分析误差和季节(取样时间)等因素,前后几次取样客观地反映了在不同改良措施下土壤理化性质出现的变化趋势。

A～F 块土壤理化性质整体变化特点可归纳为:土壤含盐量大幅下降,与本底值相比,下降了 80% 以上,与 2003 年同期相比,均降低 50% 以上;有机质含量呈不同程度增加,整体来看,均增加 1 倍以上; EC 下降,末次采样 EC 都低于 1 ms·cm$^{-1}$,与本底值比,下降了 50% 以上;pH 三次取样间变化不显著,但与本底值相比,酸度升高了近 1 个pH 单位。

A～F 块单块土壤理化性质变化各具特点(图 3-4)。A～F 块土壤理化指标 pH、EC 和含盐量均降低,而有机质含量均升高,对盐渍土改良有一定作用。pH 变化不同试验区块差异不显著,EC、含盐量和有机质含量在不同试验区块差异显著。从增加有机质,降低含盐量来看,由于试验区 B～F 块都采用了隔离层,效果都显著,而其他措施改良作用明显弱于隔离效果。

③ 植物生长状况分析。

课题组对试验区块所种植的植物进行了五次测量,包括每株植物高度、直径或冠幅以及植物的存活率。测量数据间表现出显著不一致,例如,部分植物高度生长与纵向(直径或冠幅)生长不成比例,横向生长明显,表现出对海涂环境条件的适应;存活率在植物间的差异也明显。所以,对植物生长状况分析从高度变化、横向(直径或冠幅)生长、存活率及综合生长情况予以说明。

a. 植物高度变化($H$)。

植物高度以每次测量数值为计算依据,反映植物生长过程。如柽柳在 A 块的第一次高度就等于 A1 和 A2 两个单元种植块第一次测量高度的算术平均值。

在 Y 块某种植物 X 第 Z 次的高度数据计算公式:

$$H_{(X,Y,Z)} = \frac{H_{(X,Y,Z,1)} + H_{(X,Y,Z,2)} + \cdots + H_{(X,Y,Z,j)}}{j}$$

式中　$j$——Y 块单元种植块的重复数,取值为 2、3、4、5。

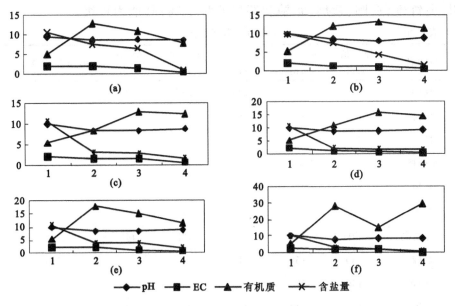

图 3-4　A～F 块单块土壤理化性质变化

(a) A 块土壤理化性质变形；(b) B 块土壤理化性质变形；(c) C 块土壤理化性质变形；

(d) D 块土壤理化性质变形；(e) E 块土壤理化性质变形；(f) F 块土壤理化性质变形

注：① 图中横轴 1、2、3、4 分别代表取样时间 2003 年 4 月、2003 年 10 月、2004 年 1 月和 2004 年 10 月；

② pH 无量纲，EC 单位为 ms·cm$^{-1}$，有机质含量单位为 g·kg$^{-1}$，含盐量单位为 g·kg$^{-1}$。

　　试验区块植物高度变化情况见表 3-26～表 3-31。不同试验区块中柽柳、金丝柳、单叶蔓荆、垂柳、木麻黄、夹竹桃、龙柏、海桐、蜀桧、丝棉木、黑胡桃等高度变化明显。同种植物高度变化在不同试验区块（改良措施）间差异显著性低于植物种类间的差异性，所以重点分析植物种类间的差异。

　　不同试验区块以植物高度变化倍数来表示其高度变化速率，结果见表 3-26～表 3-30。通过比较分析，根据"第四次/原始值"人为分级，供试植物中高度变化Ⅰ级（最大）有柽柳、单叶蔓荆和金丝柳 3 种植物；Ⅱ级有栾树、木麻黄、海桐、丝棉木和黑胡桃 5 种植物；Ⅲ级有杨树、夹竹桃、垂柳、紫荆、龙柏和蜀桧6种植物；其他为Ⅳ级。

表 3-26 　　　　　　　　　　A 块植物高度变化

| 植物名 | 原始值/cm | 第一次/cm | 第二次/cm | 第三次/cm | 第四次/cm | 第四次/原始值 |
|---|---|---|---|---|---|---|
| 柽柳 | 30 | 150 | 148 | 217 | 243 | 8.1 |
| 栾树 | 180 | 186 | 180 | 171 | 153 | 0.8 |
| 杨树 | 120 | — | — | — | — | — |
| 金丝柳 | 20 | 73 | 94 | 146 | 182 | 9.1 |
| 紫荆 | 160 | | | | | |
| 木槿 | 180 | — | — | — | — | — |
| 单叶蔓荆 | 40 | 40 | 43 | 125 | 143 | 3.6 |
| 垂柳 | 130 | 150 | 143 | 145 | 187 | 1.4 |
| 木麻黄 | 130 | 220 | 223 | 240 | 350 | 2.7 |
| 香椿 | 150 | 146 | 87 | 72 | 32 | 0.2 |
| 墨西哥落羽杉 | 150 | — | — | — | — | — |
| 女贞 | 150 | 82 | 55 | 15 | 15 | 0.1 |
| 夹竹桃 | 120 | 81 | 84 | 116 | 122 | 1.0 |
| 小叶女贞 | P20 | — | — | — | — | — |
| 龙柏 | 120 | 124 | 123 | 124 | 132 | 1.1 |
| 海桐 | 30 | 38 | 36 | 37 | 38 | 1.2 |
| 珊瑚树 | 150 | — | — | — | — | — |
| 蜀桧 | 80 | 82 | 83 | 90 | 95 | 1.2 |
| 石榴 | 140 | 32 | 33 | 35 | 36 | 0.3 |
| 丝棉木 | 50 | — | — | — | 55 | 1.1 |
| 黑胡桃 | 30 | — | — | — | 38 | 1.2 |

表 3-27                                                   **B 块植物高度变化**

| 植物名 | 原始值/cm | 第一次/cm | 第二次/cm | 第三次/cm | 第四次/cm | 第四次/原始值 |
|---|---|---|---|---|---|---|
| 柽柳 | 30 | 147 | 147 | 220 | 248 | 8.3 |
| 栾树 | 180 | 186 | 188 | 185 | 180 | 1.0 |
| 杨树 | 120 | — | — | — | — | — |
| 金丝柳 | 20 | 85 | 86 | 210 | 288 | 14.4 |
| 紫荆 | 160 | — | — | 65 | 156 | 0.9 |
| 木槿 | 180 | — | — | 79 | 80 | 0.3 |
| 单叶蔓荆 | 40 | 36 | 54 | 85 | 165 | 4.1 |
| 垂柳 | 130 | 130 | 135 | 161 | 207 | 1.6 |
| 木麻黄 | 130 | 211 | 212 | 220 | 354 | 2.7 |
| 香椿 | 150 | 152 | 165 | 148 | 150 | 1.0 |
| 墨西哥落羽杉 | 150 | — | — | — | — | — |
| 女贞 | 150 | 140 | 135 | 160 | 165 | 1.1 |
| 夹竹桃 | 120 | 78 | 90 | 136 | 167 | 1.4 |
| 小叶女贞 | P20 | — | — | — | — | — |
| 龙柏 | 120 | 115 | 120 | 121 | 151 | 1.2 |
| 海桐 | 30 | 38 | 38 | 41 | 52 | 1.7 |
| 珊瑚树 | 150 | — | — | — | — | — |
| 蜀桧 | 80 | 84 | 84 | 95 | 106 | 1.3 |
| 石榴 | 140 | 38 | 35 | 50 | 56 | 0.4 |
| 丝棉木 | 50 | — | — | — | 146 | 2.9 |
| 黑胡桃 | 30 | — | — | — | 41 | 1.4 |

表 3-28                                        C 块植物高度变化

| 植物名称 | 原始值/cm | 第一次/cm | 第二次/cm | 第三次/cm | 第四次/cm | 第四次/原始值 |
|---|---|---|---|---|---|---|
| 柽柳 | 30 | 151 | 153 | 222 | 240 | 8.0 |
| 栾树 | 180 | 185 | 183 | 170 | 156 | 0.9 |
| 杨树 | 120 | — | | | | — |
| 金丝柳 | 20 | 95 | 80 | 220 | 252 | 12.5 |
| 紫荆 | 160 | 23 | 18 | 37 | 105 | 0.7 |
| 木槿 | 180 | 85 | 86 | 90 | 94 | 0.5 |
| 单叶蔓荆 | 40 | 29 | 25 | 87 | 113 | 3.3 |
| 垂柳 | 130 | 110 | 115 | 120 | 179 | 1.4 |
| 木麻黄 | 130 | 206 | 208 | 215 | 355 | 2.7 |
| 香椿 | 150 | 145 | 140 | 147 | 169 | 1.1 |
| 墨西哥落羽杉 | 150 | — | | | | — |
| 女贞 | 150 | 103 | 75 | 67 | 67 | 0.5 |
| 夹竹桃 | 120 | 80 | 91 | 149 | 187 | 1.5 |
| 小叶女贞 | P 20 | — | | | | — |
| 龙柏 | 120 | 123 | 127 | 129 | 166 | 1.4 |
| 海桐 | 30 | 42 | 42 | 57 | 74 | 2.4 |
| 珊瑚树 | 150 | — | | | | — |
| 蜀桧 | 80 | 87 | 88 | 102 | 115 | 1.4 |
| 石榴 | 140 | 35 | 37 | 65 | 70 | 0.5 |
| 丝棉木 | 50 | — | | — | 148.1 | 3.0 |
| 黑胡桃 | 30 | | | — | 53 | 1.8 |

表 3-29　　　　　　　　　　D 块植物高度变化

| 植物名称 | 原始值/cm | 第一次/cm | 第二次/cm | 第三次/cm | 第四次/cm | 第四次/原始值 |
|---|---|---|---|---|---|---|
| 柽柳 | 30 | 154.8 | 155.2 | 215.5 | 243.1 | 8.0 |
| 栾树 | 180 | 180.3 | 174.7 | 168.0 | 165.0 | 0.9 |
| 杨树 | 120 | — | — | — | — | — |
| 金丝柳 | 20 | 124.1 | 115.7 | 254.3 | 338.3 | 17.0 |
| 紫荆 | 160 | 48.4 | 75.1 | 150.0 | 199.4 | 1.2 |
| 木槿 | 180 | 76.5 | 86.2 | 111.7 | 124.4 | 0.7 |
| 单叶蔓荆 | 40 | 55.3 | 74.2 | 132.5 | 178.8 | 4.4 |
| 垂柳 | 130 | 140.2 | 153.1 | 184.0 | 285.4 | 2.1 |
| 木麻黄 | 130 | 216.5 | 219.5 | 229.3 | 358.6 | 2.7 |
| 香椿 | 150 | 135.1 | 144.2 | 157.8 | 163.3 | 1.1 |
| 墨西哥落羽杉 | 150 | — | — | — | — | — |
| 女贞 | 150 | 135.6 | 134.5 | 138.1 | 163.9 | 1.1 |
| 夹竹桃 | 120 | 96.5 | 104.2 | 118.7 | 206.8 | 1.7 |
| 小叶女贞 | P 20 | — | — | — | — | — |
| 龙柏 | 120 | 126.9 | 122.8 | 124.5 | 167.9 | 1.4 |
| 海桐 | 30 | 42.2 | 43.8 | 83.5 | 108.5 | 3.6 |
| 珊瑚树 | 150 | — | — | — | — | — |
| 蜀桧 | 80 | 85.5 | 96.8 | 126.3 | 144.5 | 1.8 |
| 石榴 | 140 | 34.2 | 35.6 | 69.3 | 74.4 | 0.5 |
| 丝棉木 | 50 | — | — | — | 175.3 | 3.5 |
| 黑胡桃 | 30 | — | — | — | 83.5 | 2.8 |

表 3-30                                     E 块植物高度变化

| 植物名称 | 原始值/<br>cm | 第一次/<br>cm | 第二次/<br>cm | 第三次/<br>cm | 第四次/<br>cm | 第四次/原始值 |
|---|---|---|---|---|---|---|
| 柽柳 | 30 | 165.3 | 169.5 | 225.0 | 256.4 | 8.5 |
| 栾树 | 180 | 189.7 | 185.5 | 174.3 | 178.9 | 1.0 |
| 杨树 | 120 | 118.3 | 90.0 | 270.8 | 290 | 2.4 |
| 金丝柳 | 20 | 100.3 | 111.4 | 254.3 | 318.2 | 16 |
| 紫荆 | 160 | 54.8 | 58.5 | 145.1 | 182.5 | 1.1 |
| 木槿 | 180 | — | — | — | — | — |
| 单叶蔓荆 | 40 | 58.4 | 65.3 | 175.5 | 262.5 | 4.5 |
| 垂柳 | 130 | 121.1 | 129.5 | 140.9 | 206.7 | 1.5 |
| 木麻黄 | 130 | 234.3 | 238.5 | 250.5 | 362.8 | 2.7 |
| 香椿 | 150 | 65.2 | 70.5 | 90.3 | 124.8 | 0.8 |
| 墨西哥落羽杉 | 150 | | | | | |
| 女贞 | 150 | 119.7 | 64.3 | 35.5 | 30.2 | 0.2 |
| 夹竹桃 | 120 | 86.7 | 91.4 | 105.5 | 172.5 | 1.4 |
| 小叶女贞 | P20 | | | | | |
| 龙柏 | 120 | 126.2 | 127.6 | 128.5 | 157.8 | 1.3 |
| 海桐 | 30 | 43.4 | 43.3 | 54.5 | 67.7 | 2.2 |
| 珊瑚树 | 150 | — | — | — | — | — |
| 蜀桧 | 80 | 85.5 | 86.4 | 109.9 | 129.2 | 1.5 |
| 石榴 | 140 | — | — | — | — | — |
| 丝棉木 | 50 | — | — | — | 132.3 | 2.6 |
| 黑胡桃 | 30 | | | | 92.8 | 3.1 |

表 3-31　　　　　　　　A～E 块植物高度变化速率(第四次/原始值)

| 植物名称 | A | B | C | D | E | 高度变化等级 |
|---|---|---|---|---|---|---|
| 柽柳 | 8.1 | 8.3 | 8.0 | 8.0 | 8.5 | Ⅰ |
| 栾树 | 0.8 | 1.0 | 0.9 | 0.9 | 1.0 | Ⅲ |
| 杨树 | — | — | — | — | 2.4 | Ⅱ |
| 金丝柳 | 9.1 | 14.4 | 12.5 | 17.0 | 16.0 | Ⅰ |
| 紫荆 | — | 0.9 | 0.7 | 1.2 | 1.1 | Ⅲ |
| 木槿 | — | 0.3 | 0.5 | 0.7 | — | Ⅳ |
| 单叶蔓荆 | 3.6 | 4.1 | 3.3 | 4.4 | 4.5 | Ⅰ |
| 垂柳 | 1.4 | 1.6 | 1.4 | 2.1 | 1.5 | Ⅲ |
| 木麻黄 | 2.7 | 2.7 | 2.7 | 2.7 | 2.7 | Ⅱ |
| 香椿 | 0.2 | 1.0 | 1.1 | 1.1 | 0.8 | Ⅳ |
| 墨西哥落羽杉 | | | | | | |
| 女贞 | 0.1 | 1.1 | 0.5 | 1.1 | 0.2 | Ⅳ |
| 夹竹桃 | 1.0 | 1.4 | 1.5 | 1.7 | 1.4 | Ⅲ |
| 小叶女贞 | | | | | | |
| 龙柏 | 1.1 | 1.2 | 1.4 | 1.4 | 1.3 | Ⅲ |
| 海桐 | 1.2 | 1.7 | 2.4 | 3.6 | 2.2 | Ⅱ |
| 珊瑚树 | — | — | — | — | | |
| 蜀桧 | 1.2 | 1.3 | 1.4 | 1.8 | 1.5 | Ⅲ |
| 石榴 | 0.3 | 0.4 | 0.5 | 0.5 | — | Ⅳ |
| 丝棉木 | 1.1 | 2.9 | 3.0 | 3.5 | 2.6 | Ⅱ |
| 黑胡桃 | 1.2 | 1.4 | 1.8 | 2.8 | 3.1 | Ⅱ |

注:高度变化等级分级标准为第四次/原始值>4 的为Ⅰ级;2<第四次/原始值<4 的为Ⅱ级;1<第四次/原始值<2 的为Ⅲ级;第四次/原始值<1 的为Ⅳ级。

b. 植物横向(直径或冠幅)生长情况($D$)。

横向(直径或冠幅)生长情况以每次测量数值为计算依据,突出生长过程。如柽柳在 A 块的第一次横向数据就等于 A1 和 A2 两个单元种植块第一次测量横向数据的算术平均值。

在 Y 块某种植物 X 第 Z 次的横向数据计算公式：

$$D_{(X,Y,Z)} = \frac{D_{(X,Y,Z,1)} + D_{(X,Y,Z,2)} + \cdots + D_{(X,Y,Z,j)}}{j}$$

式中　$j$——Y 块单元种植块的重复数，取值为 2、3、4、5。

试验区块植物横向生长情况见表 3-32～表 3-36。不同试验区块中柽柳、金丝柳、木麻黄、单叶蔓荆等横向生长势明显。同种植物在不同试验区块（改良措施）间直径或冠幅变化差异显著性远低于同一试验区块不同植物种类间的差异性，所以重点分析植物种类间的差异。

不同试验区块以植物直径或冠幅变化倍数来表示其横向生长情况，结果见表 3-37。通过比较分析，并根据"第四次/第一次"的人为分级，横向生长Ⅰ级（最强）有柽柳、木麻黄、金丝柳和单叶蔓荆四种植物，其他为Ⅱ级。

表 3-32　　　　　　　　　**A 块植物横向（直径或冠幅）生长情况**

| 植物名称 | 第一次/cm | 第二次/cm | 第三次/cm | 第四次/cm | 第四次/第一次 |
|---|---|---|---|---|---|
| 柽柳 | 1.29 | 1.38 | 2.33 | 2.79 | 2.16 |
| 栾树 | 3.21 | 3.20 | 3.30 | 3.45 | 1.07 |
| 杨树 | — | — | — | — | — |
| 金丝柳 | 1.13 | — | — | 1.40 | 1.24 |
| 紫荆 | — | — | 0.10 | 0.20 | — |
| 木槿 | — | — | — | — | — |
| 单叶蔓荆 | 0.92 | 0.95 | 1.53 | 1.75 | 1.90 |
| 垂柳 | 1.75 | 1.90 | 1.95 | 2.70 | 1.54 |
| 木麻黄 | 2.54 | 2.66 | 3.44 | 5.63 | 2.22 |
| 香椿 | 2.65 | 2.70 | 2.70 | 2.81 | 1.06 |

续表

| 植物名称 | 第一次/cm | 第二次/cm | 第三次/cm | 第四次/cm | 第四次/第一次 |
|---|---|---|---|---|---|
| 墨西哥落羽杉 | — | — | — | — | — |
| 女贞 | 1.70 | 1.73 | 1.80 | 2.10 | 1.24 |
| 夹竹桃 | 1.80 | 1.85 | 1.92 | 2.04 | 1.13 |
| 小叶女贞 | — | — | — | — | — |
| 龙柏 | 1.82 | 2.14 | 2.15 | 2.04 | 1.12 |
| 海桐 | 38.3 | 39.5 | 40.2 | 41.5 | 1.08 |
| 珊瑚树 | — | — | — | — | — |
| 蜀桧 | 2.23 | 2.40 | 2.50 | 2.55 | 1.14 |
| 石榴 | 20.4 | 25.7 | 21.2 | 23.4 | 1.15 |
| 丝棉木 | | | | 1.2 | |
| 黑胡桃 | | | | 0.97 | |

表 3-33　　　　　　　B 块植物横向(直径或冠幅)生长情况

| 植物名称 | 第一次/cm | 第二次/cm | 第三次/cm | 第四次/cm | 第四次/第一次 |
|---|---|---|---|---|---|
| 柽柳 | 1.22 | 1.32 | 2.37 | 2.85 | 2.34 |
| 栾树 | 3.15 | 3.23 | 3.46 | 3.44 | 1.09 |
| 杨树 | — | — | — | — | |
| 金丝柳 | 0.88 | 0.94 | 1.89 | 2.86 | 3.25 |
| 紫荆 | 0.40 | 0.88 | 0.92 | 1.52 | 3.80 |
| 木槿 | — | — | — | 1.41 | |
| 单叶蔓荆 | 1.08 | 1.21 | 1.69 | 2.23 | 2.06 |
| 垂柳 | 1.51 | 1.60 | 1.93 | 3.21 | 2.13 |
| 木麻黄 | 2.35 | 2.84 | 3.08 | 5.33 | 2.26 |
| 香椿 | 2.79 | 2.83 | 3.08 | 3.15 | 1.13 |

续表

| 植物名称 | 第一次/cm | 第二次/cm | 第三次/cm | 第四次/cm | 第四次/第一次 |
|---|---|---|---|---|---|
| 墨西哥落羽杉 | — | — | — | — | |
| 女贞 | 1.64 | 1.67 | 1.71 | 2.65 | 1.62 |
| 夹竹桃 | 1.70 | 1.85 | 1.92 | 2.16 | 1.27 |
| 小叶女贞 | — | — | — | — | |
| 龙柏 | 1.72 | 1.92 | 1.93 | 2.12 | 1.23 |
| 海桐 | 39.50 | 40.50 | 44.30 | 46.50 | 1.18 |
| 珊瑚树 | — | — | — | — | |
| 蜀桧 | 1.88 | 2.07 | 2.74 | 3.10 | 1.65 |
| 石榴 | 22.80 | 19.80 | 23.00 | 25.70 | 1.13 |
| 丝棉木 | — | — | — | 1.16 | |
| 黑胡桃 | — | — | — | 0.98 | |

表 3-34　　　　　　　　**C 块植物横向(直径或冠幅)生长情况**

| 植物名称 | 第一次/cm | 第二次/cm | 第三次/cm | 第四次/cm | 第四次/第一次 |
|---|---|---|---|---|---|
| 柽柳 | 1.32 | 1.49 | 2.37 | 2.78 | 2.11 |
| 栾树 | 3.13 | 2.99 | 3.18 | 3.43 | 1.09 |
| 杨树 | — | — | — | — | |
| 金丝柳 | 0.82 | 1.04 | 1.59 | 2.36 | 2.87 |
| 紫荆 | — | — | 0.70 | 1.63 | |
| 木槿 | — | 1.40 | 1.50 | 1.60 | |
| 单叶蔓荆 | 0.80 | 0.85 | 1.10 | 1.55 | 1.93 |
| 垂柳 | 1.33 | 1.45 | 1.68 | 1.75 | 1.32 |
| 木麻黄 | 2.26 | 2.53 | 2.80 | 5.09 | 2.25 |
| 香椿 | 2.85 | 2.95 | 3.00 | 3.15 | 1.10 |
| 墨西哥落羽杉 | — | — | — | — | |

续表

| 植物名称 | 第一次/cm | 第二次/cm | 第三次/cm | 第四次/cm | 第四次/第一次 |
|---|---|---|---|---|---|
| 女贞 | 1.55 | 1.70 | 1.88 | 2.28 | 1.47 |
| 夹竹桃 | 1.90 | 1.95 | 2.17 | 3.00 | 1.58 |
| 小叶女贞 | — | | | | |
| 龙柏 | 1.72 | 2.07 | 2.07 | 2.17 | 1.26 |
| 海桐 | 35.70 | 43.30 | 55.60 | 74.50 | 2.08 |
| 珊瑚树 | — | | | | |
| 蜀桧 | 1.96 | 2.12 | 2.36 | 2.75 | 1.40 |
| 石榴 | 22.80 | 17.40 | 22.20 | 27.40 | 1.20 |
| 丝棉木 | — | — | — | 1.56 | |
| 黑胡桃 | — | — | — | 1.18 | |

表 3-35　　　　　　　　**D 块植物横向(直径或冠幅)生长情况**

| 植物名称 | 第一次/cm | 第二次/cm | 第三次/cm | 第四次/cm | 第四次/第一次 |
|---|---|---|---|---|---|
| 柽柳 | 1.23 | 1.36 | 2.18 | 2.55 | 2.07 |
| 栾树 | 2.50 | 2.48 | 2.58 | 2.90 | 1.16 |
| 杨树 | 1.40 | 1.40 | 1.60 | 2.60 | 1.85 |
| 金丝柳 | 1.03 | 1.18 | 3.46 | 4.04 | 3.92 |
| 紫荆 | — | — | 1.28 | 2.19 | |
| 木槿 | 1.80 | 1.90 | 2.20 | 2.50 | 1.39 |
| 单叶蔓荆 | 1.10 | 1.07 | 1.59 | 2.16 | 1.97 |
| 垂柳 | 1.59 | 1.76 | 2.53 | 3.99 | 2.51 |
| 木麻黄 | 2.65 | 2.96 | 3.23 | 5.60 | 2.11 |
| 香椿 | 2.94 | 3.13 | 3.25 | 3.28 | 1.12 |
| 墨西哥落羽杉 | — | — | — | — | |

续表

| 植物名称 | 第一次/cm | 第二次/cm | 第三次/cm | 第四次/cm | 第四次/第一次 |
|---|---|---|---|---|---|
| 女贞 | 1.44 | 1.70 | 1.65 | 2.48 | 1.72 |
| 夹竹桃 | 1.90 | 2.04 | 2.18 | 2.96 | 1.56 |
| 小叶女贞 | — | — | — | — | |
| 龙柏 | 1.70 | 1.99 | 2.09 | 2.29 | 1.35 |
| 海桐 | 37.40 | 45.20 | 54.10 | 77.00 | 2.06 |
| 珊瑚树 | — | — | — | — | |
| 蜀桧 | 1.90 | 2.24 | 2.72 | 2.73 | 1.44 |
| 石榴 | 20.80 | 19.20 | 19.40 | 32.60 | 1.57 |
| 丝棉木 | — | — | — | 1.58 | |
| 黑胡桃 | — | — | — | 1.56 | |

表 3-36　　　　　　　　　　**E 块植物横向(直径或冠幅)生长情况**

| 植物名称 | 第一次/cm | 第二次/cm | 第三次/cm | 第四次/cm | 第四次/第一次 |
|---|---|---|---|---|---|
| 柽柳 | 1.40 | 1.58 | 2.48 | 2.83 | 2.02 |
| 栾树 | 2.88 | 2.85 | 2.97 | 3.06 | 1.06 |
| 杨树 | — | — | — | — | |
| 金丝柳 | 0.75 | 0.95 | 2.85 | 3.80 | 5.07 |
| 紫荆 | 0.70 | 1.25 | 1.65 | 1.90 | 2.71 |
| 木槿 | — | — | — | — | |
| 单叶蔓荆 | 0.85 | 0.90 | 1.55 | 2.35 | 2.76 |
| 垂柳 | 1.41 | 1.52 | 1.95 | 2.89 | 2.05 |
| 木麻黄 | 2.83 | 3.12 | 3.31 | 5.68 | 2.07 |
| 香椿 | 2.66 | 2.90 | 3.28 | 3.55 | 1.33 |
| 墨西哥落羽杉 | — | — | — | — | |

续表

| 植物名称 | 第一次/cm | 第二次/cm | 第三次/cm | 第四次/cm | 第四次/第一次 |
|---|---|---|---|---|---|
| 女贞 | 1.65 | 1.71 | 1.68 | 1.90 | 1.15 |
| 夹竹桃 | 1.58 | 1.73 | 1.83 | 2.55 | 1.54 |
| 小叶女贞 | — | — | — | — | — |
| 龙柏 | 1.77 | 2.20 | 2.23 | 2.32 | 1.31 |
| 海桐 | 32.50 | 36.30 | 37.90 | 59.50 | 1.83 |
| 珊瑚树 | — | — | — | — | — |
| 蜀桧 | 1.79 | 2.18 | 2.40 | 2.58 | 1.44 |
| 石榴 | 21.40 | 19.50 | 21.90 | 22.40 | 1.05 |
| 丝棉木 | — | — | — | 1.26 | |
| 黑胡桃 | — | — | — | 1.62 | |

表 3-37 　　**A～E 块横向(直径或冠幅)生长变化(第四次/第一次)**

| 植物名称 | A | B | C | D | E | 横向生长等级 |
|---|---|---|---|---|---|---|
| 柽柳 | 2.16 | 2.34 | 2.11 | 2.07 | 2.02 | I |
| 栾树 | 1.07 | 1.09 | 1.09 | 1.16 | 1.06 | II |
| 杨树 | | | | 1.85 | | II |
| 金丝柳 | 1.24 | 3.25 | 2.87 | 3.92 | 5.07 | I |
| 紫荆 | | 3.80 | | | 2.71 | I |
| 木槿 | | | | 1.39 | | II |
| 单叶蔓荆 | 1.90 | 2.06 | 1.93 | 1.97 | 2.76 | I |
| 垂柳 | 1.54 | 2.13 | 1.32 | 2.51 | 2.05 | II |
| 木麻黄 | 2.22 | 2.26 | 2.25 | 2.11 | 2.07 | I |
| 香椿 | 1.06 | 1.13 | 1.10 | 1.12 | 1.33 | II |
| 墨西哥落羽杉 | | | | | | |
| 女贞 | 1.24 | 1.62 | 1.47 | 1.72 | 1.15 | II |

续表

| 植物名称 | A | B | C | D | E | 横向生长等级 |
|---|---|---|---|---|---|---|
| 夹竹桃 | 1.13 | 1.27 | 1.58 | 1.56 | 1.54 | Ⅱ |
| 小叶女贞 | | | | | | |
| 龙柏 | 1.12 | 1.23 | 1.26 | 1.35 | 1.31 | Ⅱ |
| 海桐 | 1.08 | 1.18 | 2.08 | 2.06 | 1.83 | Ⅱ |
| 珊瑚树 | | | | | | |
| 蜀桧 | 1.14 | 1.65 | 1.40 | 1.44 | 1.44 | Ⅱ |
| 石榴 | 1.15 | 1.13 | 1.20 | 1.57 | 1.05 | Ⅱ |
| 丝棉木 | | | | | | |
| 黑胡桃 | | | | | | |

注:横向生长等级分级标准为第四次/第一次>2 的为Ⅰ级;1<第四次/第一次<2 的为Ⅱ级。

c. 植物存活率($P$)。

存活率是以最后一次测得各区块的存活率为计算依据。如某种植物在 A 块的存活率即为 A1 块与 A2 块第四次测得存活率的算术平均值;该植物在 B 块的存活率为在 B1 块、B2 块、B3 块和 B4 块第四次测得存活率的算术平均值,依次类推。

植物在试验区块 X 的存活率 $P_{(X)}$ 等于试验区块 Y 各单元种植块最终存活率 $P_{(X,Z)}$ 的算术平均值,计算公式如下。

$$P_{(X,Y)} = \frac{P_{(X,Y,1)} + P_{(X,Y,2)} + \cdots + P_{(X,Y,Z)}}{Z}$$

式中,X 的取值范围为植物名录的某种植物;Y 的取值范围为试验区 A~F 块中一块;Z 为试验区块的种植单元重复数,取值为 1、2、3、4、5 中的一个数。

植物在试验区块存活率见表 3-38。在各试验区块能很好存活的有柽柳、木麻黄、夹竹桃、小叶女贞、龙柏、海桐、蜀桧和石榴等。

大部分植物存活率在 A 块(没有改良)与 B 块、C 块、D 块、E 块间存在显著差异,植物存活率在 B~E 块间的差异性低于它们与 A 块间的差异;同时不同试验区块(改良措施)间植物存活率差异显著性低于植物种类间的差异性,所以重点分析植物种类间的差异。

表 3-38             **试验区块植物存活率**             (单位:%)

| 植物 \ 区块 | A | B | C | D | E | F | 等级 |
|---|---|---|---|---|---|---|---|
| 柽柳 | 100.0 | 100.0 | 100.0 | 100.0 | 100.0 | — | Ⅰ |
| 栾树 | 65.0 | 85.0 | 76.0 | 92.0 | 76.0 | — | Ⅱ |
| 杨树 | 0 | 0 | 0 | 5.0 | 0 | — | Ⅳ |
| 金丝柳 | 5.0 | 20.0 | 0 | 74.0 | 28.0 | — | Ⅲ |
| 紫荆 | 6.5 | 0 | 35.0 | 55.0 | 72.5 | — | Ⅲ |
| 木槿 | 0 | 0 | 0 | 10.0 | 0 | — | Ⅳ |
| 单叶蔓荆 | 37.5 | 50.0 | 40.7 | 87.5 | 50.0 | — | Ⅲ |
| 垂柳 | 25.0 | 76.3 | 55.0 | 95.0 | 47.0 | — | Ⅱ |
| 木麻黄 | 100.0 | 100.0 | 100.0 | 100.0 | 100.0 | — | Ⅰ |
| 香椿 | 10.0 | 22.5 | 15.0 | 64.0 | 14.0 | — | Ⅲ |
| 墨西哥落羽杉 | 0 | 0 | 0 | 0 | 0 | | Ⅳ |
| 女贞 | 12.5 | 16.3 | 15.0 | 35.0 | 0 | | Ⅲ |
| 夹竹桃 | 97.5 | 100.0 | 100.0 | 100.0 | 100.0 | — | Ⅰ |
| 小叶女贞 | 30.0 | 80.0 | 90.0 | 100.0 | 100.0 | — | Ⅰ |
| 龙柏 | 95.0 | 100.0 | 100.0 | 100.0 | 100.0 | — | Ⅰ |
| 海桐 | 100.0 | 100.0 | 100.0 | 100.0 | 100.0 | — | Ⅰ |
| 珊瑚树 | 0 | 0 | 0 | 0 | 0 | | Ⅳ |
| 蜀桧 | 60.0 | 90.0 | 100.0 | 100.0 | 100.0 | — | Ⅰ |
| 石榴 | 90.0 | 95.0 | 100.0 | 100.0 | 100.0 | — | Ⅰ |
| 丝棉木 | 27.5 | 70.0 | 90.0 | 87.5 | 92.5 | — | Ⅱ |
| 黑胡桃 | 15.0 | 25.5 | 31.5 | 70.5 | 25.0 | — | Ⅲ |
| 冰生溲疏 | — | — | — | — | — | 50.0 | Ⅱ |

续表

| 区块<br>植物 | A | B | C | D | E | F | 等级 |
|---|---|---|---|---|---|---|---|
| 金叶过路黄 | — | — | — | — | — | 100.0 | Ⅰ |
| 大花萱草 | — | — | — | — | — | 30.0 | Ⅲ |
| 金叶菀 | — | — | — | — | — | 75.0 | Ⅱ |
| 金山绣线菊 | — | — | — | — | — | 0 | Ⅳ |
| 金焰绣线菊 | — | — | — | — | — | 0 | Ⅳ |
| 红果金丝桃 | — | — | — | — | — | 55.0 | Ⅱ |

注:等级标准为存活率>90%的划为Ⅰ级;50%<存活率<90%的划为Ⅱ级;10%<存活率<50%的划为Ⅲ级;存活率<10%的划为Ⅳ级。

### (3) 结论与讨论

经调查与取样分析,杭州湾新区滨海滩涂土壤本底值中主要理化指标都不满足园林植物生长要求。其中,有机质含量小于 10 g·kg$^{-1}$,土壤肥力差,属极贫瘠型;土壤含盐量为 10 g·kg$^{-1}$ 左右,远远大于 4 g·kg$^{-1}$ 的标准,属重盐土;土壤质地为粉沙土或粉沙壤土,为成土母质,远没有形成土壤质粒结构。

通过不同改良措施,土壤理化性质整体变化特点如下:土壤含盐量大幅下降,特别是最后一次含盐量已低于 2 g·kg$^{-1}$,与本底值相比,下降了 80% 以上,与 2003 年同期相比,均降低 50% 以上;有机质含量呈不同程度增加,从整体来看,均增加 1 倍以上;EC 下降,最后一次 EC 都低于 1 ms·cm$^{-1}$,与本底值比,下降 50% 以上;pH 三次取样间变化不显著,但与本底值相比,酸度升高近 1 个 pH 单位。

不同盐渍土改良措施下,试验区 A~F 块单块土壤理化性质呈现出不同的变化趋势。A~F 块土壤理化指标 pH、EC 和含盐量降低,有机质含量升高,对盐渍土改良有一定作用。pH 变化不同试验区块差异不显著,EC、含盐量和有机质含量在不同试验区块差异显著。从增加有机质含量、降低含盐量来看,由于试验区 B~F 块都采用了隔离层,效果都显著,相对隔离措施而言,B~F 块的其他措施改良作用明显弱于隔离效果。

以高度变化、横向生长和植物存活率三方面情况为依据,通过指标加权判断植物综合生长情况,结果见表 3-39。在本试验条件下,慈溪滨海滩涂重盐碱土的供试植物生长适合性分级如下。

Ⅰ级:柽柳、木麻黄和单叶蔓荆。

Ⅱ级:夹竹桃、垂柳、栾树、金丝柳、紫荆、木槿、小叶女贞、龙柏、海桐、蜀桧、丝棉木和黑胡桃。

Ⅲ级:杨树、香椿、女贞和石榴。

Ⅳ级:珊瑚树和墨西哥落羽杉。

表 3-39　　　　　　　　　　　　　**植物综合生长变化**

| 植物名称 | 高度变化 | 横向生长 | 存活率 | 综合生长情况 |
|---|---|---|---|---|
| 柽柳 | Ⅰ | Ⅰ | Ⅰ | Ⅰ |
| 栾树 | Ⅲ | Ⅱ | Ⅱ | Ⅱ |
| 杨树 | Ⅱ | Ⅱ | Ⅳ | Ⅲ |
| 金丝柳 | Ⅰ | Ⅰ | Ⅲ | Ⅱ |
| 紫荆 | Ⅲ | Ⅰ | Ⅲ | Ⅱ |
| 木槿 | Ⅳ | Ⅱ | Ⅳ | Ⅱ |
| 单叶蔓荆 | Ⅰ | Ⅰ | Ⅲ | Ⅰ |
| 垂柳 | Ⅲ | Ⅰ | Ⅱ | Ⅱ |
| 木麻黄 | Ⅱ | Ⅰ | Ⅰ | Ⅰ |
| 香椿 | Ⅳ | Ⅱ | Ⅲ | Ⅲ |
| 墨西哥落羽杉 | | | Ⅳ | Ⅳ |
| 女贞 | Ⅳ | Ⅱ | Ⅲ | Ⅲ |
| 夹竹桃 | Ⅲ | Ⅱ | Ⅰ | Ⅱ |
| 小叶女贞 | | | Ⅰ | Ⅱ |

续表

| 植物名称 | 高度变化 | 横向生长 | 存活率 | 综合生长情况 |
|---|---|---|---|---|
| 龙柏 | Ⅲ | Ⅱ | Ⅰ | Ⅱ |
| 海桐 | Ⅱ | Ⅱ | Ⅰ | Ⅱ |
| 珊瑚树 |  |  | Ⅳ | Ⅳ |
| 蜀桧 | Ⅲ | Ⅱ | Ⅰ | Ⅱ |
| 石榴 | Ⅳ | Ⅱ | Ⅰ | Ⅲ |
| 丝棉木 |  | Ⅱ | Ⅱ | Ⅱ |
| 黑胡桃 | Ⅱ |  | Ⅱ | Ⅱ |

注:对于综合生长情况,首先考虑存活率(50%),再考虑横向与纵向生长情况(各占25%)。

　　需要说明的是,试验中大花萱草存活率等级Ⅲ级、墨西哥落羽杉生长适应性Ⅳ级,与示范区实际情况有较大差别,其可能原因是:① 大花萱草在调查时因割草误割其地上部分,造成数据的误差。目前,示范区大花萱草的存活率都在90%以上,因此建议大花萱草生长适应性分级至少属于Ⅱ级。② 墨西哥落羽杉生长适应性Ⅳ级与示范区存活率高、生长良好的情况相悖,一是墨西哥落羽杉5月下旬种植,不是最佳种植时间,二是墨西哥落羽杉种苗不带泥球,根系破坏严重,如图3-5所示,造成了墨西哥落羽杉存活率极低。

图 3-5　墨西哥落羽杉种苗情况

## （三）白龙港厂区22种耐盐植物筛选及其耐盐性

本部分对22种新优园林绿化植物在白龙港滨海盐渍土上开展耐盐适应性试验，以丰富植物种类并增强土壤盐度与植物的适配度。同时开展污泥、肥料、介质改土效果对比研究，为滨海盐渍土改良选择低成本、高效果的肥料介质提供科学依据。

白龙港污水处理厂位于浦东新区合庆镇东侧长江岸边，规划总面积为 $10^4$ $hm^2$，污水处理规模近期 $0.2$ $Mm^3 \cdot d^{-1}$，远期为 $0.345$ $Mm^3 \cdot d^{-1}$。该区域位于长江口，是河流与海洋的交汇地带，径流与潮流相互作用，受海风影响大。该区土壤成土母质是由长江的冲积物宣泄入海，再经海浪的激荡沉积成陆。受海潮和海水型地下水的双重影响，土壤具有 pH 高、盐分重、有机质及养分含量低、地温低（尤以春季地温上升速度明显低于正常土壤）、土壤结构差等特点。试验区位于白龙港污水处理厂内，临海堤，其园林绿化植物盐适应性实验区划分如图 3-6 所示。

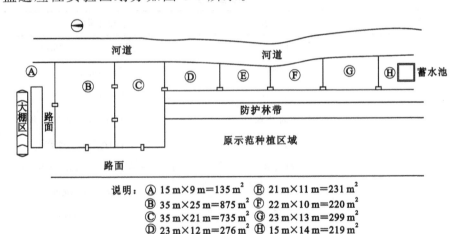

说明： Ⓐ 15 m×9 m=135 m² Ⓔ 21 m×11 m=231 m²
Ⓑ 35 m×25 m=875 m² Ⓕ 22 m×10 m=220 m²
Ⓒ 35 m×21 m=735 m² Ⓖ 23 m×13 m=299 m²
Ⓓ 23 m×12 m=276 m² Ⓗ 15 m×14 m=219 m²
总面积为：Ⓐ+Ⓑ+Ⓒ+…+Ⓗ=2990 m²

图 3-6 白龙港园林绿化植物盐适应性试验区

（1）滨海盐渍土新优植物适生性试验区

① 新优耐盐植物筛选试验。

在 B 区、C 区盐渍土上种植新优植物，试验其适应能力。供试植物有厚叶石斑木、全缘冬青、铁冬青、钝齿冬青、红叶树、红皮树、红山茶、罗浮柿、大叶桂樱、黄连木、雁荡三角枫、普陀樟、光叶石楠、榉树、三角枫、乌桕、金叶皂荚 17 种高 1.5～2.0 m 的大苗，及红楠、千层金、红千层、沼泽小叶桦、考来木 5 种高 0.5～1.0 m 的小苗（表 3-40）。其中，B 区栽植大苗，株行距 1.5 m×1.5 m，种植有乌桕、厚叶石斑木、金叶皂荚、普陀樟、黄连木、雁荡三角枫、全缘冬青、红叶树、罗浮柿、千层金、红千层、沼泽小叶桦；C 区栽植大苗，株行距 1.5 m×1.5 m，种植有钝齿冬青、红皮树、榉树、红山茶、大叶桂樱、三角枫、光叶石楠、铁冬青、红楠、考来木。

记录 B 区、C 区植物存活率、高生长量、径生长量、冠幅，并观察茎、叶、根情况，病虫害情况，判断生理死亡或因病虫害死亡。

表 3-40 供试植物名录

| 编号 | 中文名 | 拉丁学名 |
|---|---|---|
| 1 | 厚叶石斑木 | *Raphiolepis umbellata* |
| 2 | 全缘冬青 | *Ilex integra* |
| 3 | 铁冬青 | *Ilex rotunda* |
| 4 | 钝齿冬青 | *Ilex crenata* |
| 5 | 红叶树 | *Helicia cochinchinensis* |
| 6 | 红皮树 | *Styrax suberifolius* var. *caloneura* |
| 7 | 红山茶 | *Camellia japonica* |
| 8 | 罗浮柿 | *Diospyros morrisiana* |
| 9 | 大叶桂樱 | *Laurocerasus zippeliana* |
| 10 | 黄连木 | *Pistacia chinensis* |

| 编号 | 中文名 | 拉丁学名 |
|---|---|---|
| 11 | 雁荡三角枫 | *Acer buergerianum* var. *yentangense* |
| 12 | 普陀樟 | *Cinnamomum japonicum* var. *chenii* |
| 13 | 光叶石楠 | *Photinia glabra* |
| 14 | 红楠 | *Machilus thunbergii* |
| 15 | 榉树 | *Zelkova schneideriana* |
| 16 | 三角枫 | *Acer buergerianum* |
| 17 | 乌桕 | *Sapium sebiferum* |
| 18 | 红千层 | *Callistemon rigidus* |
| 19 | 千层金 | *Melaleuca bracteata* |
| 20 | 沼泽小叶桦 | *Betula microphylla* var. *paludosa* |
| 21 | 金叶皂荚 | *Gleditsia triacanthos* 'Sunburst' |
| 22 | 考来木 | *Correa carmen* |

② 耐盐植物不同苗龄的耐盐能力试验。

A、D 两区选择海滨木槿、舟山新木姜子、厚叶石斑木开展不同苗龄植株耐盐性试验。其中 A 区种植海滨木槿大苗,株行距 1.5 m×1.5 m。大苗行中间播种或栽植 1 年生小苗,播种行距 50 cm,播种量每亩 2 kg,小苗株行距 50 cm×75 cm。D 区播种舟山新木姜子和厚叶石斑木大苗株,行距 1.5 m×1.5 m。大苗行中间插播种子或栽植 2 年生小苗 1 行,播种行距 50 cm,播种量每亩 3 kg,小苗株行距 70 cm×75 cm。

记录栽植大、小苗存活率,高生长量、径生长量,大苗冠幅;播种苗出苗率、存活率,高生长量、径生长量;光合速率、蒸腾速率、气孔导度。

③ 污泥、土壤改良介质和农肥施用效果比较。

E 区、F 区、G 区、H 区对比试验旨在通过掺入不同介质改良土壤,评估试验污泥改良滨海盐渍土的效果。H 区为对照区(CK),不施污泥与其他土壤改良介质和肥料;E 区为施污泥试验区,添加 5%(体积比)污泥并在 0~30 cm 土层混拌均匀;F 区为农肥改良试验区,G 区为土壤介质改良试验区。E~H 区每个试验单元均种植伞房决明、木芙蓉、厚叶石斑木、海滨木槿、舟山新木姜子 5 种植物,株高0.5~1.0 m。自北向南分 3 个重复(每个重复 5 行,每种植物 1 行),行向为东西走向,株行距为 70 cm×100 cm,"品"字形种植。以试验单元为单位,分别调查并记录这 5 种植物存活率、高生长量、径生长量、冠幅生长量,同时采集 0~30 cm 种植层土样,测定 N、P、K 等主要营养元素和 pH、含盐量等物理指标,最后根据以上植物和土壤指标综合评价污泥、肥料、介质改良滨海盐渍土的比较效果。

(2) 22 种新优耐盐植物筛选试验结果

① 植物存活率。

耐盐性试验植物共 22 种(表 3-40),其中编号 1~14 的为舟山海岛当地耐盐园林绿化植物,编号 15~18 的为 4 种上海常见植物乌桕、三角枫、榉树、红千层,编号 19~22 的为 4 种外来新优园林绿化植物,即千层金、沼泽小叶桦、考来木和金叶皂荚。来自舟山海岛的植物中,全缘冬青、雁荡三角枫、普陀樟、红楠、厚叶石斑木、红山茶 6 种植物能在面海山坡下部靠海地带生长,海拔多在 10 m 以下,地势陡峭、裸岩多、土层薄,常年受海浪飞沫和海风、海雾侵袭,台风期间直接受海水溅泼,因此这些植物在当地具有耐盐碱、耐瘠薄、抗干旱和风害特点。罗浮柿、铁冬青、钝齿冬青、大叶桂樱、黄连木、光叶石楠、红叶树、红皮树等 98 种植物生长在舟山各大岛面海山坡和诸多小岛盐基饱和度大于 50% 的土壤中,长期受含盐海风、海雾影响,在当地具有一定的耐盐能力。表 3-40 中所列的 22 种植物皆为华东滨海盐渍土区域未见确切耐盐性报道的植物种类,本次试验的目的就在于对这些上海乃至华东滨海盐渍土区域的植物耐盐能力做出初步评价。

从表 3-41 供试植物存活率调查结果来看,在种植后 6 个多月的缓苗、成活和生长过程中,超过 50％的植物种类存活率不低于 80％。尽管土壤类型与原产地差别巨大,还遭受了 6 月中旬强降雨造成的严重内涝,根系透气性受到严重影响,与原产地沙土的透气性的差异显著,舟山海岛引种的 14 种植物仍有 7 种存活率不低于 80％,它们是厚叶石斑木、全缘冬青、普陀樟、光叶石楠、雁荡三角枫、红叶树和红楠;存活率不低于 65％的有大叶桂樱、红山茶和罗浮柿;存活率较低的是黄连木、铁冬青;存活率最低的为钝齿冬青和红皮树,不超过 20％。

表 3-41 供试 22 种新优植物存活率

| 编号 | 树种 | 存活率/％ | 编号 | 树种 | 存活率/％ |
|---|---|---|---|---|---|
| 1 | 厚叶石斑木 | 100.0 | 12 | 普陀樟 | 89.3 |
| 2 | 全缘冬青 | 85.7 | 13 | 光叶石楠 | 80.8 |
| 3 | 铁冬青 | 50.0 | 14 | 红楠 | 88.3 |
| 4 | 钝齿冬青 | 15.4 | 15 | 榉树 | 100.0 |
| 5 | 红叶树 | 82.1 | 16 | 三角枫 | 92.3 |
| 6 | 红皮树 | 15.4 | 17 | 乌桕 | 83.3 |
| 7 | 红山茶 | 61.5 | 18 | 红千层 | 49.0 |
| 8 | 罗浮柿 | 75.0 | 19 | 千层金 | 22.7 |
| 9 | 大叶桂樱 | 66.7 | 20 | 沼泽小叶桦 | 100.0 |
| 10 | 黄连木 | 53.8 | 21 | 金叶皂荚 | 85.7 |
| 11 | 雁荡三角枫 | 100.0 | 22 | 考来木 | 25.0 |

4 种上海常见植物中,榉树、三角枫和乌桕的存活率皆超过 80％;而红千层的存活率较低,只有 49％。然而,据观察红千层的低存活率与其耐盐性关系不大,主要是因为在 3 月中旬栽植后,陆续出现的过

低温冷风天气不利于耐寒性较差的红千层成长,遇冷后的红千层叶片由初栽时的绿色转为泛红,甚至枯死。

4种外来新优植物中原产于新疆的沼泽小叶桦、原产于北美的金叶皂荚存活率不低于90%;而千层金和考来木存活率很低,分别只有22.7%和25.0%。但这两种植物低存活率却与土壤盐分关系不大,经过栽植后的连续观察,千层金的耐寒性甚至低于红千层,遇冷后叶片由黄绿转为枯黄更为普遍和严重,因此其低存活率与耐盐性关系不大。而考来木栽植后至6月中旬强降雨造成严重内涝之前,一直长势良好,但在内涝出现后,尤其是在积水和晴天后高温的双重打击下,叶片迅速且大范围枯黄,低存活率与其不耐涝特点密切相关,种植时需加以注意。

需要说明的是,本次仅为存活率调查初步结果,因为植物种植后仅仅经历了2011年4—10月这6个多月的时间,接下来,它们还要面对次年1、2月低温冷冻危害。因此,次年春天的存活率和生长状况调查结果更有说服力。

② 植物生长状况。

植物生长状况调查包括栽植前植株高度、地径、冠幅测量,栽植后经过一个生长季节,到2011年10月中旬进行一个生长周期的调查。表3-42所列数据为上述所列指标的相对生长率,即栽植后一个生长季的绝对生长量占该指标初植苗木的百分比。

表3-42　　　　　　　　　　　新优植物生长状况统计表

| 序号 | 植物名称 | 相对高生长率/% | 相对径生长率/% | 相对冠幅生长率/% |
|------|----------|----------------|----------------|------------------|
| 1 | 厚叶石斑木 | 58.3 | 50.0 | 83.0 |
| 2 | 全缘冬青 | 20.0 | 35.7 | 96.8 |
| 3 | 铁冬青 | 18.2 | 15.0 | 71.5 |
| 4 | 钝齿冬青 | 24.8 | 4.5 | 15.6 |
| 5 | 红叶树 | 8.9 | 26.1 | 43.9 |

续表

| 序号 | 植物名称 | 相对高生长率/% | 相对径生长率/% | 相对冠幅生长率/% |
|---|---|---|---|---|
| 6 | 红皮树 | 15.1 | 3.3 | 66.7 |
| 7 | 红山茶 | 23.2 | 22.2 | 36.8 |
| 8 | 罗浮柿 | 12.4 | 18.2 | 61.9 |
| 9 | 大叶桂樱 | 16.6 | 11.1 | 89.9 |
| 10 | 黄连木 | 19.4 | 16.0 | 59.6 |
| 11 | 雁荡三角枫 | 12.4 | 23.8 | 38.9 |
| 12 | 普陀樟 | 13.0 | 63.6 | 55.8 |
| 13 | 光叶石楠 | 10.3 | 31.6 | 60.7 |
| 14 | 红楠 | 32.1 | 33.3 | 80.6 |
| 15 | 榉树 | 20.3 | 31.6 | 50.0 |
| 16 | 三角枫 | 27.4 | 38.5 | 47.1 |
| 17 | 乌桕 | 29.2 | 33.3 | 41.0 |
| 18 | 红千层 | 25.2 | 18.2 | 34.7 |
| 19 | 千层金 | 27.6 | 22.2 | 41.2 |
| 20 | 沼泽小叶桦 | 28.0 | 46.2 | 39.1 |
| 21 | 金叶皂荚 | 11.6 | 42.1 | 22.0 |
| 22 | 考来木 | 25.1 | 24.3 | 27.9 |

a. 植物高生长。

高生长速度最快的植物是厚叶石斑木,其相对高生长率接近60%。高生长速度较快的有红楠、乌桕、沼泽小叶桦、千层金、三角枫、红千层、考来木、钝齿冬青、红山茶、榉树和全缘冬青 11 种植物,其相对高生长率不低于 20%。高生长速度较慢的有黄连木、铁冬青、大叶桂樱、红皮树、普陀樟、雁荡三角枫、罗浮柿、金叶皂荚、光叶石楠和红叶树 10 种植物,其相对高生长率都低于 20%,其中红叶树相对高生长率最低,仅为 8.9%。

一般情况下,存活率高的植物生长状况比较良好,如厚叶石斑木不仅存活率达到 100%,其相对高生长率也明显高于其他 21 种植物;沼泽小叶桦存活率为 100%,其相对高生长率也接近 30%。但从调查结果来看,一些植物的高生长状况与存活率高低并不完全一致,如红叶树尽管存活率超过 80%,但相对高生长率却最低;钝齿冬青的存活率很低,仅有 15.4%,但存活植株的相对高生长率却接近 25%,为高生长较快的植物种类之一。这些现象说明新引种植物在适应新环境的阶段有一个较复杂的变化过程,存活率低并不一定说明完全不能适应环境,存活下来的植株也有可能变为适应环境的类型;反之,存活率高也不代表一定能完全适应新环境,完全适应还需要一个较长时期的驯化过程。从引种试验的角度,还需要今后长期跟踪调查研究。这种情况也表明评价植物的适应性不能靠单一指标,必须应用多指标综合评判。

b. 植物径生长。

径生长最快的为普陀樟、厚叶石斑木、沼泽小叶桦、金叶皂荚 4 种植物,其相对径生长率超过 40%。径生长较快的有三角枫、全缘冬青、红楠、乌桕、光叶石楠、榉树 6 种植物,其相对径生长率超过 30%。径生长较慢的有红叶树、考来木、雁荡三角枫、红山茶、千层金、罗浮柿、红千层、黄连木、铁冬青、大叶桂樱 10 种植物,其相对径生长率介于 10%~30%。径生长最慢的是钝齿冬青和红皮树,其相对径生长率低于 5%。

与前述情况相似,部分植物径生长状况与存活率和高生长状况表现出一致性,如厚叶石斑木和沼泽小叶桦,不仅存活率高、高生长快,径生长也快,相对径生长率达 50%,在 6 个月的试验期内明显表现出较强的适应性。然而,有些植物的径生长与高生长并不完全一致,如金叶皂荚、光叶石楠、普陀樟径生长较快,高生长却较慢;钝齿冬青径生长较慢,高生长却较快。

c.植物冠幅生长。

冠幅增长最快的为全缘冬青、大叶桂樱、厚叶石斑木和红楠 4 种植物,其相对冠幅生长率超过 80％。冠幅增长较快的有铁冬青、红皮树、罗浮柿、光叶石楠、黄连木、普陀樟和榉树 7 种,其相对冠幅生长率不低于 50％。冠幅增长较慢的有三角枫、红叶树、千层金、乌桕、沼泽小叶桦、雁荡三角枫、红山茶和红千层 8 种,其相对冠幅生长率介于 30％～50％。冠幅增长最慢的为考来木、金叶皂荚和钝齿冬青 3 种,其相对冠幅生长率低于 30％。

冠幅增长速度与径生长速度也不尽一致,如黄连木冠幅增长较快,但径生长却较慢;反之,金叶皂荚冠幅增长很慢,但径生长却较快。当然,也有比较一致的情况,如厚叶石斑木冠幅增长、径生长、高生长、存活率都较高。

d.22 种植物生长状况综合评价。

通过分析这 22 种乔灌木的存活率、高生长、径生长和冠幅增长的连续监测数据,可以观察到即使某些植物在某一方面表现突出或较差,也并不能据此判断该植物生长状况的优劣。因此,评价植物生长状况优劣不能采用单一指标,而宜采用综合评价。本次调查拟采用模糊数学隶属函数法对 22 种植物存活率、相对高生长率、相对径生长率和相对冠幅生长率分别计算隶属函数值 $R$,然后计算函数值的加权值 $S$,据此判定 22 种植物的位次即植物生长状况的差异,初步评判 22 种植物适应性的强弱。公式如下:

$$R(i) = \frac{X - X_{\min}}{X_{\max} - X_{\min}}$$

式中　$X$——上述 4 指标的测定值;

　　　$X_{\max}$,$X_{\min}$——22 种植物中某一指标内 $X$ 的最大值、最小值。

根据表 3-43 计算结果,结合现场调查发现的风折情况和病虫害情况,初步判断排名靠前的 10 种植物即厚叶石斑木、红楠、全缘冬青、普陀樟、沼泽小叶桦、三角枫、榉树、乌桕、光叶石楠和大叶桂樱,生长状况良好。其中,沼泽小叶桦为新疆引进种,榉树和乌桕为上海常见种,其他为舟山海岛引进种。这些植物在 1‰～2‰ 的滨海盐渍土中的存活率都超过 60%,且生长状况良好。根据"植物耐盐等级划分表",它们都具有轻度耐盐能力,但不排除有耐中度盐的可能性,其相关验证有待于在不小于 3‰ 盐度环境中的进一步试验。

表 3-43                        22 种植物生长状况综合评价

| 植物名称 | R(存活率) | R(相对高生长率) | R(相对径生长率) | R(相对冠幅生长率) | $S(i)$ | 位次 |
|---|---|---|---|---|---|---|
| 厚叶石斑木 | 100.00% | 100.00% | 77.45% | 83.01% | 3.6046 | 1 |
| 红楠 | 86.17% | 46.86% | 49.81% | 80.10% | 2.6295 | 2 |
| 全缘冬青 | 83.10% | 22.47% | 53.76% | 100.00% | 2.5932 | 3 |
| 普陀樟 | 87.35% | 8.39% | 100.00% | 49.52% | 2.4526 | 4 |
| 沼泽小叶桦 | 100.00% | 38.59% | 71.07% | 28.91% | 2.3856 | 5 |
| 三角枫 | 90.90% | 37.39% | 58.31% | 38.83% | 2.2543 | 6 |
| 榉树 | 100.00% | 23.04% | 46.90% | 42.36% | 2.1231 | 7 |
| 乌桕 | 80.26% | 41.10% | 49.81% | 31.33% | 2.0250 | 8 |
| 光叶石楠 | 77.30% | 2.91% | 46.90% | 5.551% | 1.8262 | 9 |
| 大叶桂樱 | 60.64% | 15.54% | 12.95% | 91.44% | 1.8057 | 10 |
| 黄连木 | 45.39% | 21.32% | 21.06% | 83.00% | 1.7077 | 11 |
| 雁荡三角枫 | 100.00% | 7.18% | 34.01% | 28.75% | 1.6994 | 12 |
| 金叶皂荚 | 83.10% | 5.41% | 64.35% | 7.94% | 1.6080 | 13 |
| 罗浮柿 | 70.45% | 6.99% | 24.68% | 57.03% | 1.5914 | 14 |
| 红叶树 | 78.84% | 0 | 37.79% | 34.83% | 1.5146 | 15 |
| 铁冬青 | 40.90% | 18.89% | 19.40% | 68.82% | 1.4801 | 16 |
| 红山茶 | 54.49% | 28.85% | 31.38% | 26.16% | 1.4088 | 17 |

续表

| 植物名称 | R(存活率) | R(相对高生长率) | R(相对径生长率) | R(相对冠幅生长率) | S(i) | 位次 |
|---|---|---|---|---|---|---|
| 红千层 | 39.72% | 32.98% | 24.68% | 23.47% | 1.2084 | 18 |
| 千层金 | 8.63% | 37.77% | 31.38% | 31.50% | 1.0928 | 19 |
| 考来木 | 11.35% | 32.84% | 34.80% | 15.16% | 0.9415 | 20 |
| 红皮树 | 0 | 12.49% | 0 | 62.89% | 75.38 | 21 |
| 钝齿冬青 | 0 | 32.21% | 2.07% | 0 | 0.3428 | 22 |

综合表现一般的有黄连木、雁荡三角枫、金叶皂荚、罗浮柿、红叶树 5 种,位次排在 11～15 位。其中,雁荡三角枫、金叶皂荚、红叶树存活率较高,但高生长量、径生长量、冠幅生长量指标中等或较低,其适应性提高与否还有待今后继续试验研究。

综合生长状况较差的有铁冬青、红山茶、红千层、千层金、考来木、红皮树和钝齿冬青 7 种。

③ 植物不同苗龄耐盐性结果。

同种植物不同苗龄植株生长状况存在显著差异,这些差异表现在生长季末的存活率,高生长量、径生长量、冠幅生长量等指标见表 3-44。

表 3-44　　　　　　　　　　不同苗龄梯度苗木生长状况调查

| 植物种类 | 苗龄梯度 | 出苗率/% | 存活率/% | 高生长量/cm | 径生长量/cm | 冠幅生长量/cm |
|---|---|---|---|---|---|---|
| 海滨木槿 | 播种苗 | 75.5 | 85.2±14.77[a] | 35.8±11.93[a] | 0.25±0.07[a] | 12.8±4.31[a] |
| | 1 年生小苗 | — | 73.3±10.62[b] | 29.5±12.45[b] | 0.21±0.04[b] | 45.4±10.26[b] |
| | 3 年生大苗 | — | 26.8±9.89[c] | 20.3±7.66[c] | 0.36±0.11[b] | 21.3±7.65[c] |
| 厚叶石斑木 | 播种苗 | 70.3 | 81.4±21.30[a] | 27.6±14.38[a] | 0.22±0.09[a] | 22.7±8.69[a] |
| | 1 年生小苗 | — | 50.7±18.32[b] | 18.9±10.67[b] | 0.18±0.06[a] | 20.1±6.46[a] |
| | 3 年生大苗 | — | 97.3±25.17[a] | 33.0±13.28[c] | 0.57±0.22[b] | 36.9±11.37[b] |

续表

| 植物种类 | 苗龄梯度 | 出苗率/% | 存活率/% | 高生长量/cm | 径生长量/cm | 冠幅生长量/cm |
|---|---|---|---|---|---|---|
| 舟山新木姜子 | 播种苗 | 67.1 | 80.6±23.64ª | 31.2±15.61ª | 0.28±0.13ª | 13.6±8.12ª |
| | 1年生小苗 | — | 66.5±19.25ᵇ | 23.7±9.85ᵇ | 0.24±0.08ª | 31.0±9.52ᵇ |
| | 3年生大苗 | — | 40.5±15.38ᶜ | 12.6±6.33ᶜ | 0.39±0.12ᵇ | 26.5±5.77ᶜ |

注:表中数据为各重复的平均值±标准差。对于同一树种且同列数据标有不同字母的表示差异具有显著性(LSD 检验,$P \leqslant 0.05$)。

从播种苗和1年生栽植小苗的生长状况比较中可以看出,海滨木槿、厚叶石斑木、舟山新木姜子3种植物1年生播种苗存活率显著高于1年生栽植小苗。尽管从春季播种到1个月后,两种苗源的出苗率调查结果有所差异且出苗率不是很高,但出苗后正常生长的幼苗存活率却显著高于来源于原产地的1年生小苗,这表明播种苗更能适应试验所提供的盐渍土环境。这种较强的适应性从高生长量指标上也能表现出来,例如,3个树种播种苗高生长量都显著高于同种植物1年生栽植小苗。

比较小苗(包括1年生播种苗、1年生栽植小苗)与3年生大苗生长状况的差异发现,3个树种表现各不相同。海滨木槿和舟山新木姜子的4个测定指标数值显示,3年生大苗均显著低于播种苗和栽植小苗,这表明这几种植物大苗不论是存活率,还是高生长量、径生长量、冠幅生长量,均不如小苗。而厚叶石斑木则相反,其各项测定指标3年生大苗都显著高于小苗,这表明厚叶石斑木的3年生大苗比小苗的盐渍土适应能力更强。

综上所述,3种供试植物播种苗对滨海盐渍土的适应能力强,但不同植物种类大苗适应性存在差异。厚叶石斑木大苗适应性较强,而海滨木槿、舟山新木姜子大苗适应性较弱。

④ 污泥、改良介质和农肥施用效果比较结果。

根据相关研究成果,熟化污泥营养成分含量高、pH 较低,具有较好的改良滨海盐渍土效果。表 3-45 描述了不同土壤改良方式下的植物生长状况,从而比较施用污泥、农肥、介质的施用效果。可以看出,木芙蓉、伞房决明、厚叶石斑木、海滨木槿和舟山新木姜子 5 种植物不论是存活率,还是高生长量、径生长量、冠幅生长量在等量污泥、介质和农肥处理的滨海盐渍土中皆与对照处理即滨海盐渍原土存在显著差异,但污泥、介质和农肥 3 种处理之间差异不显著。

上述结果表明,等量污泥、介质和农肥各自对滨海盐渍土的改土肥田效果没有显著差异。也就是说,熟化污泥在有效控制重金属和难降解有机污染物后,可以替代等量的介质、农肥在滨海盐渍土中施用。

表 3-45　　　　　　　　　不同改土方法植物生长状况

| 植物种类 | 处理方法 | 存活率/% | 高生长量/cm | 径生长量/cm | 冠幅生长量/cm |
|---|---|---|---|---|---|
| 木芙蓉 | CK | 81.0±10.25[a] | 49.0±11.88[a] | 0.45±0.16[a] | 61.5±12.53[a] |
| | 污泥 | 95.3±18.36[b] | 74.0±13.69[b] | 0.72±0.21[b] | 107.7±26.77[b] |
| | 介质 | 100.0±12.97[b] | 70.0±9.83[b] | 0.69±0.18[b] | 115.0±28.36[b] |
| | 农肥 | 96.7±15.78[b] | 80.0±10.42[b] | 0.77±0.23[b] | 128.4±25.31[b] |
| 伞房决明 | CK | 78.2±16.55[a] | 36.0±7.57[a] | 0.38±0.09[a] | 44.5±17.26[a] |
| | 污泥 | 94.3±14.26[b] | 81.9±15.64[b] | 0.55±0.12[b] | 62.6±20.18[b] |
| | 介质 | 95.4±17.38[b] | 74.3±12.07[b] | 0.49±0.11[b] | 59.0±18.33[b] |
| | 农肥 | 97.0±18.91[b] | 86.0±14.35[b] | 0.58±0.15[b] | 63.7±19.71[b] |
| 厚叶石斑木 | CK | 56.7±14.84[a] | 16.4±5.33[a] | 0.17±0.03[a] | 20.5±6.84[a] |
| | 污泥 | 83.5±16.77[b] | 25.0±7.82[b] | 0.26±0.07[b] | 33.6±8.55[b] |
| | 介质 | 92.7±19.35[b] | 23.7±6.95[b] | 0.24±0.04[b] | 35.1±8.64[b] |
| | 农肥 | 91.8±20.26[b] | 26.1±8.02[b] | 0.28±0.06[b] | 36.8±10.22[b] |

续表

| 植物种类 | 处理方法 | 存活率/% | 高生长量/cm | 径生长量/cm | 冠幅生长量/cm |
|---|---|---|---|---|---|
| 海滨木槿 | CK | 74.6±17.07ᵃ | 25.8±8.15ᵃ | 0.25±0.04ᵃ | 37.5±10.58ᵃ |
|  | 污泥 | 95.8±13.69ᵇ | 41.6±11.22ᵇ | 0.36±0.08ᵇ | 66.4±14.09ᵇ |
|  | 介质 | 90.0±14.22ᵇ | 40.4±9.37ᵇ | 0.33±0.08ᵇ | 73.9±16.52ᵇ |
|  | 农肥 | 93.3±11.57ᵇ | 45.2±10.58ᵇ | 0.38±0.10ᵇ | 75.0±18.73ᵇ |
| 舟山新木姜子 | CK | 62.3±10.64ᵃ | 28.5±5.30ᵃ | 0.22±0.05ᵃ | 43.2±12.65ᵃ |
|  | 污泥 | 85.0±13.81ᵇ | 40.6±14.18ᵇ | 0.33±0.07ᵇ | 57.5±14.83ᵇ |
|  | 介质 | 92.3±15.50ᵇ | 37.7±12.63ᵇ | 0.31±0.12ᵇ | 55.0±10.62ᵇ |
|  | 农肥 | 94.1±14.45ᵇ | 41.0±13.59ᵇ | 0.35±0.14ᵇ | 60.9±13.88ᵇ |

注:表中数据为各重复的平均值±标准差。对于同一树种且同列数据标有不同字母的表示差异具有显著性(LSD检验,$P \leqslant 0.05$)。

这个结论从表 3-46 中对土壤理化性质的直接测定结果中也可得到验证。污泥、介质和农肥施入滨海盐渍土后,土壤 pH、含盐量明显下降,有机质含量、土壤速效氮、土壤速效磷有明显上升,而对照则无明显变化。就每项测定指标来看,试验前土壤 pH 超过 8.5,属于强碱性土壤;试验后经过一个植物生长季节,pH 范围降为 8.05～8.35,已转为碱性土壤,其中熟化污泥比农肥和介质使得土壤 pH 下降更为明显。试验前土壤含盐量较高,为 1.31‰,试验后土壤含盐量下降至 0.45‰～0.75‰,其中介质使土壤含盐量下降更加明显(0.45‰),污泥与农肥作用相当,为 0.75‰。试验前有机质含量低于 10 g·kg⁻¹,属于贫瘠土壤;试验后有机质含量增加到 16.38～20.39 g·kg⁻¹。其中,以农肥和介质较高;污泥较低,为 16.38 g·kg⁻¹,但仍达到了《绿化种植土壤》(CJ/T 340—2011)中对绿化种植土有机质含量不低于 12.0 g·kg⁻¹ 的要求。试验前土壤速效氮 13.40 mg·kg⁻¹,在贫瘠土 30～60 mg·kg⁻¹ 范围内,试验后速效氮数值范围提高到 58.84～83.27 mg·kg⁻¹,其中污泥与农肥相当,高于介质。试验前土壤速效磷水平介于肥沃与贫瘠土壤之间,试验后污泥、农肥、介质都达到甚至超过了肥沃土壤的标准(10~20 mg·kg$^{-1}$)。试验前后土壤速效钾变化不明显,土壤速效钾水平试验前后都达到甚至超过肥沃土壤的标准(100~150 mg·kg$^{-1}$)。

表 3-46　　　　　　　　　　改土前后试验地土壤理化性状

| 试验处理 | pH | 有机质/ (g·kg$^{-1}$) | 速效氮/ (mg·kg$^{-1}$) | 速效磷/ (mg·kg$^{-1}$) | 速效钾/ (mg·kg$^{-1}$) | 全盐量/ ‰ |
|---|---|---|---|---|---|---|
| 试验前 | 8.62 | 9.48 | 13.40 | 7.60 | 153.06 | 1.31 |
| E(污泥) | 8.05 | 16.38 | 83.27 | 39.06 | 172.87 | 0.75 |
| F(农肥) | 8.35 | 23.19 | 87.10 | 117.03 | 207.43 | 0.75 |
| G(介质) | 8.28 | 20.39 | 58.84 | 13.81 | 202.51 | 0.45 |
| H(对照) | 8.56 | 9.70 | 12.39 | 6.68 | 171.58 | 1.30 |

总之,不论是从植物生长状况间接评判,还是从测定土壤理化性质变化趋势中直接判定,5%熟化污泥改良滨海盐渍土的效果与等量农肥、介质的改土肥田效果相近。在有效控制重金属和有机污染物风险的前提下,可以替代等量的介质、农肥在滨海盐渍土中施用。

# 第四章 沼泽小叶桦适应性、耐盐生理、扩繁及应用

## 一、沼泽小叶桦的适应性

沼泽小叶桦为桦树科桦木属小叶桦的新变种,由杨昌友等于2006年定名。该变种在较长时期内曾被认为是已经灭绝的盐桦,后来经过与中国科学院新疆生态与地理研究所标本馆的盐桦标本进行比对发现这并非盐桦,而是小叶桦的新变种,遂被命名为沼泽小叶桦。

沼泽小叶桦属落叶小乔木或直立大灌木,高 3～4 m,树皮灰褐色,小枝灰褐色,密被白色短柔毛及黄色树脂腺体。叶卵形或卵状菱形,长 2.5～4.5 cm,宽 1.2～3 cm,先端渐尖或锐尖,基部近圆形至楔形,上面无毛或被疏短柔毛,下面疏生腺点,仅幼时沿脉疏被长柔毛,侧脉 6～7 对。叶柄长 5～10 mm,密被白色短柔毛。果序长圆状圆柱形,单生,下垂,长 2～3 cm,直径约 1 cm。序梗长 5～8 mm,通常密被短柔毛。果苞长 5～7 mm,两面密被短柔毛,边缘有纤毛,中裂片近三角形,侧裂片长圆形,近平。小坚果卵形,长 2 mm,宽 1.5 mm,两面上部均疏被短柔毛。膜质翅宽阔,较果长,宽度为果的 1.5 倍。

沼泽小叶桦是一种珍稀植物,生长在盐碱地带,耐盐能力非常强,是新疆特有的树种。野生林位于吉木乃县托斯特乡开发区洪积冲积扇下缘,总面积 4700 亩。这片亚洲罕见、我国唯一的沼泽小叶桦

生长在吉木乃县克孜合英水库上端,是重要的水源涵养林,迄今有100多年的生长史。早在20世纪50年代,克孜哈英桦林和黑勒拜希力克的桦林与现存的沼泽小叶桦紧密相连,形成连片的桦树林,森林总面积1万亩以上。几十年来,人为的砍伐放牧和其他原因(包括自然的)使森林面积逐年减少。面对如此现状,吉木乃县政府有关部门采取保护措施,派出森林保护人员加紧看护,申请列入国家级森林保护范围,防止人为破坏,用最大力量来保护这片仅存的沼泽小叶桦树林。

沼泽小叶桦作为耐盐碱、耐水湿的珍贵绿化树种,能否适应长三角滨海盐渍土的环境条件,经过引种驯化能否成为长三角滨海地区主要绿化树种,成为园林科研工作者致力解决的科研难题。

## (一) 沼泽小叶桦的引种

上海市园林科学规划研究院研究人员于2006年对新疆阿勒泰地区沼泽小叶桦原生境进行考察(图 4-1)。阿勒泰地区位于新疆维吾尔自治区的最北部。地处东经 85°31′37″ 至 91°1′15″,北纬 44°59′35″ 至 49°10′45″。年平均气温:山地、丘陵低,在 4 ℃ 以下;平原、河谷高,在 4 ℃ 以上。

2008年10月、2009年5月和2009年11月先后三次从新疆阿勒泰林业科学研究所引种沼泽小叶桦苗木(表 4-1),在上海市园林科学规划研究院邬桥苗木试验基地进行适应性研究,分别进行了容器栽培和试验地栽培(图 4-2)。

表 4-1　　　　　　　　　沼泽小叶桦引种数量及存活率

| | 引种时间 | 引种数量/株 | 种植方式 | 1年后存活率 | 备注 |
|---|---|---|---|---|---|
| 第一次 | 2008 年 5 月 | 500 | 地栽、盆栽 | 26.4% | |
| 第二次 | 2009 年 5 月 | 175 | 地栽 | 12.5% | 苗木脱水严重 |
| 第三次 | 2009 年 11 月 | 2026 | 地栽、盆栽 | 87.1% | |

**图 4-1　新疆阿勒泰盐湖及湖边生长的沼泽小叶桦**

**图 4-2　邬桥基地隔离苗圃里的沼泽小叶桦**

## （二）沼泽小叶桦的适应性研究

2009 年 11 月引进沼泽小叶桦一年生实生苗 2000 株，平均高度 70.7 cm，平均地径 0.82 cm。其中，1848 株露地栽植，200 株高度较小的苗木（平均高度 51.2 cm，平均地径 0.67 cm）种植在塑料盆中，放置在塑料大棚中越冬（图 4-3）。

**图 4-3　沼泽小叶桦的盆栽**

（1）物候

2009 年 11 月 14 日栽植后，露地栽植沼泽小叶桦在 12 月 10 日开始芽萌动，与栽植时间相隔 26 d（图 4-4）。芽萌动表示植物已经打破休眠，开始生长。这批沼泽小叶桦在原产地新疆阿勒泰 10 月底刚刚进入休眠，按照规律，在当地应当在 2010 年 4 月上中旬打破休眠，出现芽萌动迹象。然而来到上海后，由于气温较高，尽管存在裸根起苗根系损伤和栽植后的缓苗过程，沼泽小叶桦引种苗仍然在从栽植后不到 1 个月的时间内迅速萌动。盆栽苗由于放在塑料大棚中，温度平均高出大田 5～10 ℃，芽萌动时间比露天栽植提前 10 d，即于 2009 年 12 月 1 日萌动。沼泽小叶桦物候与生长观测资料如表 4-2 所示。

表 4-2　　　　　　　　　　沼泽小叶桦物候与生长观测　　　　　　（单位：cm）

| | 大棚内盆栽沼泽小叶桦 | | | 露地栽植沼泽小叶桦 | | |
|---|---|---|---|---|---|---|
| 日期 | 物候 | 新梢长 | 高度 | 地径 | 物候 | 新梢长 | 高度 | 地径 |
| 2009 年 11 月 14 日 | 种植 | | 51.2 | 0.67 | 种植 | | 70.7 | 0.82 |
| 2009 年 12 月 1 日 | 芽萌动 | | | | | | | |
| 2009 年 12 月 5 日 | 始展叶 | | | | | | | |
| 2009 年 12 月 10 日 | | | | | 芽萌动 | | | |
| 2009 年 12 月 16 日 | | | | | 始展叶 | | | |
| 2009 年 12 月 20 日 | 展叶盛期 | | | | | | | |
| 2010 年 1 月 29 日 | | 3.5 | | | 展叶盛期 | | | |
| 2010 年 2 月 28 日 | | 6.1 | | | | 0.5 | | |
| **移植室外** | | | | | | | | |
| 2010 年 3 月 27 日 | | 8.9 | | | | 1.6 | | |
| 2010 年 4 月 24 日 | | 13.1 | | | | 4.3 | | |
| 2010 年 5 月 30 日 | | 17.6 | | | | 12.7 | | |
| 2010 年 6 月 23 日 | | 22.4 | 74.0 | 0.83 | | 21.5 | 91.9 | 1.13 |
| 2010 年 10 月 23 日 | 落叶期 | 92.4 | 143.6 | 1.26 | | 90.3 | 161.0 | 1.64 |

图 4-4　沼泽小叶桦于 11 月中旬萌芽展叶

芽萌动后,露地栽植的沼泽小叶桦 6 d 后,即 12 月 16 日开始展叶,随后由于上海即将进入最冷的 1 月,展叶期变长,直到 1 月底才进入展叶盛期。在此期间,担心嫩芽和幼叶冻死,采取了一定的保护措施(如用稻草绑扎,见图 4-5)。由于绑扎不严,嫩芽和小叶仍然暴露在外面,但并没有出现冻害症状,并继续生长。

大棚内盆栽沼泽小叶桦芽萌动后,始展叶期和展叶盛期都有所提前,始展叶期比露地栽植提前 5 d 即于 12 月 5 日到来,展叶盛期提前 1 个月即于 12 月 20 日到来。

沼泽小叶桦的落叶期出现在 10 月下旬,盆栽沼泽小叶桦在次年 3 月初移到棚

图 4-5　包孔保护

外,经过半年多以后,落叶期与露地栽植已无差异。落叶期时间比原产地提前近 1 个月。因此,沼泽小叶桦引种到上海后,由于两地气候尤其是生长所需温度出现时间的巨大差异,使得生长期比原产地相应延长 3～4 个月。

(2) 极端温度影响

沼泽小叶桦在生长期间,经历了夏季高温干旱和冬季低温的考验。种植的小苗在气温最低的 1 月仍然萌芽展叶,并且未出现受冻迹象。

与低温相比,上海地区夏季 40 ℃以上的高温干旱天气是更为严峻的考验。从表 4-3 可以看出,2009 年年底栽植的 2026 株沼泽小叶桦,在 2010 年 10 月调查,存活 1776 株,死亡 250 株,存活率 87.7%。其中,露地栽植 1848 株,存活 1609 株,死亡 239 株,存活率 87.1%;盆栽 178 株,存活 167 株,死亡 11 株,存活率93.8%。从存活率情况可见,沼泽小叶桦在没有任何防护措施下经受住了夏季高温干旱的

考验,但在盛夏期间,沼泽小叶桦叶片边缘不同程度地出现了焦枯现象(图4-6)。

表 4-3 沼泽小叶桦存活率调查(2010 年 10 月)

| 引进数量/株 | 实栽数量/株 | 存活株数/株 | 死亡株数/株 | 存活率/% |
|---|---|---|---|---|
| 2000 | 1848(露地) | 1609 | 239 | 87.1 |
| 200 | 178(盆栽) | 167 | 11 | 93.8 |
| 总计 | 2026 | 1776 | 250 | 87.7 |

（3）病虫害情况

沼泽小叶桦病虫害情况很轻,截至2010年年底,尚未发现严重影响其生长或致命的病虫害。沼泽小叶桦上经常出现白粉病、锈病,杨柳光叶甲和武毒蛾等,但在上海市园林科学规划研究院邬桥苗木试验基地仅发现有少量武毒蛾(图4-7)。

图 4-6　叶片焦边

图 4-7　武毒蛾幼虫危害

## 二、沼泽小叶桦的耐盐生理

沼泽小叶桦长期生长于西北地区潮湿盐碱地及盐沼泽附近,为了适应所处的特殊水文地质条件及土壤环境,这个物种可能已特化出一套有别于其他植物的适应机制,但目前国内外对其生理适应机制研究的文献报告极其匮乏。沼泽小叶桦生长的新疆荒漠沼泽地区土壤的无机盐以 $Ca(HCO_3)_2$、$Na_2SO_4$ 为主,而华东滨海地区如上海、江苏等其土壤为滨海盐渍土,无机盐以 NaCl、$Na_2SO_4$ 为主,两地的水文及土壤条件相差很大。盐胁迫对植物的伤害,与土壤的盐分种类、盐分浓度、植物种类及植物的生长期等诸多因素有很大的关系(赵可夫等,1999)。比如在低浓度盐或中浓度盐处理下 NaCl 引起基质分解,电子透明度增加,使叶绿体膨胀,淀粉粒积累多;而同浓度的 $Na_2SO_4$ 对叶绿体的伤害小,几乎不改变叶绿体的超微结构,低浓度下,几乎不造成明显伤害(简令成等,2009)。在引种前必须了解沼泽小叶桦对滨海盐渍土的适应性。因此本研究模拟了上海滨海盐渍土混合盐(NaCl、$Na_2SO_4$、$NaHCO_3$)不同浓度梯度对沼泽小叶桦生长、生理和叶片显微、超微结构等的效应,探讨沼泽小叶桦对盐适应的机制,以期为促进其保护利用和在滨海地区引种种植沼泽小叶桦提供理论依据。

## (一) 沼泽小叶桦的耐盐性

　　土壤盐分过多会使植物体内诸多生理过程如光合作用、呼吸作用、能量和脂类代谢及蛋白质合成等受到影响(廖岩等,2007),对植物组织产生渗透胁迫、离子毒害及活性氧代谢失衡等破坏作用,进而引起植物生理性干旱、营养缺乏、细胞结构破坏等一系列生理生化过程的改变,是影响植物生长发育的主要逆境因子之一(Zhu,2001;朱宇旌等,2000;廖岩等,2007)。盐生植物最主要的特点在于其对盐渍生境的适应能力,即盐渍环境下植物能够用各种方式克服离子胁迫和渗透胁迫等因素而存活下来并维持正常生长。盐生植物对盐胁迫通常会在形态结构和生理过程上表现出适应性特征。比如,许多植物在受到盐胁迫时,其营养器官的解剖结构会发生一系列的变化来适应高盐环境,这属于形态学适应。渗透调节则是生理适应中最有效的措施之一。其方式有二：一是在细胞中吸收、积累无机盐作为渗透调节剂，降低渗透势，避免细胞脱水，防止盐害；二是在细胞中合成一定数量的相溶性物质如氨基酸、有机酸、可溶性碳水化合物、糖醇类物质等（Takemura et al，2000），共同进行渗透调节，以适应外界的低水势，而且能稳定细胞质中酶分子的活性结构，保护其不受盐离子的伤害（赵可夫等，1999）。

为了解沼泽小叶桦对滨海盐土的适应性，设计盐梯度（0、2‰、4‰、6‰、8‰的质量比为 $NaCl：Na_2SO_4：NaHCO_3 = 75\%：15\%：10\%$ 盐溶液）试验分析其生理表现和叶片解剖结构。研究沼泽小叶桦如何通过生理调节和改变植物形态解剖结构等方式适应盐胁迫环境，以及对滨海盐土的适应能力。

2009 年 4 月将生长一致性较好、高度为（60±5）cm 的沼泽小叶桦试验苗（图 4-8）采用盆栽土培的方法，移入温室中，温室四周通风，只在顶部覆盖塑料薄膜，以防雨水进入，试验期间温度为（25±5）℃。培养盆直径为 30 cm，高 40 cm。将培养盆放入直径为 40 cm、深度为 5 cm 的塑料盘中，内盛不同浓度盐溶液，培养盆底部中空，保持底部 3～4 cm 浸在盐溶液中。盐溶液通过培养盆底部小孔和毛细管虹吸作用渗入土壤中。盐分设为四个处理水平，分别为 2‰、4‰、6‰、8‰，另设一个盐浓度为 0 作对照（CK）。盐溶液中盐分为混合盐，组成模拟上海市临港滨海盐渍土组成特点（朱义等，2007），按 $NaCl$、$Na_2SO_4$、$NaHCO_3$ 的质量比分别占 75%、15%、10% 的比例配制。每个处理（盐浓度）设置 5 个重复。每天对盛盐溶液的塑料盘进行清洗，并重新添加盐溶液，使盐溶液浓度每天保持一致。在试验开始、中期和结束时分别检测土壤的盐度（EC）和 pH。土壤盐度用 EC Testr 土壤原位电导计测定，土壤 pH 用 Multi 340i 手提式 pH 计测定。

试验苗 4—5 月在温室内适应性生长，盐胁迫试验从 6 月开始至 9 月结束（图 4-9）。

**图 4-8　上海市园林科学规划研究院邬桥基地正常生长的沼泽小叶桦**

**图 4-9　沼泽小叶桦的盐胁迫试验**

叶片叶绿素含量的测定采用分光光度法(张志良等,2003);可溶性总糖含量的测定用蒽酮比色法(张志良等,2003);蛋白质含量的测定按照 Bradford(1976)的方法,用考马斯亮蓝染色;脯氨酸含量的测定按照 Bates(1973)的方法进行。以上所有指标测定均重复五次。

光合作用速率的测定使用 Li-6400 光合仪。选择健康无病虫害的功能叶(成熟叶)进行光合作用速率的测定,每次测定时间选在9:00,每个盐度水平选择 2～3 株进行测定,每株选择 3 片功能叶,测量的叶面面积为 6 cm²,测量时叶片温度为(35±1) ℃,光合有效辐射为 1100～1400 $\mu$mol · m⁻² · s⁻¹,待光合作用速率稳定后每片叶子连续测定 8 个值,取其平均值作为最终结果。试验初期、中期和末期各检测一次。测定指标包括叶片净光合作用速率($P_n$,$\mu$mol CO$_2$ · m⁻² · s⁻¹)、气孔导度 ($G_s$, mol H$_2$O · m⁻² · s⁻¹)、胞间 CO$_2$ 浓度 ($C_i$, $\mu$mol CO$_2$ · mol⁻¹)和蒸腾速率($T_r$,mmol H$_2$O · m⁻² · s⁻¹)等。

叶片解剖结构和超微结构观察选用试验末期沼泽小叶桦试验苗上第 3～4 片功能叶,叶片解剖结构参照郑国锠(1979)的石蜡切片技术。

超微结构观测选用试验末期在沼泽小叶桦功能叶的中部近主脉处所取的 1～2 mm² 大小的样品块,用 2.5% 戊二醛进行前固定和 1% 锇酸进行后固定。常规系列乙醇丙酮脱水,环氧树脂浸透、包埋,超薄切片机切片,醋酸双氧铀-柠檬酸铅双染,用日立 H-600 透射电镜观察、拍照。

利用 Excel 进行基础数据输入,采用分析软件 SPSS 13.0 进行统计分析,利用 Two-way Anova 方法进行显著性检验,图表数据均为 5 次重复的平均值±标准差。

(1) 不同盐度处理下土壤的理化性质和沼泽小叶桦的生长状况

如表 4-4 所示,土壤在对照和处理前 pH 值为 6.78,EC 值为 0.16 ms · cm⁻¹,全盐量为 0.41 g · kg⁻¹,土壤总体偏中性、盐度低。在不同盐度处理下土壤的 pH 值、EC 值均随盐度的增加而增大,增幅在前期增加较快,然后趋缓。8‰盐溶液处理的土壤在 30 d 时 pH 值达到 8.43,EC 值达 2.87。

表 4-4 　　　　　　**不同盐度下土壤的 pH 值和 EC 值**

| 耐盐处理 | 试验阶段 | | | | | |
|---|---|---|---|---|---|---|
| | 初期 | | 中期 | | 末期 | |
| | pH | EC/ (ms·cm$^{-1}$) | pH | EC/ (ms·cm$^{-1}$) | pH | EC/ (ms·cm$^{-1}$) |
| CK | $6.78 \pm 0.15$ | $0.16 \pm 0.03$ | $6.92 \pm 0.16$ | $0.11 \pm 0.02$ | $6.83 \pm 0.33$ | $0.19 \pm 0.03$ |
| 2‰ | $6.91 \pm 0.22$ | $0.19 \pm 0.02$ | $7.53 \pm 0.21$ | $0.69 \pm 0.05$ | $7.58 \pm 0.05$ | $0.81 \pm 0.05$ |
| 4‰ | $6.93 \pm 0.17$ | $0.18 \pm 0.03$ | $7.66 \pm 0.11$ | $1.20 \pm 0.04$ | $7.79 \pm 0.18$ | $1.53 \pm 0.05$ |
| 6‰ | $6.78 \pm 0.02$ | $0.15 \pm 0.01$ | $7.83 \pm 0.07$ | $1.81 \pm 0.05$ | $7.97 \pm 0.31$ | $2.28 \pm 0.02$ |
| 8‰ | $6.85 \pm 0.23$ | $0.13 \pm 0.03$ | $8.43 \pm 0.31$ | $2.87 \pm 0.03$ | — | — |

CK 和 2‰、4‰盐溶液处理的沼泽小叶桦生长良好,无死亡发生;6‰盐溶液处理下,在试验结束时 5 个重复中 3 盆死亡,2 盆生长良好;8‰盐溶液处理一周后沼泽小叶桦叶片开始变黄而逐渐凋落,经过一个月左右逐步死亡。从植物的生长状况来看,其对盐溶液浓度在 0～6‰的处理和 pH 值小于 8(6.83～7.79)的土壤具有一定的耐性;当盐溶液浓度大于 6‰时,土壤的 pH 值接近 8(7.97),土壤环境已不适合沼泽小叶桦生长。

(2) 不同盐度处理对沼泽小叶桦叶片净光合作用速率、气孔导度、胞间 $CO_2$ 浓度和蒸腾速率的影响

由图 4-10 可知,沼泽小叶桦在盐处理早期(8 d 以内)由于气孔性因素而使得气孔导度、胞间 $CO_2$ 浓度和蒸腾速率显著下降,且随盐浓度升高降幅越大,但净光合作用速率对照组与盐处理组差异不显著。这是植物气孔结构应激的体现,同时反映沼泽小叶桦对盐分存在一定耐受性。这主要是植物受到盐分胁迫后叶片气孔保卫细胞首先受影响而关闭,继而降低了蒸腾速率并阻挡外界 $CO_2$ 进入,即气孔因素首先影响了沼泽小叶桦的光合作用。在受盐胁迫 15 d 后,盐处理组

净光合作用速率才表现为显著下降。在盐处理 15 d 之后,根据测定结果可知,此时气孔导度、胞间 $CO_2$ 浓度和蒸腾速率下降幅度趋缓,而净光合作用速率的下降幅度仍随盐浓度升高而增加,差异显著,且在较高浓度组(6‰、8‰)个别植株有死亡现象。而此后的净光合作用速率均显著下降,且较高盐浓度组的降幅高于低盐浓度组。2‰和4‰浓度组沼泽小叶桦在 23 d 盐胁迫处理后,其各项光合生理指标变化均趋于平缓,此时光合载体受破坏等非气孔性因素可能成为影响光合作用的主导因素。上述结果表明沼泽小叶桦对于低盐胁迫具有一定适应性。

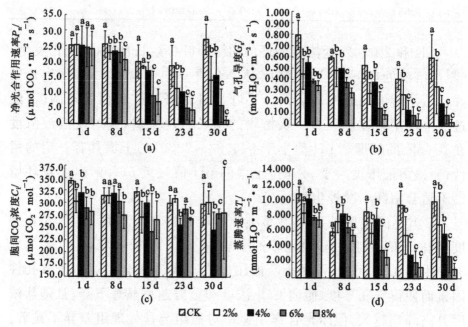

图 4-10　不同盐度下沼泽小叶桦叶片净光合作用速率、
气孔导度、胞间 $CO_2$ 浓度和蒸腾速率的变化

注:不同字母表示处理间差异显著($P < 0.05$)

（3）不同盐度处理对沼泽小叶桦叶片中叶绿素含量的影响

从图 4-11 中可见,在不同盐度下栽培的沼泽小叶桦叶片中叶绿

素含量随着盐度的升高整体表现为下降趋势。CK 和 2‰盐度处理中叶片叶绿素含量下降趋势比较平缓,在处理 15 d 后含量基本稳定。4‰、6‰盐度处理下,在耐盐处理 6‰0 d 时沼泽小叶桦叶片中叶绿素含量分别为最初的 48.21％、36.46％,均显著低于 CK,分别是 CK 的 49.58％、60.91％。8‰盐度处理的沼泽小叶桦叶片中叶绿素下降最快,在第 30 d 时仅为最初的 47.61％,然后很快死亡。不同盐度处理水平间叶绿素变化差异显著。可见在较高的盐胁迫下,随着盐胁迫时间延长叶绿素的合成逐渐被抑制,并破坏已合成的叶绿素,使叶色变黄。

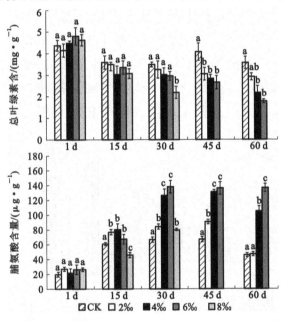

**图 4-11　不同盐度处理下沼泽小叶桦叶片总叶绿素、脯氨酸含量变化**

（4）不同盐度处理对沼泽小叶桦叶片中脯氨酸含量的影响

如图 4-11 所示,沼泽小叶桦在盐度处理下,叶片脯氨酸的积累逐渐增多。在 15 d 时,CK 处理下和所有盐度处理下的叶片脯氨酸含量均快速升高;15~45 d,2‰盐度处理下与 CK 处理下的脯氨酸含量基本稳定,变化不大,但是 45 d 后有一个明显的下降,到 60 d 时 2‰盐度处理下与 CK 的脯氨酸含量基本相同。较高盐度（≥4‰）处理下，脯氨酸不断在叶片中积累，到 30 d 时 4‰、6‰盐度处理已经分别是 CK 处理下的 190.75％、208.63％，30 d 后脯氨酸含量基本维持在这个较高的水平。方差分析显示各浓度梯度之间脯氨酸含量差异极显著。

（5）不同盐度处理对沼泽小叶桦叶片中可溶性糖、蛋白质含量的影响

图 4-12 显示，CK 处理下和 2‰盐度处理下的沼泽小叶桦叶片中可溶性糖含量始终以平缓的趋势升高，没有显著差异。当盐度大于等于 4‰时，叶片中的可溶性糖含量升高幅度加大，4‰、6‰盐度处理下升高迅速，到 45 d 时叶片中的可溶性糖含量已经是最初的 369.15％，是 CK 处理下的170.10％，且各浓度处理之间差异显著。这表明随着盐度的升高（0～8‰），植物受到了盐胁迫，为了调节液泡中的离子平衡，细胞内累积了可溶性糖等相溶性低分子化合物，它们

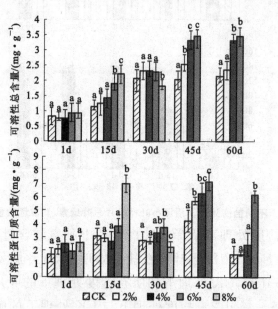

图 4-12　不同盐度处理下沼泽小叶桦叶片可溶性糖、蛋白质含量变化

在生化反应中代替水作为溶剂,保护细胞结构和水的流通。当盐度大于等于 4‰时,沼泽小叶桦叶片中可溶性糖的含量显著增加来降低植物体内细胞的渗透势,以维持水的代谢平衡。

当盐度小于等于 4‰时,沼泽小叶桦叶片中可溶性蛋白质含量逐渐增加,但在 45 d 后含量下降,在第 60 d 时含量下降到初始状态(图 4-13)。当盐度升高到一定程度(盐度为 6‰)时,蛋白质含量增加,并维持较高的含量,达到最初的 307.54%。当盐度≥8‰时,植物

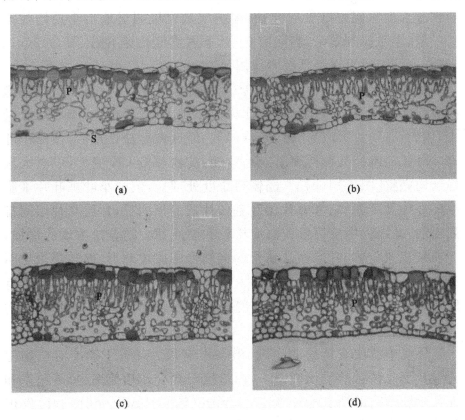

**图 4-13  不同盐度处理下沼泽小叶桦叶片显微结构(×400)**

(a) CK;(b) 2‰;(c) 4‰;(d) 6‰

P—栅栏组织;S—气孔器

叶片中可溶性蛋白质含量有一个短暂的急剧增加,随后很快下降,说明在高盐胁迫下植物生理机能受到损伤,调节能力下降,最终导致植物体死亡,且各浓度处理之间差异显著。

(6) 不同盐度处理对沼泽小叶桦叶片显微和超微结构的影响

在 CK 处理下和 2‰盐度处理下的沼泽小叶桦叶片,栅栏组织发育良好,细胞间隙大,是典型的中生结构[图 4-13(a)、(b)]。随着盐度增加,在 4‰、6‰盐度处理下的沼泽小叶桦叶片发生叶肉质化,栅栏细胞长度不同程度纵向伸长,细胞层数也极明显地由 1 层增加至 2~3 层,多数排列紧密,胞间隙变小,下表皮气孔器下陷[图 4-13(c)、(d)],这些特征可以降低蒸腾作用。

沼泽小叶桦在无盐环境中其叶绿体内、外膜及类囊体正常,细胞内叶绿体贴壁分布,数量丰富,淀粉粒体积小、数量很少,脂质球数量少,核大,有中央大液泡[图 4-14(a)]。经低浓度盐处理后,沼泽小叶桦叶绿体能维持其结构和膜的完整性,淀粉粒较 CK 变大,中央大液泡结构完整[图 4-14(b)]。经较高盐度处理后,沼泽小叶桦叶片细胞中叶绿体及类囊体、基粒片层和基质片层变形明显,片层与片层间排列松散,叶绿体中出现粗大的淀粉粒和脂质球。随着盐浓度的增加,淀粉粒积累变多,叶绿体从正常的椭圆形膨胀成球形,但其膜未见明显破裂[图 4-14(c)、(d)]。中央大液泡的膜有溶解现象发生,核膜有解离现象发生。可见,在较高浓度盐处理下,沼泽小叶桦细胞器结构遭到破坏。

环境中盐度对植物的生理、形态影响很大。关于盐度对植物生理学及形态的影响的研究很多,而盐度对光合作用速率、蒸腾速率和气孔导度影响的研究也不少。Kotmire(1985)、Brugnoli(1991)发现气孔对盐度变化敏感,盐胁迫通常导致气孔关闭以减少水的蒸发损失,通过关闭气孔和部分抑制 RUBISCO 的活性,高盐度直接抑制了植物的光合作用。与此同时,气孔关闭影响了叶绿体光合作用和能

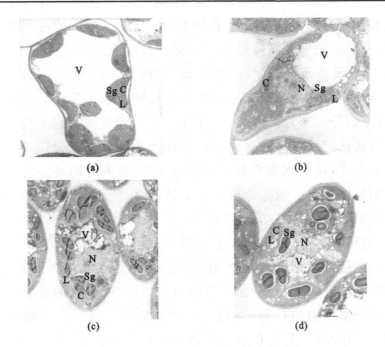

**图 4-14 不同盐度处理下沼泽小叶桦叶片超微结构(×4000)**

(a) CK；(b) 2‰；(c) 4‰；(d) 6‰

C—叶绿体；L—脂质球；N—细胞核；Sg—淀粉粒；V—液泡

量转换体系,因此也改变了叶绿体的活性(Iyengar et al,1996)。几项关于红树的研究结果也表明盐胁迫减弱了红树的光合作用(Lichtenthaler,1996；廖岩等,2007)。柯裕州等(2009)研究认为1‰NaCl对桑树幼苗的光合生理生态特性没有明显影响,当 NaCl 浓度大于等于 3‰时,盐胁迫显著降低桑树幼苗的净光合作用速率等。低盐浓度处理时,桑树幼苗净光合作用速率降低主要是受气孔因素控制,而高盐浓度处理时,则主要受非气孔因素控制。但是,盐胁迫下植物光合作用下降的原因尚未形成统一的认识,也有报道说在低盐浓度下光合作用甚至还有增强(Rajesh et al,1998；Kurban et al,1999),这可能与植物的种类有关,不同植物对盐胁迫的响应机制可能不同。本研究中沼泽小叶桦在经过盐处理后,在盐胁迫初期可能由于气孔性因素影响而使得气孔导度、胞间 $CO_2$ 浓度和蒸腾速率显著下降,且随盐浓度升高降幅越大。盐胁迫情况下,水分缺失会引起气孔关闭,气孔导度降低,气孔阻力增加,以减少叶片水分蒸发,保持叶片具有相对较高的水势,从而减少根系对水分的吸收和盐离子的吸收(简令成等,2009)。因此,气孔导度和蒸腾速率快速下降是植物的一种自我保护反应。但盐胁迫初期沼泽小叶桦净光合作用速率并没有显著下降,这一现象在较低盐浓度组表现更为明显。这可能是由于早期植株叶肉中的光合载体还未被破坏且受到气孔限制性影响而表现出的滞后性。在盐胁迫中、后期,根据测定结果可知,此时气孔导度、胞间 $CO_2$ 浓度和蒸腾速率下降幅度降低,而净光合作用速率的降幅仍随盐浓度增加而显著增加。这可能是植物被盐胁迫时,光合作用受到两方面影响:一是渗透胁迫,二是离子本身的毒害。反应初期主要受水分胁迫控制,经过一段时间后则主要由离子胁迫造成(赵可夫等,1999)。尤其在较高的盐处理(盐浓度大于等于 4‰)下,随着盐处理时间延长,在盐离子和渗透胁迫共同影响下沼泽小叶桦叶片细胞结构遭到破坏,叶片生理代谢受到损害,同时盐离子胁迫会破坏叶绿体膜结构的完整性,抑制叶绿素的合成,使光合色素降解(廖岩等,2007;简令成等,2009),以至于叶绿素含量明显减少。因此,在盐胁迫中、后期,叶绿体结构被破坏、叶绿素含量下降等因素使叶绿体对光能的吸收和利用、固定 $CO_2$ 能力下降,抑制了光合速率,此时光合载体受破坏等非气孔性因素成为影响植物光合作用的主要因素。

植物对抗高盐环境中的高渗透压的一个生物机制是在体内积聚相溶性溶质如氨基酸、有机酸、可溶性碳水化合物、糖醇类(Takemura et al,2000;Hartzendorf et al,2001),以降低细胞的渗透势,维持渗透平衡,提高植物的保水能力,而且可以起清除活性氧的作用,保护细胞结构和功能的完整性(Garg et al,2002)。另外,根据 Schobert 等(1978)研究,植物在逆境条件下会积累较多的脯氨酸,脯氨酸水溶性很高,是一种优良的渗透调节剂,具有保护植物细胞中生物聚合物结构的作用,可以缓解 NaCl 对植物叶绿素合成的抑制作用。但也有报道称,脯氨酸的积累是盐胁迫对植物伤害的结果(赵可夫等,1999)。关于盐胁迫下红树(林鹏等,1984)、沙棘(阮成江等,2002)、落羽杉(汪贵斌等,2003)、盐桦(张海波等,2009)的生理响应的报道显示,随着盐浓度的增加,植物叶片中可溶性糖、脯氨酸含量呈上升趋势,是主要渗透剂,与本研究结果基本相同。本研究结果显示,当处理盐浓度小于 6‰时,沼泽小叶桦叶片的可溶性糖、脯氨酸、可溶性蛋白质含量均随着盐浓度升高而增加。可见,盐处理下植株叶片可溶性糖、脯氨酸、可溶性蛋白质等合成与积累,参与提高细胞渗透压,平衡细胞质与液泡间的渗透压差,从而保持相对良好的叶片水分状况。盐胁迫下,水分缺失会引起气孔关闭,以降低水分的丢失,但随着相溶性溶质的合成和积累,又会引发气孔开放(简令成等,2009)。因此,气孔的开关在平衡气体交换和水分得失上发挥着重要作用,相溶性溶质的合成和积累有利于促进沼泽小叶桦叶片光合作用和呼吸作用的运行。本研究中用 2‰盐度处理与 CK 处理的可溶性糖含量没有显著差异,脯氨酸和蛋白质含量在长时间盐处理(60 d)时,2‰盐度处理与 CK 处理也相差不大;在盐浓度为 4‰和 6‰时,高盐度处理均使沼泽小叶桦叶片的可溶性糖、脯氨酸、可溶性蛋白质含量显著增加,但经过 30~45 d 的适应,各个指标含量逐渐稳定。这是沼泽小叶桦在一定浓度范围内盐处理下的适应性表现,一方面可能说明沼泽小叶桦的生长环境需要一定量的盐分;另一方面说明其具有一定的耐盐能力,在一定的盐浓度范围内对滨海盐渍土有一定的适应性。

　　本研究通过对不同盐度处理下沼泽小叶桦叶片的显微结构比较研究,结果显示盐处理会改变植物形态和解剖结构。盐处理下的沼泽小叶桦叶片肉质化,栅栏细胞长度不同程度纵向伸长,细胞层数也极明显地由 1 层增加至 2~3 层,多数排列紧密,胞间隙变小。与对新疆 10 种藜科植物和花花柴、海马齿等一些盐生植物叶片和同化枝的旱生结构和盐生结构的研究结果相同(邓彦斌等,1998;章英才,2006;李瑞梅等,2010)。这些特征可以减少体内水分的蒸发,降低蒸腾速率,这也许是适应生境中大量盐离子造成的生理干旱的表现,也可能是一种抗盐形式。叶绿体是植物光合作用的场所,也是细胞中对盐最敏感的细胞器。关于盐胁迫对叶绿体超微结构的影响研究较多,已经在枸杞、芦苇、小麦(郑文菊等,1998;1999;刘吉祥等,2004;简令成等,2009)等植物上进行了相关研究。本研究也得到了类似的结果:沼泽小叶桦叶绿体结构的变化随盐浓度的不同而变化。低盐浓度时,叶绿体的变化很不明显;当盐浓度达到一定程度后,盐胁迫导致叶绿体结构完全变形,从正常的椭圆形膨胀成球形,类囊体排列紊乱、膨大,基粒排列方向改变,基粒和基质片层界限模糊不清,被膜破损或消失,甚至解体,叶绿体内淀粉粒、脂质球增大、增多。叶绿体结构的变形,破坏了叶绿体膜结构的完整性,必然会导致色素蛋白复合体不稳定,会对光合作用造成负面影响,是导致光合作用速率等光合功能下降的原因之一。一些关于盐生植物较早的研究中也有相关淀粉粒的报道(郑文菊等,1998;朱宇旌等,2000;李瑞梅等,2010),认为细胞中叶绿体中含有数目较多的淀粉粒和脂质球,这些都是盐生植物的抗盐标志。通常认为,盐胁迫下淀粉的积累是由于盐胁迫导致细胞代谢水平降低,生理活性降低,同化物的运输系统遭到破坏,造成淀粉粒大量积累,这也许是适应生境的表现,可能是一种抗盐形式。然而,大粒的淀粉粒大量存在对基粒片层形成挤压也可能影响其功能,因此淀粉粒的变化也较多被研究者注意,但它在抗盐胁迫中的功能尚不明确,有待深入研究。脂质球是类囊体降解以及降解物脂质聚集的结果,叶绿体中脂质球数目增多、体积变大和类囊体降解等变化是衰老叶细胞和病叶细胞中普遍存在的现象(李正理等,1984)。因此,沼泽小叶桦在盐碱等外界生态因素的影响下逐渐形成了形态结构的变异,这种变异对它适应其所处的环境具有积极作用。但在较高浓度盐处理下,沼泽小叶桦细胞器结构遭到破坏,使植株的生理代谢紊乱,最终导致植物体死亡。

综上所述,沼泽小叶桦对滨海盐渍土具有一定的适应能力。盐胁迫既可以直接影响沼泽小叶桦形态、结构,也可以通过抑制为生长提供物质基础的光合作用而间接地影响植物生长,且盐浓度越大、处理时间越长,对其影响越明显。当处理的盐浓度小于 6‰时,沼泽小叶桦通过生理调节和改变植物形态解剖结构等方式适应盐胁迫环境;而全盐浓度超过 6‰时,沼泽小叶桦形态结构和生理机能受到损伤,调节能力下降,影响其存活率。

## (二) NaCl 和 Na₂SO₄ 胁迫对沼泽小叶桦生理特性的影响

盐胁迫是影响植物生长、产量的主要逆境因素之一(赵可夫,1993)。长期以来植物耐盐机理以及如何提高植物的耐盐性一直是人们关注的焦点。每种植物都有自己的耐盐度,这是由植物本身生理特性决定的,反映了它们对盐胁迫的不同响应(赵可夫等,1999)。植物要适应盐渍化的生境,必须克服盐离子胁迫和抵抗渗透胁迫。渗透调节是植物适应渗透胁迫的主要生理机制之一,渗透调节能力加大是植物对外界胁迫的积极响应。近年来,有机溶质(如可溶性糖、多胺和氨基酸)和部分无机离子在渗透调节、结构保护和代谢调控方面的作用和意义受到越来越多的重视。研究盐胁迫下渗透调节物质含量等生理指标的变化规律,对了解植物耐盐性和植物适应盐胁迫的机理以及指导抗盐植物品种的选育都具有十分重要的意义。

本试验研究了 NaCl 和 Na₂SO₄ 的不同盐度梯度对沼泽小叶桦叶片叶绿素、脯氨酸、可溶性糖、蛋白质含量等生理特征的影响,探讨沼泽小叶桦对两种不同盐的适应性,以期为促进其保护利用和滨海地区沼泽小叶桦引种种植提供理论依据。

供试材料由上海市园林科学规划研究院组织培养提供的一年期,大小一致,高度约为 60cm 的沼泽小叶桦组培苗,培养基为草炭：珍珠岩：蛭石,三者体积比为 4：3：3。试验分为 NaCl 胁迫和 $Na_2SO_4$ 胁迫两组,使用 Hoagland 营养液配置盐溶液,盐分处理水平均为三个梯度,分别为 50 mmol·$L^{-1}$、100 mmol·$L^{-1}$、200 mmol·$L^{-1}$ NaCl 溶液(分别以 C1、C2、C3 表示)和 25 mmol·$L^{-1}$、50 mmol·$L^{-1}$、100 mmol·$L^{-1}$ $Na_2SO_4$ 溶液(分别以 S1、S2、S3 表示),以保证 $Na^+$ 浓度保持一致。隔天浇灌一次,每次 200 mL,处理于 17：00—18：00 进行。NaCl 处理以 50 mmol·$L^{-1}$ 为起始浓度,以后隔天增加 50 mmol·$L^{-1}$；$Na_2SO_4$ 处理以 25 mmol·$L^{-1}$ 为起始浓度,以后隔天增加 25 mmol·$L^{-1}$。各处理于同一天达到预定浓度。另设一个对照(CK)只浇灌 Hoagland 营养液。每个处理(盐浓度)设置 5 个重复。每个设计浓度达到后继续生长,每隔 8 d 分别取样,进行相关指标测定。

生理指标均隔天测定一次。每个处理每个指标测定均重复 5 次。每次采样时间为 9：00,随机采取顶端 2～10 片成熟叶片。叶片叶绿素含量采用分光光度法(张志良,2003)。可溶性总糖含量采用蒽酮比色法(张志良,2003)。蛋白质含量的测定按照 Bradford(1976)的方法,用考马斯亮蓝染色。脯氨酸含量的测定按照 Bates(1973)的方法进行。

在 Excel 中输入基础数据,通过 SPSS 13.0 软件进行统计分析。图表数据均为 5 次重复的平均值±标准差(SE),并运用 Two-way Anova 方法进行显著性检验。

(1)盐胁迫下沼泽小叶桦的伤害症状

经观察,试验过程中 CK 和 25 mmol·$L^{-1}$、50 mmol·$L^{-1}$ $Na_2SO_4$ 溶液和 50 mmol·$L^{-1}$ NaCl 溶液处理的沼泽小叶桦均无异常症状。100 mmol·$L^{-1}$ $Na_2SO_4$ 和 100 mmol·$L^{-1}$、200 mmol·$L^{-1}$

NaCl 溶液在处理第 16 d 后开始出现部分叶缘萎蔫、失绿。之后,部分叶片逐渐干枯脱落。第 24 d,200 mmol·L$^{-1}$ NaCl 溶液处理的植物体叶片开始大量干枯脱落,在处理第 30 d 后 5 个重复的叶片基本脱落。同时,发现下部老叶比上部新叶更容易受到盐胁迫的伤害,老叶首先萎蔫脱落。刚萌发出来的新叶较少表现出盐迫害症状。

(2) NaCl 和 Na$_2$SO$_4$ 处理对沼泽小叶桦叶片叶绿素含量的影响

图 4-15 描述了不同浓度 NaCl 和 Na$_2$SO$_4$ 溶液处理对沼泽小叶桦叶片叶绿素含量的影响。在处理初期(0~8 d),与 CK 处理相比 Na$_2$SO$_4$ 溶液和 50 mmol·L$^{-1}$ NaCl 溶液处理的沼泽小叶桦叶片叶绿素含量略有下降,没有显著差异($P$>0.05)。这说明短时间的 Na$_2$SO$_4$ 溶液和 50 mmol·L$^{-1}$NaCl 溶液处理对沼泽小叶桦叶片叶绿素含量影响较小;随着盐胁迫时间的延长,叶片叶绿素含量缓慢下降,到 24 d 时趋于稳定。与 CK 相比,100 mmol·L$^{-1}$、200 mmol·L$^{-1}$ NaCl 溶液处理的沼泽小叶桦叶片叶绿素含量从盐胁迫开始时就明显下降,差异极显著($P$<0.01)。并随着处理的浓度和时间增加呈下降趋势。最终,25 mmol·L$^{-1}$、50 mmol·L$^{-1}$、100 mmol·L$^{-1}$Na$_2$SO$_4$ 溶液和 50 mmol·L$^{-1}$、100 mmol·L$^{-1}$、200 mmol·L$^{-1}$NaCl 溶液处理的叶片叶绿素浓度与 CK 处理相比分别下降了 9.56%、13.60%、24.26% 和 18.38%、39.34%、100.00%。可见,在 Na$^+$ 浓度相同的情况下,NaCl 处理下沼泽小叶桦叶片叶绿素含量比 Na$_2$SO$_4$ 处理下的下降速度快,下降幅度大。

(3) NaCl 和 Na$_2$SO$_4$ 处理对沼泽小叶桦叶片脯氨酸含量的影响

由图 4-15 可知,在 NaCl 和 Na$_2$SO$_4$ 处理下,沼泽小叶桦叶片的脯氨酸含量随着盐浓度的升高和处理时间的延长而增加。在 25 mmol·L$^{-1}$、50 mmol·L$^{-1}$ Na$_2$SO$_4$ 溶液和 50 mmol·L$^{-1}$NaCl 溶液处理的沼泽小叶桦叶片脯氨酸在 0~16 d 时和 CK 处理的没有显著差异($P$>0.05),16 d 后脯氨酸含量才显著地升高($P$<0.05);

而在100 mmol·L⁻¹、200 mmol·L⁻¹NaCl溶液处理下脯氨酸含量迅速升高,在第16 d时已经分别是CK处理的158.38%、374.09%,差异极显著($P<0.01$)。可见,在NaCl和Na₂SO₄处理下,沼泽小叶桦叶片中脯氨酸逐渐积累,对植物进行渗透调节,保持与环境的渗透平衡。在Na⁺浓度相同的情况下,NaCl处理的沼泽小叶桦叶片脯氨酸含量比Na₂SO₄处理的增幅大。在NaCl溶液浓度较高(200 mmol·L⁻¹)时,沼泽小叶桦叶片中脯氨酸经过快速升高后迅速下降,显示高盐胁迫对其叶片造成损伤,使其调节能力下降。

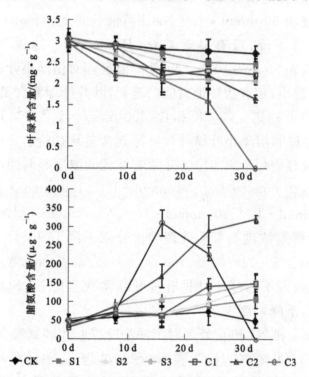

**图 4-15 不同盐度处理下沼泽小叶桦叶片叶绿素、脯氨酸含量变化**

(4) NaCl和Na₂SO₄处理对沼泽小叶桦叶片可溶性糖含量的影响

在不同浓度NaCl和Na₂SO₄处理下,沼泽小叶桦的可溶性糖含量变化趋势相似(图 4-16),与CK处理相比均为极显著增加

（$P<0.01$）。不同浓度 $Na_2SO_4$ 处理下，叶片可溶性糖含量随浓度和时间增加而迅速增加；不同浓度 NaCl 处理时，高浓度（200 mmol·$L^{-1}$）处理下叶片可溶性糖含量在 0~16 d 时呈上升趋势，16 d 后逐渐下降。结果显示在 $Na^+$ 浓度相同的情况下，$Na_2SO_4$ 处理的沼泽小叶桦叶片可溶性糖含量比 NaCl 处理的增幅大。

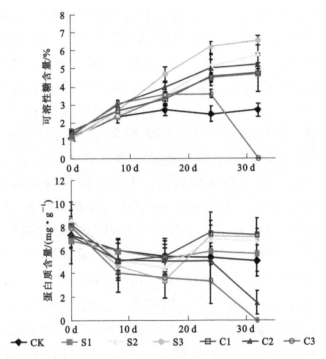

**图 4-16　不同盐度处理下沼泽小叶桦叶片可溶性糖、蛋白质含量变化**

（5）NaCl 和 $Na_2SO_4$ 处理对沼泽小叶桦叶片可溶性蛋白质含量的影响

在不同浓度 NaCl 和 $Na_2SO_4$ 处理下，沼泽小叶桦叶片的可溶性蛋白质含量变化见图 4-16。25 mmol·$L^{-1}$ $Na_2SO_4$ 处理和 CK 处理相比，没有显著差异（$P>0.05$）。说明低浓度 $Na_2SO_4$ 溶液对沼泽小叶桦叶片的可溶性蛋白质含量没有影响。50 mmol·$L^{-1}$、100 mmol·$L^{-1}$

$Na_2SO_4$ 溶液和 50 mmol·$L^{-1}$ NaCl 溶液处理的沼泽小叶桦叶片蛋白质含量变化为先下降后回升,和 CK 处理有显著差异($P<0.05$)。这可能是沼泽小叶桦受到盐胁迫后的蛋白质降解的速度高于蛋白质合成的速度,经过一段时间适应后蛋白质含量逐渐恢复,并明显高于 CK 处理。100 mmol·$L^{-1}$、200 mmol·$L^{-1}$NaCl 溶液处理下其叶片可溶性蛋白质含量表现为先迅速下降,处理中期(8~24 d)含量较稳定,24 d 后又迅速下降。可见,长时间、高浓度的 NaCl 溶液处理破坏了植物体正常的蛋白质代谢功能,导致蛋白质含量不断下降。

许多研究表明,在盐渍条件下叶绿体是盐胁迫下最敏感的细胞器之一(Gonzalez et al,2002;Wang et al,2004),过量的盐分进入植物体使 PEP 羧化酶和 RUBP 羧化酶活性降低,叶绿体趋于分解;盐胁迫使叶绿素酶活性逐渐增强,加速叶绿素分解(Cheeseman,1988),并使叶绿素的合成前体谷氨酸含量下降,抑制叶绿素合成(Santos,2004)。因此,盐胁迫下植物的叶绿素含量下降。本研究表明,短时间和低浓度的盐胁迫对沼泽小叶桦叶片叶绿素的代谢影响较小,在 $Na^+$ 浓度相同的情况下,NaCl 对其叶绿素含量的影响比 $Na_2SO_4$ 大。沼泽小叶桦对 $Na_2SO_4$(25 mmol·$L^{-1}$、50 mmol·$L^{-1}$、100 mmol·$L^{-1}$)和低浓度 NaCl(50 mmol·$L^{-1}$)胁迫有一定的适应性,经过一段时间的处理,叶片中叶绿素虽然含量下降,但是处于稳定状态;高浓度 NaCl(200 mmol·$L^{-1}$)胁迫可能已经对沼泽小叶桦叶绿体结构和功能造成损伤,使叶绿素含量逐渐下降,最终叶片黄化、干枯脱落。

根据 Schobert 等(1978)研究,认为植物在逆境条件下会积累较多的脯氨酸,脯氨酸水溶性很高,是一种优良的渗透调节剂,具有保护植物细胞中生物聚合物结构的作用,可以缓解盐对植物叶绿素合成的抑制作用。也有报道认为脯氨酸的积累是盐胁迫对植物伤害的结果。脯氨酸作为一种有机渗透调节剂,其积累与渗透胁迫强度密切相关(赵可夫等,1999)。本研究结果显示,短时间和低浓度的 NaCl

和 $Na_2SO_4$ 处理不引起沼泽小叶桦脯氨酸含量增加,沼泽小叶桦对 50 mmol·$L^{-1}$ NaCl 和 25 mmol·$L^{-1}$、50 mmol·$L^{-1}$、100 mmol·$L^{-1}$ $Na_2SO_4$ 具有一定的耐性;脯氨酸含量随着盐浓度和处理时间的增加而升高,这说明在本试验条件下,植物叶片脯氨酸积累是受胁迫伤害的结果,可以反映植株受到胁迫程度的强度。在 $Na^+$ 浓度相同的情况下,NaCl 对沼泽小叶桦的伤害比 $Na_2SO_4$ 大。当 NaCl 浓度较高 (200 mmol·$L^{-1}$)时,高 NaCl 胁迫已经使植物体中毒,细胞结构和功能受损伤,植物体调节机能下降,从而导致叶片中的游离脯氨酸含量下降。

植物体中的可溶性蛋白质大多是参与各种代谢的酶类,也是植物细胞质中参与渗透调节的小分子溶质之一,其含量是了解植物体总代谢的一个重要指标(陈成升等,2009)。有研究表明,干旱和盐胁迫下植物体叶片中蛋白质含量增加是植物体在逆境胁迫下的适应性表现(杨丽颖等,2007)。本研究中,低浓度 $Na_2SO_4$ 处理和 CK 处理没有明显差异,显示沼泽小叶桦对 $Na_2SO_4$ 的适应性,这可能与其原产地新疆的土壤中盐分以 $Na_2SO_4$ 为主有关。50 mmol·$L^{-1}$、100 mmol·$L^{-1}$ $Na_2SO_4$ 溶液和 50 mmol·$L^{-1}$ NaCl 溶液处理使沼泽小叶桦叶片蛋白质含量变化为先下降后回升,并显著高于 CK 处理,这可能是由于经过一段时间的盐处理使沼泽小叶桦对 $Na_2SO_4$ 和低浓度 NaCl 适应性增强。同时,可溶性蛋白质含量增加,维持了细胞正常的代谢活性,缓解了盐对植物的胁迫作用。

赵可夫(1999)认为由 NaCl、$Na_2SO_4$ 等中性盐造成的盐胁迫主要包括渗透胁迫和离子毒害。植物对抗高盐环境中的高渗透压的一个生物机制是在体内积聚相容性溶质如氨基酸、有机酸、可溶性碳水化合物、糖醇类(Takemura et al,2000;Hartzendorf et al,2001)。有报道表明,在盐胁迫条件下植物进行渗透调节的物质以糖类为主(Tschaplinski et al,1989)。本研究结果显示,在 NaCl、$Na_2SO_4$ 胁迫下随着盐浓度增加和胁迫时间延长,沼泽小叶桦叶片可溶性糖的含量明显升高。史宝胜(2007)、王玉凤(2007)、徐静(2011)等通过研究发现 $Na_2SO_4$ 和 NaCl 胁迫下盐蒿、玉米、冰草等种子的萌发和幼苗生长状况也有类似结果。因此,在盐胁迫条件下,沼泽小叶桦在细胞质中积累糖等相容性溶质,这些溶质主要是起到降低水势以平衡液泡中高浓度盐离子所产生的低渗透势的作用,维持渗透平衡,提高植物的保水能力,保护细胞结构和功能的完整性(Garg et al,2002)。在 $Na^+$ 浓度相同的情况下,$Na_2SO_4$ 处理下沼泽小叶桦叶片可溶性糖含量比 NaCl 处理的增幅大,表明 $SO_4^{2-}$ 处理比 $Cl^-$ 处理使沼泽小叶桦积累更多的可溶性糖。

本研究探讨了 $Na_2SO_4$ 和 NaCl 不同浓度处理下沼泽小叶桦组培苗的部分生理指标的变化情况。试验结果表明,NaCl 和 $Na_2SO_4$ 这两种致害盐分对叶绿素含量和相容性溶质的积累影响相似,使叶绿素含量下降、脯氨酸和可溶性糖等含量升高。在 $Na^+$ 同浓度胁迫时,NaCl 对沼泽小叶桦的毒害作用比 $Na_2SO_4$ 强。$Na_2SO_4$ 使沼泽小叶桦叶片积累更多的可溶性糖,对叶绿素、蛋白质含量影响较小,这可能是 $Na_2SO_4$ 对沼泽小叶桦盐害较小的原因之一。

# 三、高温高湿对沼泽小叶桦光合作用等生理特征的影响

## (一)试验设计

高温胁迫下,植物会出现各种热害反应,从而引起植物生理和生化代谢紊乱与结构的破坏,如夏季高温天气常常使作物生殖器官发育不良、光合作用受阻、生育期缩短、结实率降低、落花落果、产量和品质下降等(陈日远等,2002)。高温对植物的伤害主要表现为直接

伤害和间接伤害。这些直接和间接的伤害将最终导致植物生长受到抑制。直接伤害有:蛋白质变性,失去原有的生理活性;膜质液化,引起细胞膜结构的破坏,使膜透性增加(喻方圆等,2003)。间接伤害主要是破坏植物的光合作用和呼吸作用的平衡,使呼吸作用超过光合作用。此外,高温还能促进蒸腾作用的加强,破坏水分平衡使植物干枯甚至死亡。高温抑制氮化合物的合成、氨积累、毒害细胞等(刘常富等,2003)。虽然高温对植物产生众多不利影响,但植物也会对所处的高温环境形成形态和生理上的适应,如通过细胞内糖或盐浓度升高,含水量降低,减缓代谢速率,从而增强耐高温能力;通过旺盛的蒸腾作用、降低体温等来适应高温环境。植物生长需要大量水分,但土壤水分过多或湿度过大,反而会破坏植物体的水分平衡,严重影响植物的生长发育,直接影响产量和产品质量(喻方圆等,2003)。高湿会使气孔关闭,降低植物蒸腾作用,使植物叶片发生萎蔫(徐艳等,2007);高温高湿容易引起细菌侵染,易于引发病害,危害植物体(刘裕岭等,2008)。本试验为了解短期高温高湿处理后沼泽小叶桦的光合等生理特征的影响及其恢复效应,采用盆栽试验,利用人工智能气候室,研究了沼泽小叶桦在 3 个不同的温度湿度处理时的光合等生理特征的变化,及其经过 10 d 高温高湿处理后在 CK 处理下的恢复效应。

　供试材料为上海市园林科学规划研究院组培提供的一年期,大小一致,高度约为 50 cm 的沼泽小叶桦组培苗。将组培苗移入智能人工气候室(Thermoline Scientific TPG-1260-TH 型)进行栽培试验(图 4-17)。光照强度 800 $\mu mol \cdot m^{-2} \cdot s^{-1}$,每天光照时间 12 h。试验材料分成 3 组进行试验处理,每组含 10 株组培苗。CK 为常温常湿水平,7:00—19:00 温度维持在 30 ℃,19:00—次日 7:00 温度维持在 20 ℃,使昼夜温差为 10 ℃,空气相对湿度(Rh)为 60%;第一组为"高温高湿水平一",7:00—19:00 温度维持在 35 ℃,19:00—次日

7:00温度维持在25 ℃,使昼夜温差为10 ℃,空气相对湿度为75%;第二组为"高温高湿水平二",7:00—19:00温度维持在40 ℃,19:00—次日7:00温度维持在30 ℃,使昼夜温差为10 ℃,空气相对湿度为90%(表4-5)。每组处理10株组培苗。高温高湿处理时间均为10 d,之后所有的3组试验样品均处于CK处理下继续栽培10 d。

**图4-17　经人工气候室处理的沼泽小叶桦**

表4-5　　　　　　　　　　　　高温高湿处理

| 处理方法 | 温度(7:00—19:00) | 温度(19:00—7:00) | 空气相对湿度 |
|---|---|---|---|
| CK | 30 ℃ | 20 ℃ | 60% |
| 高温高湿水平一 | 35 ℃ | 25 ℃ | 75% |
| 高温高湿水平二 | 40 ℃ | 30 ℃ | 90% |

光合及生理指标均隔天测定一次,每个指标、每个处理均测定3次重复。每次采样时间为9:00,随机采取顶端2~10片成熟叶片。① 叶片叶绿素含量采用分光光度法(张志良,2003)。② 可溶性糖含量采用蒽酮比色法(张志良,2003)。③ 蛋白质含量的测定按照Bradford(1976)的方法,用考马斯亮蓝染色。④ 脯氨酸含量的测定按照Bates(1973)的方法进行。以上所有指标测定均重复5次。⑤ 光合作用速率测定使用Li-6400光合仪。选择健康无病虫害的向阳功能

叶(成熟叶)进行光合测定,测定时间为 9:00,每个水平选择 2～3 株进行测定,每株选择 3 片功能叶,测量的叶面面积为 6 $cm^2$,光合有效辐射为 1100～1400 $\mu mol \cdot m^{-2} \cdot s^{-1}$,待光合作用速率稳定后每片叶子连续测定 8 个值,取其平均值作为最终结果。试验隔天检测一次。测定指标包括叶片净光合作用速率($P_n$,$\mu mol\ CO_2 \cdot m^{-2} \cdot s^{-1}$)、气孔导度($G_s$,$mol\ H_2O \cdot m^{-2} \cdot s^{-1}$)、胞间 $CO_2$ 浓度($C_i$,$\mu mol\ CO_2 \cdot mol^{-1}$)和蒸腾速率($T_r$,$mmol\ H_2O \cdot m^{-2} \cdot s^{-1}$)等。⑥ 测量植株的地上部分株高(cm),计算伸长率(ER)为($H_f-H_i$)/$\Delta t$(cm/d),其中 $H_i$ 为初始株高,$H_f$ 为经过 $\Delta t$ 天试验结束后植物的株高。

在 Excel 中输入基础数据,采用 SPSS 13.0 软件进行统计分析。图表数据均为 5 次重复的平均值±标准差(SE),运用 One-way Anova 方法进行显著性检验,并用 LSD 检验法进行多重比较分析。

## (二) 试验结果

(1) 高温高湿处理及恢复期沼泽小叶桦叶片的伸长率变化

图 4-18 为经过高温高湿处理并于常温常湿条件下恢复后,共计 60 d 时长的沼泽小叶桦伸长率变化。在高温高湿水平二(30～40 ℃,Rh 为 90%)条件下,沼泽小叶桦的生长受到抑制,顶部幼嫩的枝条和叶片逐渐枯萎掉落,由图 4-18 可见其为负伸长;在高温高湿水平一(25～35 ℃,Rh 为 75%)条件下,植物伸长也受到抑制,显著低于 CK 处理;CK 处理下伸长率最大,不同温度湿度水平对沼泽小叶桦生长的影响极为显著($P<0.01$)。

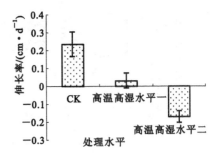

(2) 高温高湿处理及恢复期沼泽小叶桦叶片的生理指标变化

**图 4-18** 高温高湿处理及恢复期沼泽小叶桦叶片的伸长率

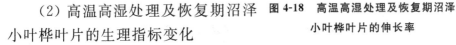

　　如图 4-19 所示,1~9 d 为沼泽小叶桦在高温高湿处理下可溶性糖、蛋白质、叶绿素、脯氨酸含量的变化情况,10~19 d 为高温高湿处理后恢复期可溶性糖、蛋白质、叶绿素、脯氨酸含量的变化。由图 4-19 可见,1~9 d,高温高湿水平二(30~40 ℃,Rh 为 90%),沼泽小叶桦叶绿素含量下降,并显著低于 CK 和高温高湿水平一($P<$ 0.05),但 CK 与高温高湿水平一之间没有显著差异($P>$0.05);脯氨酸含量经过短期下降后显著升高,是初期的 200%,三种处理之间有极显著差异($P<$0.01);高温高湿水平二在 5~9 d 之间可溶性糖和蛋白质含量明显升高,分别是 CK 和高温高湿水平一的 159%、156% 和 143%、276%;CK 与高温高湿水平一之间可溶性糖含量没有显著

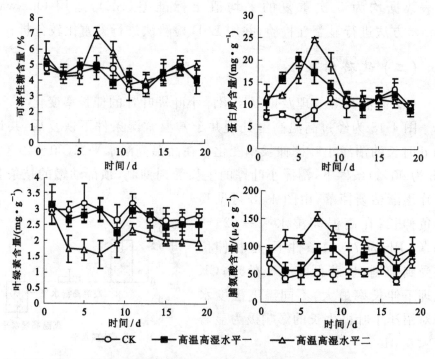

图 4-19　高温高湿处理及恢复期沼泽小叶桦叶片的
可溶性糖、蛋白质、叶绿素及脯氨酸含量变化

差异($P>0.05$)。在 $10\sim19$ d,沼泽小叶桦经过高温高湿处理后的恢复期,CK 与高温高湿水平一、高温高湿水平二之间可溶性糖和蛋白质含量没有显著差异($P>0.05$);高温高湿水平二叶绿素含量缓慢回升,但是含量明显低于 CK 和高温高湿水平一($P<0.05$);高温高湿水平二的脯氨酸含量略有下降,含量高于 CK 和高温高湿水平一,各个处理之间差异显著($P<0.05$)。以上试验结果说明,温度 $30\sim40$ ℃且 Rh 为 $90\%$ 的高温高湿栽培条件对沼泽小叶桦叶片的生理具有较大的影响,使叶绿素含量显著下降,脯氨酸含量显著升高,并于短时间($10$ d 左右)之内无法恢复。对可溶性糖和蛋白质含量也有影响,但能在一段时间后恢复。

（3）高温高湿处理及恢复期沼泽小叶桦叶片的光合指标变化

高温高湿处理及恢复期沼泽小叶桦叶片的光合指标变化如图 4-20 所示。$1\sim9$ d 为沼泽小叶桦在高温高湿处理下 $P_n$、$G_s$、$C_i$、$T_r$ 的变化情况,$10\sim19$ d 为高温高湿处理后恢复期 $P_n$、$G_s$、$C_i$、$T_r$ 的变化。在 $1\sim9$ d 高温高湿处理期间,随着温度湿度从 CH 升高到高温高湿水平一,沼泽小叶桦叶片的净光合作用速率、气孔导度和蒸腾速率均呈升高趋势,但是高温高湿水平一和 CK 之间的净光合速率、气孔导度、胞间 $CO_2$ 浓度和蒸腾速率均没有显著差异($P>0.05$);当温度湿度从高温高湿水平一继续升高到高温高湿水平二时,沼泽小叶桦叶片的光合指标则显著下降,高温高湿水平二的蒸腾速率、净光合作用速率、气孔导度显著低于高温高湿水平一($P<0.05$),但是与 CK 之间没有显著差异($P>0.05$)。可见,适当的温度、湿度($25\sim35$ ℃,Rh 为 $75\%$)使沼泽小叶桦叶片光合水平升高,但过高的温度湿度($30\sim40$ ℃,Rh 为 $90\%$)会显著抑制沼泽小叶桦叶片的净光合作用速率、蒸腾速率、气孔导度($P<0.05$)。结果显示,高温高湿对沼泽小叶桦叶片的光合指标有明显的影响,抑制其净光合作用速率。随着温度湿度升高,沼泽小叶桦为了降低叶片表面温度增加了蒸腾速率,但是

随着温度湿度的进一步升高（30～40 ℃，Rh 为 90%），沼泽小叶桦的气孔导度下降，蒸腾速率也下降，有可能是其防止水分过度丧失的自我保护行为。在 10～19 d（恢复期间）三种处理的温度湿度相同（CK：20～30 ℃，Rh 为 60%），三者之间的净光合作用速率、气孔导度、胞间 $CO_2$ 浓度和蒸腾速率等光合指标均没有显著差异（$P>0.05$）。可见，在光照强度不变的条件下，随着温度湿度的恢复，沼泽小叶桦的光合作用速率等光合特征也很快恢复。三种处理对胞间 $CO_2$ 浓度的影响不大（$P>0.05$），可能与气候室中 $CO_2$ 浓度始终维持稳定，含量较高有关。

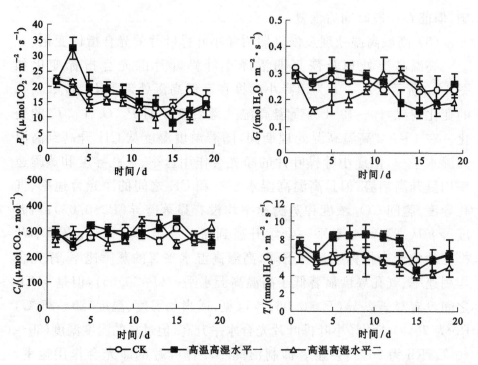

图 4-20　高温高湿处理及恢复期沼泽小叶桦叶片的 $P_n$、$G_s$、$C_i$、$T_r$ 的变化

（4）高温高湿处理后及恢复期沼泽小叶桦叶片的光合指标日变化

高温高湿处理后及恢复期沼泽小叶桦叶片的光合指标日变化如

图 4-21、图 4-22 所示。可见,对照在处理和恢复期一日内的净光合作用速率、蒸腾速率、胞间 $CO_2$ 浓度及气孔导度均维持稳定、变化不大,没有显著差异($P>0.05$)。CK 的净光合作用速率和高温高湿水平一没有显著差异($P>0.05$),和高温高湿水平二差异显著($P<0.05$)。高温高湿水平一在处理期一日内的净光合作用速率,在恢复期其一日内的净光合作用速率、蒸腾速率、胞间 $CO_2$ 浓度及气孔导度均维持稳定、变化不大,没有显著差异($P>0.05$);高温高湿水平二在一日内的净光合作用速率、蒸腾速率、胞间 $CO_2$ 浓度及气孔导度从 9:00 到 17:00 均呈下降趋势,特别是蒸腾速率和气孔导度在中午 13:00 时仅为早晨 9:00 时的 50%,有显著下降($P<0.05$),具有"午休"现象。而且净光合作用速率显著低于 CK 和高温高湿水平一($P<0.05$)。

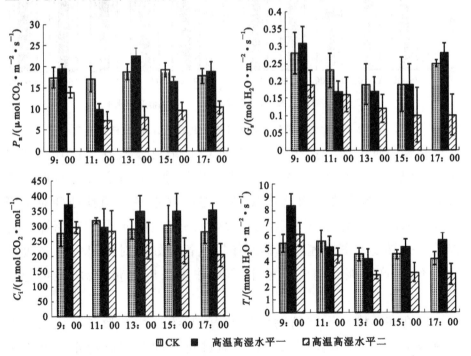

图 4-21　高温高湿处理后沼泽小叶桦叶片的 $P_n$、$G_s$、$C_i$、$T_r$ 的日变化

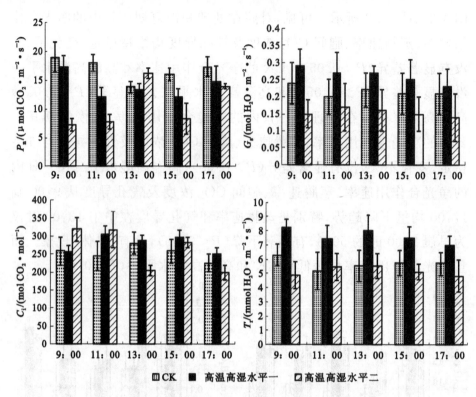

图 4-22　恢复期沼泽小叶桦叶片的 $P_n$、$G_s$、$C_i$、$T_r$ 的日变化

在恢复期一日内蒸腾速率、胞间 $CO_2$ 浓度及气孔导度均维持稳定,没有显著差异($P > 0.05$)。净光合作用速率在午间 13:00 时呈现最高值,呈单峰曲线。因此,CK 和高温高湿水平一两种处理对沼泽小叶桦的净光合作用速率影响不大,而高温高湿水平二对沼泽小叶桦的气孔导度及蒸腾速率有抑制作用。各种处理对胞间 $CO_2$ 浓度的影响不大,这可能是与气候室中 $CO_2$ 浓度浓度含量较高,维持稳定有关。

温度和湿度是影响植物生长发育、制约植物产量和品质的主要环境因子之一(喻方圆等,2003)。通过对不同高温高湿水平处理下沼泽小叶桦的相对伸长率变化的分析,结果显示,随着温度、湿度的升高,白天 40 ℃,夜间 30 ℃,空气相对湿度为 90％ 的高温、高湿水平已经对沼泽小叶桦造成了高温高湿胁迫,显著抑制沼泽小叶桦的生长,使顶部幼嫩叶片干枯卷曲,出现坏死。显然,持续高温高湿会影响沼泽小叶桦的生长发育。

本研究结果表明,高温高湿使沼泽小叶桦叶片的生理功能受到显著影响,可溶性糖含量升高,这可能是植物为了保护细胞膜结构稳定性,主动积累一些可溶性糖,以适应逆境条件(陈日远等,2002)。高温高湿条件下,叶绿素含量显著降低,有可能是高温高湿胁迫使叶绿体结构紊乱,叶绿素合成受到抑制的结果(王光耀等,1999;Schreiber,1977),而沼泽小叶桦叶片脯氨酸含量显著升高,这被认为是植物在逆境中一种自我保护措施,可以提高抗胁迫能力(朱虹等,2009),但目前逆境胁迫后脯氨酸积累机制目前有不同观点,所以积累发生的机理需进一步研究。

植物抗逆性途径大多与蛋白质有关。孟焕文等(2000)研究黄瓜幼苗对热胁迫的反应后认为,遇热胁迫后,强耐热黄瓜品种对高温反应迟钝,可溶性蛋白含量增加,弱耐热黄瓜品种对高温反应敏感,蛋白质降解加速,合成受阻,可溶性蛋白质含量下降。高温逆境下氮素代谢失调是影响植物正常生长的重要原因。冯兆忠等(2005)的研究也表明高温会导致黄瓜可溶性蛋白质含量下降。但也有相反的结论,吴月燕等(2001)对葡萄的研究试验表明,高温胁迫后幼果和叶片可溶性蛋白质相对含量都有不同程度的增加,其认为可溶性蛋白质的增加可能是高温胁迫后,葡萄为了适应逆境采取的一种自我保护措施。另外,高温锻炼还可以提高可溶性蛋白质含量,从而增强幼苗对高温的抵抗能力(马德华等,1998)。本试验显示,高温高湿处理使沼泽小叶桦叶片可溶性蛋白质显著升高,而且其含量在温度湿度水平恢复至 CK 后能在较短时间快速下降到 CK 水平,此结果与吴月燕等(2001)和马德华等(1998)的研究结果相似,可能是沼泽小叶桦受到高温高湿胁迫后增强抵抗能力,适应逆境的另一种方式,值得进一步研究。

有研究认为光合作用是植物物质转换和能量代谢的关键,温度逆境对其影响很大。高温逆境不仅会抑制光合反应,而且会破坏光合机构,使光合作用速率下降。与呼吸作用器官线粒体相比,叶绿体结构更易受高温刺激破坏,因此,高温逆境胁迫后非气孔因素是净光合速率($P_n$)降低的主要原因(马德华等,1999)。郭延平等(2003)研究认为高温胁迫(38~40 ℃)使蜜柑呼吸速率普遍降低。本研究中,可能由于在人工智能培养箱中光照强度和$CO_2$浓度始终保持一致,且$CO_2$浓度含量较高,各种处理对沼泽小叶桦叶片胞间$CO_2$浓度的影响不大,没有显著差异。而三个水平处理的蒸腾速率变化有可能是其防止水分过度丧失的自我保护行为,这与简令成等(2009)的研究结论相同:温度显著影响气孔开关运动,当叶面温度高于30~35 ℃时,气孔缩小或完全关闭,使蒸腾速率下降,以保持水分。本研究显示适当提高温度湿度(25~35 ℃,Rh 为 75%)可以增强沼泽小叶桦叶片的光合作用,此时的净光合作用速率、气孔导度和蒸腾速率均为最高。温度湿度过高(30~40 ℃,Rh 为 90%)却使其净光合作用速率显著降低,抑制了其光合能力。这可能是沼泽小叶桦叶片叶绿素含量的下降等因素使叶绿体对光能的吸收和利用、固定$CO_2$能力下降,光合载体受破坏等非气孔性因素抑制了光合速率,此时气孔导度、蒸腾速率下降等气孔性因素和非气孔性因素共同影响植物光合作用。

在中午高温的强光下,气孔常处于关闭状态(1~2 h)。究其原因,一可能是减少水分蒸腾,利于植物生存;二可能是光合"午休",停止光合作用。有人认为温度是"午休"现象的一个重要限制因子(简令成等,2009),但本试验中经过三个不同温度处理,虽然温度湿度逐渐升高,但仅在高温高湿水平一条件下出现"午休",且净光合作用速率并不随着温度升高而增强,这可能是由于温室中光照恒定。齐艳琳等(2008)关于紫叶李在高温高湿条件下光合作用速率的研究显示紫叶李的光合速率随着温度升高而增强,随着温度升高,光合作用反而没有"午休"现象,这可能是温室中光照弱,$CO_2$ 浓度较高,空气湿度较大而气孔没有关闭,以及光合色素增加导致"午休"现象消失。

综上所述,高温高湿会抑制沼泽小叶桦的生长,对其光合等生理特征具有较大的影响。沼泽小叶桦对短期高温高湿处理具有一定的耐性,经过短时间高温高湿处理后,其叶绿素含量显著下降,脯氨酸含量显著升高,并于短时间(10 d 左右)之内无法恢复,但蛋白质、可溶性糖及光合等生理指标均能及时得到恢复。因此,沼泽小叶桦可以在上海及周边滨海城镇绿化造林进行引种运用。高温锻炼可以提高蔬菜等植物的抗热性,在瓜果类、叶菜类以及豆类均有研究报道(喻方圆等,2003)。因此,在引种沼泽小叶桦至高温高湿地区前可以对其进行短期高温高湿驯化,以提高其耐高温高湿性能。具体的方法、时间操作的效果均有待进一步研究。本研究结果将为沼泽小叶桦在高温高湿地区的推广提供科学的理论依据。

## 四、沼泽小叶桦的扩繁

沼泽小叶桦一般用种子繁殖,为湿地的指示灌木,但种源稀少,扦插存活率低,不能大量育苗(张立运等,2000)。植物组培育苗在濒危植物的营救及种质资源的保存等方面有着不可替代的地位。目前,国内学者已开展了一些濒危植物组织培养研究工作,如雪莲花(罗明等,1999)、沙冬青(徐子勤等,1997)、半日花、四合木、蒙古扁桃(斯琴巴特尔等,2002)等,挽救了一些濒危植物,并建立了濒危植物基因库,为体细胞杂交研究、生产次生代谢物及人工种子的开发利用奠定了基础,同时为今后珍稀濒危植物的推广应用提供了必要的条件,具有重要的经济价值和社会效益。

## (一) 沼泽小叶桦的组织培养

沼泽小叶桦的无性繁殖研究在我国刚刚开始,梅新娣、江晓珩等对沼泽小叶桦的启动、增殖和生根培养基都进行了初步研究(梅新娣等,2005;江晓珩等,2006)。为了能高效地繁殖和保护沼泽小叶桦种质资源,有必要建立一套完整、高效的组织培养系。

本研究以沼泽小叶桦休眠芽和半木质化茎段为外植体,分别研究了不同灭菌种类及时间对外植体的影响,筛选了合适的灭菌方法,并在增殖过程中探讨了不同激素种类(6-BA、NAA、IBA 等)、浓度及组合、不同外植体状态对沼泽小叶桦生长、增殖的具体作用,最终确立了诱导沼泽小叶桦组织生长和增殖的最适培养条件,完成了对沼泽小叶桦组培系统的优化(陈家胜,2003;林德光,1982),试验还进一步对沼泽小叶桦生根培养基和移栽介质进行了优化筛选。

2008 年 1 月将沼泽小叶桦从原产地移植到上海市园林科学规划研究院邬桥基地,种植半年后,于 2008 年 6 月从基地选用长势旺盛、健壮、半木质化的带芽枝条,去掉叶片,剪断为 5 cm 节段作为外植体。

(1) 初代培养

首先将试验材料去掉叶片,剪成长约 2 cm 的茎段,用洗洁精轻轻搓洗后,放入烧杯中用纱布封口,再用流水冲洗 2～3 h,以去除枝条表面污物。在超净工作台上,先用 70% 的酒精消毒 1 min,然后用不同浓度的消毒试剂和不同的时间进行消毒灭菌,最后用无菌水洗 3～6 次,接种到培养基 MS＋1.0 mg • $L^{-1}$6-BA 上(陈正华等,1986;张红晓等,2004)。每一种方法接种 20 株,10 d 后统计污染率和存活率,公式如下:

$$污染率 = \frac{已污染数}{接种总数} \times 100\%$$

$$存活率 = \frac{已成活数}{接种总数} \times 100\%$$

（2）增殖培养

将诱导出的小枝切成长约 2 cm 的茎节,继代在添加不同浓度的 6-BA、NAA 的 MS 培养基中培养,以诱导形成丛生芽,一般 30 d 继代一次,并统计出增殖系数,公式如下:

$$增殖系数 = \frac{增殖后有效芽数}{接种芽数}$$

（3）壮苗及生根培养

将通过上述步骤获得的无菌侧芽接种到激素含量较低的 MS+6-BA+NAA 培养基中进行壮苗培养,培养 4 周后选取健壮的无菌苗,转接到 1/2MS+IBA 培养基中进行生根培养(王桂兰等,2006)。

（4）沼泽小叶桦组培苗耐盐试验

目前,国内学者对沼泽小叶桦移栽苗进行耐盐试验的研究较多,而对其组培苗的耐盐试验尚未进行。本书根据上海滨海盐渍土土壤盐分组成特点设计了两种盐浓度的培养基,分别为 4‰和 6‰盐浓度的培养基,盐的组成为 NaCl：$Na_2SO_4$：$NaHCO_3$=85％：14.7％：0.3％(质量百分比),每个盐浓度设置 5 个重复。通过观察沼泽小叶桦组培苗在这两种含盐培养基上的生长情况,确立沼泽小叶桦组培苗是否也具有与实生苗或组培移栽苗相同的耐盐特性。

（5）培养条件

所有培养基中的植物生长调节激素单位为 mg・$L^{-1}$,琼脂浓度 30 g・$L^{-1}$,蔗糖浓度 7 g・$L^{-1}$,pH 值为 5.8~6.0,分装后在 121 ℃灭菌 20 min。培养箱培养温度为 24 ℃,以日光灯作为光源,光照时间 14 h・$d^{-1}$,光照强度为 2500~3000 lx(黄学林等,1998;程家胜等,1990)。

### （二）无菌外植体的获得

试验采用了7种消毒方法对外植体进行处理以获得无菌外植体（图4-23）。由表4-6可见,两种灭菌试剂的污染率随着灭菌时间的延长而降低。在相同灭菌时间下,用次氯酸钠灭菌的处理方法明显优于升汞处理方法,且在一定范围内,升汞处理的时间越长,存活率逐渐呈递增趋势,污染率呈递减趋势,因此必须掌握好时间。若时间过长,会杀死外植体的组织细胞,从而影响试验结果,对于次氯酸钠的处理也是如此。在7种处理中以10％次氯酸钠处理半木质化茎段,消毒12 min处理效果最为理想,污染率最低,为25％。

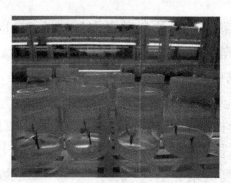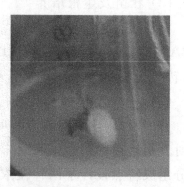

**图4-23　茎段作为外植体获得无菌苗**

表4-6　　　　　不同消毒法处理外植体后的外植体污染率和存活率

| 编号 | 灭菌试剂 | 材料 | 时间/min | 接种数/个 | 污染数/个 | 污染率/％ |
|---|---|---|---|---|---|---|
| 1 | 0.1％升汞 | 休眠芽 | 8 | 50 | 47 | 94 |
| 2 | 0.1％升汞 | 休眠芽 | 15 | 50 | 40 | 80 |
| 3 | 0.1％升汞 | 休眠芽 | 20 | 50 | 32 | 64 |
| 4 | 0.1％升汞 | 休眠芽 | 25 | 50 | 28 | 56 |
| 5 | 10％次氯酸钠 | 半木质化茎段 | 6 | 30 | 14 | 46 |
| 6 | 10％次氯酸钠 | 半木质化茎段 | 8 | 30 | 10 | 34 |
| 7 | 10％次氯酸钠 | 半木质化茎段 | 12 | 30 | 8 | 25 |

### （三）沼泽小叶桦的增殖培养及壮苗

芽分化增殖过程是沼泽小叶桦组织培养过程中一个非常重要的环节。获得无菌培养材料后能否顺利进入快速繁殖循环，分化诱导是关键，所以选择一种增殖率高而且有效芽多的培养基是组织培养成功的关键。试验将培养成功的芽切下，接种于以 MS 为基本培养基，附加不同浓度的 6-BA、NAA 的增殖培养基上，共 7 个处理，培养 30 d。由表 4-7 可知，当 6-BA 为 1.0 mg·L$^{-1}$、NAA 为 0.02 mg·L$^{-1}$ 时，增殖系数达到 10 以上，部分出现玻璃化；随着 6-BA 浓度降低，增殖系数也降低，在 6-BA 为 0.5 mg·L$^{-1}$ 时增殖系数为 5~8；当 6-BA 为 0.3 mg·L$^{-1}$ 时，增殖系数为 1~3，但苗木伸长较快，较细弱；6-BA 为 0.1 mg·L$^{-1}$ 时，增殖系数也较低，苗木生长健壮，节间为 1~2 cm 左右，调整 NAA 的浓度，各处理间差异不明显。目前，沼泽小叶桦适宜的增殖培养基为 MS＋0.5 mg·L$^{-1}$6-BA＋0.02 mg·L$^{-1}$NAA；壮苗培养基为 MS＋0.1 mg·L$^{-1}$6-BA＋0.02 mg·L$^{-1}$NAA（图 4-24）。

表 4-7　　　　　不同浓度的 **6-BA、NAA** 对沼泽小叶桦增殖的影响

| 编号 | 6-BA/(mg·L$^{-1}$) | NAA/(mg·L$^{-1}$) | 增殖系数 |
|---|---|---|---|
| 1 | 1.0 | 0.02 | 10~15 |
| 2 | 0.5 | 0.02 | 5~8 |
| 3 | 0.3 | 0.02 | 1~3 |
| 4 | 0.2 | 0.02 | 1~3 |
| 5 | 0.1 | 0.08 | 1~3 |
| 6 | 0.1 | 0.05 | 1~3 |
| 7 | 0.1 | 0.02 | 1~3 |

(a)               (b)

**图 4-24　沼泽小叶桦组培苗的壮苗状况**
（a）增殖培养基；（b）壮苗培养基

## （四）沼泽小叶桦生根培养

在组织培养中,通过器官发生途径产生再生植株的基本方式有三种:一是先分化芽,待芽伸长后在其幼茎基部长根,形成完整植株。这种方式在木本植物组织培养中较为普遍。二是先分化根,再在根上产生芽而形成完整植株。三是愈伤组织的不同部位分别形成根和芽,然后两者的维管组织互相连接形成完整植株。本试验的结果符合第一种方式。

从继代材料中选取丛生芽约 3.0 cm 的健壮苗,切成 1.0~1.5 cm的苗段,转入以 1/2MS 为基本培养基,附加 5 种不同浓度 IBA 进行生根试验。由表 4-8 分析可知,经过 30 d 的生根培养,不同浓度的IBA 对沼泽小叶桦的生根率和生根数有不同程度的影响,随着 IBA的浓度增加,生根率也随之增加,在 IBA 浓度为 0.3 mg·L$^{-1}$时生长情况最好,生根率为最高,达 96%,根粗壮,有 4~5 条侧生根。IBA浓度达到 0.4 mg·L$^{-1}$时,生根率也较好,但有些根长在基部愈伤组织上,从苗瓶中取出移栽时容易脱落,存活率不高。IBA 浓度在

0.5 mg·L⁻¹以上时,生根率逐渐降低。试验还表明,沼泽小叶桦生根的快慢与生根质量不仅受培养基组成影响,还与生根材料的健壮程度有密切关系,粗壮的材料生根快(图4-25)。在接种时一定要去除基部的叶片,因为基部的叶片一接触培养基就会逐渐变硬、拱起和卷缩且极易形成愈伤组织,从而影响植株主体的正常生根和生长。因此,目前沼泽小叶桦适宜的生根培养基为 1/2MS+0.3 mg·L⁻¹IBA。

表 4-8 不同浓度的 IBA 对沼泽小叶桦生根的影响

| 编号 | IBA/ (mg·L⁻¹) | 总数/株 | 生根数/株 | 生根总数/条 | 根长/cm | 生根率/% | 生根系数 |
|---|---|---|---|---|---|---|---|
| 1 | 0.1 | 50 | 35 | 147 | 2.5 | 70 | 4.2 |
| 2 | 0.2 | 50 | 40 | 186 | 3 | 80 | 4.5 |
| 3 | 0.3 | 50 | 48 | 270 | 4.5 | 96 | 5.6 |
| 4 | 0.4 | 50 | 46 | 235 | 3 | 92 | 5.1 |
| 5 | 0.5 | 50 | 42 | 226 | 4 | 85 | 5.4 |

图 4-25 3 号培养基上沼泽小叶桦的生根状况

## (五) 沼泽小叶桦组培苗的大量制备

通过试验条件的摸索,课题组得到了沼泽小叶桦组培苗生长的适宜条件(图4-26),并进行了沼泽小叶桦组培苗的大量制备工作,为后续沼泽小叶桦组培苗的移栽试验提供足够的试验材料。目前,共继代培养沼泽小叶桦组培苗约 10 次,获得根茎叶完整组培苗约 450 棵。

图 4-26 培养箱中的沼泽小叶桦组培苗

## (六) 沼泽小叶桦组培苗耐盐试验

将复合盐以 $NaCl : Na_2SO_4 : NaHCO_3 = 85\% : 14.7\% : 0.3\%$ 的比例加到培养基 $MS + 0.1\ mg \cdot L^{-1}6\text{-}BA + 0.02\ mg \cdot L^{-1}NAA$ 中配制成所需的 4‰ 与 6‰ 含盐培养基。图 4-27～图 4-29 展示的是沼泽小叶桦茎尖在不同含盐培养基上生长 30 d 后的情况,可以明显看出沼泽小叶桦茎尖在不含复合盐的空白对照培养基上生长良好,表现为植株生长,叶色、叶片正常,而在加有 4‰ 盐与 6‰ 盐的培养基上生长受阻,表现为生长缓慢,叶色浅且逐渐枯黄。这表明盐对沼泽小叶桦茎尖的生长产生了胁迫作用,阻碍其生长,沼泽小叶桦茎尖的耐盐能力较差。比较图 4-28 和图 4-29 可以发现,6‰ 盐较 4‰ 盐对沼泽小叶桦茎尖的影响大,沼泽小叶桦茎尖在 6‰ 盐培养基上叶色更加浅及枯黄,这就表明盐浓度越高,对沼泽

图 4-27 空白对照(没有加盐)

小叶桦茎尖的盐胁迫越大。

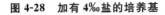

图 4-28　加有 4‰盐的培养基　　　　　图 4-29　加有 6‰盐的培养基

## （七）生根沼泽小叶桦组培苗的炼苗及移栽

先将无菌苗在自然条件下锻炼 1 周,用镊子小心取出生根苗,洗净根上的培养基,用 1000～1500 倍的适乐时药剂浸泡 10～20 min,然后移栽至灭菌过的 4 种不同配方的基质中:① 珍珠岩;② 蛭石;③ 细沙;④ 蛭石:珍珠岩:草炭。移栽前用同浓度药剂淋透放置 1 d,然后移栽。移栽后先在弱光下培养,塑料膜覆盖,保证湿度 60%～80%,温度 28～30 ℃,20～30 d 后移至温室培养,慢慢打开薄膜,逐渐增加光照。10 d 后进行一般养护。

经过不同基质的比较(表 4-9),结果表明存活率最高的是蛭石和蛭石:珍珠岩:草炭＝3:3:4,且两种基质均没有叶片发霉以及根系萎缩现象,并能够长出侧生根,也能快速地长出新芽,存活率为 100%(图 4-30、图 4-31)。珍珠岩由于空隙度较大,吸水率低,容易使无菌苗根部缺水而死亡(图 4-32);细沙的存活率最低,为 75%,根部出现腐烂,叶片发霉现象严重(图 4-33)。经过 2 个月的栽培养护后发现,生长于蛭石:珍珠岩:草炭＝3:3:4 基质中的苗木生长速度快,苗木粗壮,因此更适合作为无菌苗的移栽基质。

表 4-9　　　　　　　不同基质对沼泽小叶桦移栽存活率的影响

| 编号 | 基质 | 总数/株 | 存活数/株 | 存活率/% |
|---|---|---|---|---|
| 1 | 珍珠岩 | 36 | 31 | 86.11 |
| 2 | 蛭石 | 36 | 36 | 100.00 |
| 3 | 细沙 | 36 | 27 | 75.00 |
| 4 | 蛭石∶珍珠岩∶草炭＝3∶3∶4 | 36 | 36 | 100.00 |

图 4-30　4 号基质的苗木生长状况

图 4-31　2 号基质的苗木生长状况

**图 4-32　1 号基质的苗木生长状况**

**图 4-33　3 号基质的苗木生长状况**

　　截至 2010 年 12 月,通过沼泽小叶桦组织培养共获得 7 批沼泽小叶桦移栽苗,所用移栽基质为蛭石∶珍珠岩∶草炭＝3∶3∶4,总体平均存活率达 93.29%(表 4-10)。移栽苗在气温较低的春季生长较慢,在夏季生长迅速。在 7、8 月份,气温高,光照充足,沼泽小叶桦苗在一个月内净生长高度约 20 cm。沼泽小叶桦移栽苗在一年内的平均生长高度约 45 cm,茎径达 1~1.5 cm(图 4-34~图 4-37)。11 月下旬至 12 月上旬沼泽小叶桦移栽苗处于落叶期,植株开始进入休眠阶段。

表 4-10　　　　　　　　　　各批次沼泽小叶桦移栽苗的存活率

| 移栽批次 | 时间 | 移栽数/株 | 存活数/株 | 存活率/% |
|---|---|---|---|---|
| 第一批 | 2009 年 12 月 20 日 | 19 | 17 | 89.47 |
| 第二批 | 2010 年 3 月 16 日 | 30 | 29 | 96.67 |
| 第三批 | 2010 年 4 月 18 日 | 103 | 101 | 98.06 |
| 第四批 | 2010 年 6 月 10 日 | 99 | 96 | 96.97 |
| 第五批 | 2010 年 7 月 15 日 | 66 | 63 | 95.45 |
| 第六批 | 2010 年 9 月 1 日 | 66 | 60 | 90.91 |
| 第七批 | 2010 年 10 月 22 日 | 62 | 53 | 85.48 |
| 平均值 | | | | 93.29 |

图 4-34  移栽 7 d 的沼泽小叶桦苗

图 4-35  移栽 60 d 的沼泽小叶桦苗

图 4-36  移栽 90 d 的沼泽小叶桦苗

图 4-37  移栽 120 d 的沼泽小叶桦苗

## （八）沼泽小叶桦的扦插试验

试验地位于上海市园林科学规划研究院邬桥基地（奉贤区邬桥镇），试验苗床为长条形，长 30 m，宽 1.2 m，四周用高 15 cm 的砖块围起，苗床底部铺砖，内放干净河沙，作为扦插基质。苗床上方为拱形钢架大棚，上覆遮阴网，大棚四周敞开，保障通风良好，拱架下方沿苗床走向悬挂自动喷雾喷头。

2010 年 8 月采集当年生半木质化的嫩枝作试验材料。对采集的嫩枝及时洒水，以防萎蔫，影响扦插存活率。

插穗粗 0.3～0.4 cm，长 10 cm，带有 2～3 片叶子，上切口为平面，离顶端芽 1 cm，下切口也为平面。剪截时从梢头往基部剪截，下切口以上去掉 1～2 片叶子,以利于扦插,插穗上尽量多留叶片。剪截后将插穗统计,每 50 根扎 1 捆,以利于扦插前的处理。

把截好的插穗放在 800 倍多菌灵溶液中消毒,将插穗全部浸泡在药液中 5～10 min,然后捞出控干水后,用不同浓度的 ABT 生根粉 1 号溶液浸泡插穗下端 2～3 cm,浸泡不同时间后,将其取出,扦插在遮阴大棚内的插床上。

试验设 4 个生根粉浓度梯度:CK、50 ppm、100 ppm、200 ppm;设 4 个插穗基部浸泡时间梯度:5 min、15 min、30 min、60 min。共进行 16 组不同生根粉浓度和浸泡时间的试验处理。扦插前,用 2% 的高锰酸钾溶液进行床面消毒待用。

扦插采用直插法,扦插的深度为 2 cm,行距 8～10 cm,株距 5～6 cm。扦插时不要插伤插穗下切口的皮层,并且每个处理之间做好标记,以便于观察记载。扦插过程中应及时喷水,以防插穗萎蔫,这是插穗成活的关键。扦插完毕,调好自动喷雾装置,即开始有规律地喷水。这时插穗叶片多,插穗幼嫩,容易萎蔫,应多喷水,但喷水过多易引起下切口腐烂。一般喷水时间及间隔时间以叶片表面始终保留一层水膜为度。该试验从 2010 年 8 月 18 日开始扦插至 20 日扦插完毕。从扦插开始至试验结束,本着白天喷而夜间不喷,晴天喷而阴天、雨天不喷的原则,灵活掌握喷水时间和间隔时间。一般每天 7:00—9:00 及 17:00—19:00 时每间隔 5 min 喷水 30 s,9:00—17:00 时每间隔 2 min 喷水 30 s(图 4-38)。

图 4-38　苗床自动间歇喷雾

(1)扦插生根情况

本次沼泽小叶桦嫩枝扦插试验从 2010 年 8 月 20 日扦插完毕至 9 月 29 日试验结束,共计 40 d。平均生根率为 35％,最高生根率为 51％。尽管使用了 ABT 生根粉处理,但沼泽小叶桦生根率远低于杨树类 95％以上的生根率,属于嫩枝扦插难生根树种。沼泽小叶桦嫩枝属于皮部生根类型。根据对生根插穗逐一观察,全部为皮部生根类型(图 4-39)。插穗下切口出现愈伤组织的插穗数量仅占生根插穗的 15％,但愈伤组织与根系的形成没有直接关系,这与板栗(刘勇,1997)插条生根过程中产生的愈伤组织作用一致,愈伤组织的主要功能可能是防止病原菌的侵入和插条中有效物质的流失,并作为营养和水分运输的桥梁。

**图 4-39　沼泽小叶桦皮部生根**

　　一般插条的不定根原始体按其形成时间可分为潜伏根原始体(或先成根原始体)和诱生根原始体 2 种。潜伏根原始体是指在插条发育早期产生的,然后处于休眠状态,直到扦插后适宜环境条件下才继续发育形成不定根。

　　嫩枝插穗是当年生半木质化枝条,根原始体是在扦插后诱导形成的,插条在扦插前不存在根原基。从维管形成层、韧皮薄壁组织细胞、韧皮射线、髓射线及其复合组织等部位都可以产生根原始体。

　　从沼泽小叶桦生根部位(图 4-39)来看,可能是由维管形成层与初生射线交汇处的薄壁细胞恢复分裂直接形成根原基,继而发育成为不定根,通过皮孔伸出茎外,这与具有潜伏根原基的植物如杨树等的生根过程相似。对于大多数树种而言,愈伤组织的形成和不定根的产生是彼此独立的。有些树种的不定根并非产生于愈伤组织,但生根前插条下切口总是先形成愈伤组织。但白桦愈伤组织的形成及发育对不定根的产生存在较强的抑制作用(林艳,1996)。沼泽小叶桦生根插穗很少出现愈伤组织,可见桦树类树种愈伤组织对插穗生根没有作用甚至有副作用。

　　(2) ABT 生根粉浓度对插穗生根率的影响

　　植物在扦插繁殖中,插穗形成不定根是扦插成功的关键,而内源植物生长激素在不定根的形成中起着至关重要的作用。插穗不定根形成期间,易生根植物的内源生长素含量显著提高,而难生根植物的内源生长素含量低。因此,对于难生根的植物,外施生长调节剂成为其形成层细胞分裂及分化的主导因素(王乔春,1992)。生产中常用 IBA、NAA 来处理插穗,刺激内源 IAA 形成来促进生根。ABT 生根粉就是生产中广泛使用的复合型植物生长调节剂。

　　本试验采用 ABT 生根粉不同浓度溶液处理插穗基部,寻找有利于生根的最适宜浓度。从表 4-11 可以看出,4 种不同的 ABT 生根粉浓度梯度(CK、50 ppm、100 ppm、200 ppm),沼泽小叶桦插条生根率不同,其中以 50 ppm 生根率最高,平均为 45.3%,随着浓度继续增加,生根率反而下降,浓度达到 200 ppm 时,生根率只有 36.3%,可见生根粉浓度并不是越大越好。

表 4-11　　　　　　**ABT 生根粉浓度、浸泡时间与插穗生根率**　　　　（单位：%）

| ABT 浓度<br>生根率<br>浸泡时间 | CK | 50 ppm | 100 ppm | 200 ppm | 平均 |
|---|---|---|---|---|---|
| 5 min | 5 | 45 | 40 | 46 | 34.0 |
| 15 min | 18 | 51 | 45 | 43 | 39.3 |
| 30 min | 22 | 44 | 42 | 30 | 34.5 |
| 60 min | 28 | 41 | 34 | 26 | 32.3 |
| 平均 | 18.3 | 45.3 | 40.3 | 36.3 | 35.0 |

（3）ABT 生根粉浸泡时间对插穗生根率的影响

插穗基部在 ABT 生根粉溶液中的浸泡时间不同,沼泽小叶桦生根率存在差异（表 4-11）。其中以浸泡基部 15 min 生根率最高,为 39.3%,随着浸泡时间延长,生根率呈下降趋势,浸泡 60 min 时,生根率下降为 32.3%。不过,浸泡时间过短,生根率也不高,如浸泡 5 min,生根率只有 34%。可见,药剂浸泡时间有一个适宜范围,必须很好掌握。浸泡时间短,刺激生根作用不明显;浸泡时间长,则会杀死浸泡组织,感染腐生菌,影响生根。嫩枝扦插不宜在低浓度的生长素中浸泡时间太长,长时间浸泡,下切口缺氧,颜色多半变成黄褐色,出现酒糟味（田砚亭,1992）。

（4）ABT 生根粉浓度与浸泡时间对促进生根的最佳组合

由表 4-11 可以看出,尽管本次试验整体生根率只有 35%,但不同的浓度与浸泡时间组合,沼泽小叶桦的生根率仍差异显著。其中以 50 ppm、浸泡 15 min 生根率最高,达到 51%,而在清水中浸泡 5 min,生根率只有 5%;反之,高浓度、长时间浸泡效果也不好,如 200 ppm、浸泡 60 min,生根率只有 26%。不过,高浓度、短时间浸泡生根率却较高,如 200 ppm、浸泡 5 min,生根率达到 46%,仅次于 51% 的最高生根率。可见,浓度与浸泡时间之间有一定的互补作用,即高浓度、短时间与低浓度、较长时间两种组合处理有相似的促进生根作用。

尽管沼泽小叶桦平均生根率只有 35%，但较为理想的生根粉浓度与浸泡时间的组合能使生根率得到提高，本试验的最佳组合为 ABT 生根粉 50 ppm、浸泡 15 min，沼泽小叶桦生根率达到 51%。沼泽小叶桦属于嫩枝扦插难生根树种，这是否与桦树科植物属于高等植物中较为原始的种类有关，尚有待于研究。本试验生根苗的炼苗移栽遇到困难，生根苗分批次移栽到装有泥炭和珍珠岩混合基质的花盆中，放在扦插荫棚的边缘，通过调查发现，烂根严重，原因有待研究。

## 五、沼泽小叶桦在上海地区的示范应用

沼泽小叶桦作为仅存于我国新疆阿勒泰盐湖边、原生地已濒临灭绝的小乔木树种，具有抗盐能力极强、较耐水淹等特点。从 2008 年起，上海市园林科学规划研究院从阿勒泰分批次引进 500 株、174 株和 2100 株，在上海地区开展了异地隔离保护、组织培养及扦插扩繁等技术，历时 3 年的生长适应性研究等基础工作，逐渐开展了在上海滨海滩涂湿地的应用示范。从 2010 年开始，课题组在浦东新区白龙港、崇明东滩和临港新城等地区分类开展沼泽小叶桦的示范应用（图 4-40）。白龙港示范地和临港新城示范区的沼泽小叶桦是从新疆阿勒泰林业科学研究所引进的在邬桥基地适应性生长近 3 年的实生苗；崇明东滩示范地的沼泽小叶桦是上海市园林科学规划研究院经过移栽、炼苗和适应性生长 2 年的组培苗。

### （一）沼泽小叶桦在白龙港厂区的示范应用

上海白龙港污水处理厂厂区内沼泽小叶桦示范应用区与污泥填埋场之间的南北向道路为界，形状上为比较规整的长方形区域，南北路东侧为南北长约 250 m，东西宽约 40 m，面积 10000 m² 左右；南北路西侧为南北长约 250 m，东西宽约 30 m，面积 7500 m² 左右（图 4-41）。

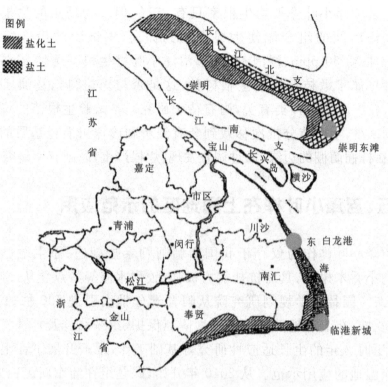

图 4-40  沼泽小叶桦在上海地区示范地分布情况

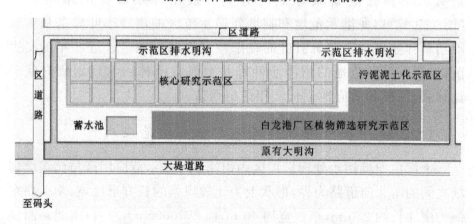

图 4-41  浦东新区白龙港盐碱地修复示范地平面图

该区土壤成土母质是由长江的冲积物宣泄入海,再经海浪的激荡沉积成陆。受海潮和海水型地下水的双重影响,土壤具有 pH 值高、盐分重、有机质及养分含量低、地温低(尤其是春季地温上升速度明显低于正常土壤)、土壤结构差等特点。2008 年 5 月,对白龙港厂区示范地的土壤分 0～30 cm、30～60 cm、60～90 cm 三层定点采样,并进行各类指标数据的测定,结果见表 4-12、表 4-13。

表 4-12　　　　　　　　　　白龙港示范区土壤指标参数

| 样品 | 深度/<br>cm | pH | 有机质<br>含量/<br>$(g \cdot kg^{-1})$ | EC/<br>$(ms \cdot cm^{-1})$ | 全盐量/<br>$(g \cdot kg^{-1})$ | 总孔<br>隙度/% | 非毛管<br>孔隙度/<br>% | 容重/<br>$(g \cdot cm^{-3})$ | 质地 |
|---|---|---|---|---|---|---|---|---|---|
| | 0～30 | 8.72 | 8.00 | 0.13 | 0.35 | | | | |
| 样点 1 | 30～60 | 8.83 | 6.82 | 0.12 | 0.40 | 45.23 | 2.91 | 1.48 | 粉沙<br>壤土 |
| | 60～90 | 8.45 | 8.59 | 0.20 | 0.45 | | | | |
| | 0～30 | 8.27 | 12.74 | 0.90 | 1.20 | | | | |
| 样点 2 | 30～60 | 8.71 | 11.56 | 0.61 | 1.35 | 38.69 | 2.03 | 1.68 | 粉沙<br>壤土 |
| | 60～90 | 8.75 | 9.19 | 0.55 | 1.00 | | | | |

表 4-13　　　　　　　　　　白龙港示范区域土壤营养指标参数

| 编号 | 速效氮/<br>$(mg \cdot kg^{-1})$ | 速效磷/<br>$(mg \cdot kg^{-1})$ | 速效钾/<br>$(mg \cdot kg^{-1})$ | 全氮/<br>$(g \cdot kg^{-1})$ | 全磷/<br>$(g \cdot kg^{-1})$ | 全钾/<br>$(g \cdot kg^{-1})$ |
|---|---|---|---|---|---|---|
| 样点 1 | 12.50 | 3.16 | 132.65 | 0.80 | 0.76 | 11.56 |
| 样点 2 | 14.29 | 3.47 | 173.47 | 0.65 | 0.75 | 13.27 |

通过表 4-12 可见,各地段、各土层石灰反应强烈,pH 值在 7.66～8.86,土壤为轻到中度盐碱土。其中,绿化初期使用了大规模客土,所以一期绿化建成区土壤为轻度盐碱,有机质含量较高,0～30 cm 土层为沙壤土,土质较好;而厂区原始土壤主要为细、粉沙土,土质差,pH 值较高,部分地段和土层含盐量较高,为中度盐碱土。

　　利用 DAVIS WeatherLink Station 太阳能小气象站(产地加拿大)进行全天候多探头小气候监测,各探头记录频度为每隔 15 min 1 次。由表 4-14 可知,白龙港区域年平均气温为 16.8 ℃,高于全市年平均气温 15.8 ℃。月平均气温最高为 8 月,为 29.7 ℃,其最热月份气温显著高于全市水平(27.8 ℃);月平均气温最低为 1 月,为 2.1 ℃,其最冷月份气温显著低于全市水平(3.6 ℃)。白龙港区域年均相对湿度为78.1%,与全市平均水平持平,6、7 月湿度最高,平均为 89%,显著高于全市均值(75%),11 月和 2 月湿度最低,平均为 69.6%,显著低于全市均值(75%)。年降雨量为 770.3 mm,属于气象周期上的少雨年份,降水主要集中于 4~7 月,最大降雨量为 6~7 月梅雨期的 252.5 mm。常年保持较高的风速水平,平均风速可达 10.3 km·hr$^{-1}$,10 月风速最大,为 16.7 km·hr$^{-1}$,11 月风速最小,为 7.2 km·hr$^{-1}$。

表 4-14　　　　　　　　　白龙港区域的气象数据参数

| 月份 | 风速/(km·hr$^{-1}$) | 降雨量/mm | 气温/℃ | 相对湿度/% |
|---|---|---|---|---|
| 4 月 | 11.4 | 108.0 | 12.7 | 77.7 |
| 5 月 | 11.9 | 112.0 | 23.0 | 75.0 |
| 6 月 | 7.7 | 192.0 | 24.1 | 90.5 |
| 7 月 | 9.1 | 252.5 | 27.7 | 87.4 |
| 8 月 | 9.0 | 21.0 | 29.7 | 83.2 |
| 9 月 | 10.3 | 39.7 | 25.4 | 83.4 |
| 10 月 | 16.7 | 2.5 | 20.8 | 78.7 |
| 11 月 | 7.2 | 1.0 | 14.1 | 74.6 |
| 12 月 | 10.0 | 0.5 | 9.2 | 68.2 |
| 1 月 | 10.6 | 4.0 | 2.1 | 72.7 |
| 2 月 | 10.2 | 15.2 | 3.8 | 71.1 |
| 3 月 | 9.2 | 22.0 | 8.4 | 74.9 |

　　沼泽小叶桦种植在面积约 2800 m$^2$ 的白龙港盐渍土改良利用示

范区的 C 区（图 4-42），东西 32～33.5 m，南北 20 m，C 区栽植的植物种类为钝齿冬青、红皮树、榉树、红山茶、枫香、桂樱、丝棉木、三角枫、光叶石楠、铁冬青等大苗，株行距 1.5 m×1.5 m，2011 年 4 月在 C 区的大苗行间穿插栽植沼泽小叶桦幼苗 17 排，共计 200 株，植物材料是 2008 年 4 月从新疆阿勒泰林业科学研究所引进并在邬桥基地适应性生长近 3 年的实生苗。

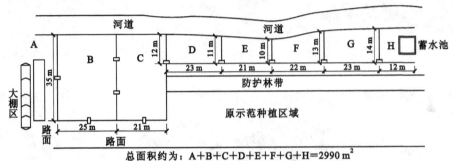

图 4-42　白龙港示范区植物筛选平面图

2011 年 9 月 1 日，对示范区存活的沼泽小叶桦的株高、生长势进行调查，并按照株高≤90 cm、90～100 cm、100～110 cm、110～120 cm 和≥120 cm 划分 5 个等级；按生长势划分优、中、差 3 个等级（表 4-15 和图 4-43）。经过 5 个月的生长，共有 187 株沼泽小叶桦存活，存活率 93.5%，株高平均值为107.9 cm，5 个等级的株高分布较为均匀，其中株高 100～110 cm 的最多，有 46 株，占 24.6%；根据生长势好、中、差来划分，其中优为 83 株（44.4%）、中为 86 株（46%）和差为 18 株（9.6%）。

表 4-15　　　　白龙港示范区沼泽小叶桦的生长情况统计

| 存活数/株（存活率/%） | 株高均值 | 株高分布统计情况/株（%） | | | | | 生长势情况/% | | |
|---|---|---|---|---|---|---|---|---|---|
| | | ≤90 | 90～100 | 100～110 | 110～120 | ≥120 | 优 | 中 | 差 |
| 187(93.5) | 107.9±3.4 | 45 (24.1) | 28 (15.0) | 46 (24.6) | 30 (16.0) | 38 (20.3) | 83 (44.4) | 86 (46.0) | 18 (9.6) |

图 4-43　沼泽小叶桦在白龙港示范区的生长情况

## （二）沼泽小叶桦在崇明东滩自然保护区的示范应用

崇明东滩示范区选择在东滩自然保护区培训中心。2011年4月,课题组对崇明东滩示范地的土壤分0~30 cm,30~60 cm,60~90 cm三层进行定点采样,并进行各类指标数据的测定（表4-16,表4-17）。结果表明,崇明东滩示范区土壤的 pH 值为 8.58~8.76,全盐量为 1.41~1.53 g·kg$^{-1}$,为中度盐碱土,且底层土壤的盐度逐渐加重。土壤容重较高,通气性能不佳。土壤质地以粉沙壤土为主,土壤的营养含量不足,部分区段存在严重的盐分随土壤中水上行,在表层聚集的现象。原有种植绿化植物种类主要为海滨木槿、龙柏、棕榈、黄杨等,其中除龙柏和海滨木槿长势较好,其他植物（包括地被草坪）基本死亡。

表 4-16 　　　　　　　崇明东滩示范区域土壤常规数据分析表

| 深度/cm | pH | 有机质含量/ (g·kg$^{-1}$) | 全盐量/ (g·kg$^{-1}$) | 总孔隙度/ % | 非毛管孔隙度/% | 容重/ (g·cm$^{-3}$) | 质地 |
|---|---|---|---|---|---|---|---|
| 0~30 | 8.58 | 6.00 | 1.41 | | | | |
| 30~60 | 8.76 | 5.82 | 1.53 | 38.23 | 3.01 | 1.53 | 粉沙壤土 |
| 60~90 | 8.65 | 7.09 | 1.51 | | | | |

表 4-17 　　　　　　　崇明东滩示范区域土壤营养详细数据分析表

| 速效氮/ (mg·kg$^{-1}$) | 速效磷/ (mg·kg$^{-1}$) | 速效钾/ (mg·kg$^{-1}$) | 全氮/ (g·kg$^{-1}$) | 全磷/ (g·kg$^{-1}$) | 全钾/ (g·kg$^{-1}$) |
|---|---|---|---|---|---|
| 11.8 | 3.04 | 147.03 | 0.7 | 0.81 | 11.04 |

崇明东滩示范区面积约3000 m$^2$,2011年6月课题组在进行土壤底部隔离原位种植土的基础上选择种植的植物种类有落羽杉、红叶石楠、椤木石楠、海桐、千屈菜、芦苇（保留）、再力花、花叶芦竹、荷花、木芙蓉、黄菖蒲、大花六道木、丰花月季、火棘、海滨木槿（保留）、密实

卫矛、金合欢、金钟连翘、紫花海棠、花叶胡颓子、金森女贞、花石榴、金边黄杨、夹竹桃、南天竹等。

  沼泽小叶桦的植物材料选择上海市园林科学规划研究院的组培苗,经过移栽、炼苗和适应性生长 2 年,共计 212 株。崇明东滩的沼泽小叶桦主要种植在 A、B 和 C 三个种植区。2011 年 9 月,对示范区存活的沼泽小叶桦株高、生长势进行调查,并按照株高小于等于 90 cm、90～100 cm、100～110 cm、110～120 cm 和大于等于 120 cm 划分 5 个等级,按生长势划分为优、中、差 3 个等级。由调查结果(表 4-18,图 4-44)可知,其中 A 种植区栽植了 110 株,存活 72 株,存活率65.5%,株高平均值为 112.42 cm,有 50% 的株高大于等于 120 cm,植物生长势为优的有 31 株,占 43.1%;为中的有 27 株,占 37.5%;为差的有 14 株,占19.4%。B 种植区栽植 46 株,存活 17 株,存活率37%,株高平均值为106.37 cm,植物生长势为优的仅 1 株,占 5.9%;为中的有 3 株,占 17.6%;为差的有 13 株,占 76.5%。C 种植区栽植了 56 株,存活 29 株,存活率 51.8%,株高平均值为75.42 cm,有 28株(占 96.6%)存活植物株高小于等于 90 cm,植物生长势全部为差。分析 A、B、C 种植区的沼泽小叶桦生长势差异,A 种植区的种植密度较低,B、C 种植区多于其他植物种类混种,且种植密度较高,不便于日常人工养护,严重影响沼泽小叶桦的生长。

表 4-18  崇明东滩示范区沼泽小叶桦的生长情况调查表

| 存活数/株(存活率/%) | 株高均值 | 株高(cm)分布统计情况/株(%) | | | | | 生长势情况/% | |
|---|---|---|---|---|---|---|---|---|
| | | A 种植区 | | | | | | |
| | | ≤90 | 90～100 | 100～110 | 110～120 | ≥120 | 优 | 中 |
| 72(65.5) | 112.42±0.225 | 12(16.7) | 7(9.7) | 11(15.3) | 6(8.3) | 36(50.0) | 31(43.1) | 27(37.5) |

续表

| 存活数/株（存活率/%） | 株高均值 | 株高(cm)分布统计情况/株（%） | | | | | 生长势情况/% | |
|---|---|---|---|---|---|---|---|---|
| B种植区 | | | | | | | | |
| 17(63.0) | 106.37±0.271 | ≤90 | 90～100 | 100～110 | 110～120 | ≥120 | 优 | 中 |
| | | 5(29.4) | 1(5.9) | 1(5.9) | 3(17.6) | 6(35.3) | 1(5.9) | 3(17.6) |
| C种植区 | | | | | | | | |
| 29(59.0) | 75.42±0.351 | ≤90 | 90～100 | 100～110 | 110～120 | ≥120 | 优 | 中 |
| | | 28(96.6) | 1(3.4) | 0(0) | 0(0) | 0(0) | 0(0) | 0(0) |
| A＋B＋C种植区汇总 | | | | | | | | |
| 137(64.6) | 96.65±0.248 | ≤90 | 90～100 | 100～110 | 110～120 | ≥120 | 优 | 中 |
| | | 45(32.8) | 14(10.2) | 16(11.7) | 19(13.8) | 43(31.4) | 32(23.4) | 50(36.5) |

图 4-44　崇明东滩自然保护区沼泽小叶桦的生长情况

### (三) 沼泽小叶桦在临港新城的示范应用

临港新城示范地选择在滴水湖环湖绿带东南部，2011 年 8 月，对示范地的土壤分 0～30 cm、30～60 cm、60～90 cm 三层进行定点采样，并进行各类指标数据的测定。结果（表 4-19）表明，临港新城示范地土壤 pH 值为 8.47～8.62，土壤全盐量为 1.81～2.31 g·kg$^{-1}$，土壤为中度盐碱土，且底层土壤的盐度逐渐加重；土壤容重较高，通气性能不佳；质地主要为粉沙壤土，部分区段存在严重的盐分随土壤中水上行，在表层聚集盐分的现象，原有植物主要为芦苇、香蒲、一枝黄花、碱菀等。

表 4-19　　　　　　　　　临港新城示范地土壤常规数据分析表

| 深度/cm | pH | 有机质含量/ (g·kg$^{-1}$) | 全盐量/ (g·kg$^{-1}$) | 总孔隙度/ % | 非毛管孔隙度/% | 容重/ (g·cm$^{-3}$) | 质地 |
|---|---|---|---|---|---|---|---|
| 0～30 | 8.62 | 7.01 | 1.83 | | | | |
| 30～60 | 8.53 | 6.38 | 2.03 | 32.23 | 4.01 | 1.73 | 粉沙壤土 |
| 60～90 | 8.47 | 7.13 | 2.31 | | | | |

2011 年 9 月上旬，课题组在临港新城示范地进行土地平整和排盐沟铺设的基础上，种植 8 种绿化植物：沼泽小叶桦（380 株）、金森女贞（22 株）、木槿（40 株）、单叶蔓荆（42 株）、伞房决明（200 株）、夹竹桃（40 株）、木芙蓉（42 株）和火棘（130 株），其中沼泽小叶桦是 2009 年 4 月从新疆阿勒泰林业科学研究所引进的在邬桥基地适应性生长 3 年的实生苗。

2011 年 11 月上旬对种植的沼泽小叶桦生长情况进行调查，移栽两个月后，存活 321 株，存活率 84.5%，其中长出新叶的有 73 株，占已存活的 22.7%，随机调查 20 株存活植株的株高平均值约 98.5 cm。

# 第五章　新优耐盐植物绿化应用

　　随着生态文明建设的深入推进和新型城镇化快速发展,在城镇园林绿化中适应性强的新优绿化植物越来越受重视,并将得到持续和广泛应用。长三角滨海地区从南到北密集分布着以上海为代表的城市集聚带,在经济快速发展的同时,城市绿化和美化也在同步发展。因而对耐盐性较强的新优植物产生了较大需求。

　　为满足这一需求,园林绿化科技工作者多年来对园林绿化植物的耐盐特性及配置应用做了大量研究,取得了丰硕成果。十余年来我们采用包括盐池盐水试验、盐土盆栽试验、田间试验等多种研究方法,对 132 种新优植物的耐盐性及耐盐极限进行研究,并择其优者在浙江杭州湾南岸慈溪滨海盐渍土、上海崇明东滩滨海湿地公园、浦东新区滨海盐渍土上示范应用,取得了良好效果。在此,选取 30 种耐盐性较强、应用效果较好的新优耐盐乔灌木植物,在集成大家的研究成果的基础上,从形态特征、生长习性、耐盐特性、繁殖栽培、绿化应用5 个方面逐一系统介绍,以期为长三角滨海城镇园林绿化应用提供参考。

# 一、灌木类

## （一）伞房决明

*Cassia corymbosa*　豆科　决明属

**【形态特征】**　常绿或半常绿灌木,高 1.5～2 m,多分枝。小叶 2～3 对,椭圆状披叶形至披针形,先端尖至锐尖,基部歪圆形,侧脉纤细,无毛;小叶柄短,最下面 1 或 2 对小叶间有腺体。圆锥花序伞房状;花黄色,径约 1.5 cm,发育雄蕊 7,退化雄蕊 3,果圆柱形,微弯下垂,长通常 8～11 cm,径约 1 cm。花期 7 月中下旬至 10 月。先期开放的花朵,先长成纤长的豆荚,花实并茂,果实直挂到次年春季。

**【生长习性】**　原产于西班牙。阳性树种,喜光。较耐寒,耐土壤瘠薄,耐盐碱。在土壤肥沃、排水良好且避风的环境中生长更好。暖冬不落叶,生长快,耐修剪。

**【耐盐特性】**　在浙江慈溪、上海崇明东滩、金山石化围垦滩涂、江苏洋口港围垦滩涂土壤含盐量 3‰～5‰ 的中度盐渍土上生长良好,在土壤含盐量 2.1‰～2.9‰ 的围垦滩涂上,伞房决明年新梢生长量可达 41.14 cm(崔心红等,2011;魏凤巢等,2012;熊亮,2008)。

**【繁殖栽培】**　播种繁殖为主,也可扦插。4 月前后作床条播,苗高 5～6 cm 后定植,株行距 30～50 cm。实生苗当年 10 月株高可达 1.2～1.5 m,可以出圃。也可通过扦插繁殖,枝条扦插可在夏季进行,用半成熟的枝条作插穗。

**【绿化用途】**　树冠圆形,叶色深绿,夏秋季开花,满树金黄,可用于各种道路两侧绿化或作色块布置,还可用于绿地中的群植,草地点缀,也可用作装饰林缘,低矮花卉的背景材料。根系深,水土保持性强,可作大面积护坡绿化材料。

## （二）单叶蔓荆

*Vitex trifolia* var. *Simplicifolia*　马鞭草科　牡荆属

【形态特征】　落叶小灌木。幼枝四方茎,密生细柔毛,老枝渐变圆,毛渐脱落。叶柄长 5～18 mm;叶片卵形或倒卵形,长 2.5～5 cm,宽 1.5～3 cm,先端短尖,基部楔形至圆形,全缘,上面绿色,疏生短柔毛和腺点。圆锥花序顶生;花萼钟形,先端具 5 短刺,外面密生白色短柔毛;花冠淡紫色,5 裂,中间一裂片最大,下半有毛;雄蕊 4 枚,伸出花管外。核果球形。花期 7 月,果期 9 月。

【生长习性】　喜湿润气候和阳光充足环境,对土壤要求不严,能耐干旱、瘠薄,耐寒、耐盐碱。根系庞大发达,匍匐茎着地部分生须根,能很快覆盖地面,抑制其他杂草生长。一棵单叶蔓荆就可长成一片,大有"独木成林"之势(唐村等,2008)。

【耐盐特性】　在黄河三角洲区域的东营滨海盐渍土上,盐池试验单叶蔓荆的耐盐能力达到 10.0‰(谢小丁等,2007)。

【繁殖栽培】　单叶蔓荆的繁殖主要采用播种与扦插的方法。在 9～10 月,采收完全成熟的种子,除去杂质,晒干贮藏,翌年春天播种。采用条播方法,行距 40 cm,沟深 4～5 cm,用水灌沟,待水渗完后播种,播种密度为 200 粒/m² 左右,覆土 2～3 cm 厚。幼苗出土后,注意除草、浇水,苗高 30 cm 时即可移栽。扦插在三四月或七八月,剪取当年生健壮的枝条作为插穗,剪成长 12～18 cm 的小段,下端剪成斜口,上端剪成平口,上部留 2～3 片叶,直插或斜插于素沙中,保持湿润,半个月即可生根(陈丽等,2001)。

【绿化用途】　单叶蔓荆自然分布于山东、浙江、福建、广东等地沿海地区,自然植物群落覆盖能力很强,一旦形成群落后,具有很强的抗风、抗旱、抗盐碱能力。在园林绿化上可孤植也可群植,形成较大植物群落,覆盖滩涂薄地。

## （三）大花秋葵

*Hibiscus moscheutos*　锦葵科　木槿属

【形态特征】　株高 1～2 m,宿根草本,落叶灌木状。茎粗壮直立,基部半木质化,具有粗状肉质根。单叶互生,具有叶柄,叶大,三浅裂或不裂,基部圆形或卵状椭圆形,长 8～22 cm,边缘具齿,叶背及叶柄密生灰色星状毛。花序为总状花序,朝开夕落。花大,单生于枝上部叶腋间,花瓣 5 枚,花径可达 20～30 cm,有白、粉、红、紫等颜色。花期 6—9 月。蒴果扁球形,种子褐色,果熟期 9—10 月(张国海等,2014;王红兵等,2008)。

【生长习性】　原产于北美洲,由美国东部的芙蓉葵和同属种杂交改良而成。我国华东、华北地区有引种栽培。适应性强,耐寒、耐旱、喜湿、耐盐碱,耐高温和暴晒。对土壤要求不严,喜肥沃沙壤土,长日照植物,喜光照充足。

总状分枝,分枝力较强,当通风透光条件良好时,几乎全部叶芽都能萌发成侧枝,花量明显增多(张国海等,2014)。华东地区以宿根越冬,冬季可剪除地上部分残枝。直根系发达,深达 50～60 cm。须根及侧根较少,根为浅棕黄色,较脆、易断(袁惠贞等,2009)。

【耐盐特性】　在上海崇明东滩,大花秋葵在土壤含盐量 3‰～5‰的中度盐渍土上生长良好(崔心红等,2011)。河北唐山沿海各县,土壤含盐量较高,NaCl 浓度大于 8‰时大花秋葵存活率明显下降,表现为枝枯、叶落直至死亡(马金贵等,2012)。

【繁殖栽培】　大花秋葵可通过播种、分株、扦插等方法进行繁殖。

播种选择撒播或条播方式,宜在春季 3 月上旬露地直播,撒播前先将畦面整平。结合整地施过磷酸钙 0.012 kg·m$^{-2}$,复合肥 0.022 kg·m$^{-2}$,与土壤拌匀后浇足底墒水,待水下渗后播种。因种皮紧硬,播种前将种子用 55 ℃温水浸 10～15 h,播种后及时覆土 2～3 cm,播种后可加盖塑料薄膜以保温保湿,有利于种子的萌发。1～2 周第一片真叶展开后逐渐撤掉覆盖物,并去弱留强,适当间苗。长至 3～4 片真叶时移栽。当年冬天可培土防寒,实生苗一般当年不开花,第二年才开花。也可第二年春季移栽。条播种,在上述畦面行距 15～20 cm 开沟种。

　　分株可在春秋两季进行,将老株上的茎芽带根切下栽培,容易成活,当年即可开花。

　　扦插可在生长期间,选择当年生健壮饱满、半木质化的枝条,截成 10～15 cm 长的接穗,保留上部 3～5 片叶或半叶,插入 1/3～1/2 湿润沙壤土或湿沙基质中,并喷雾保持土壤湿润。适当遮阴,促使发芽生根,约一个月即可生根。

　　栽培管理:每年 4 月上旬植株开始萌发生长。并陆续开花,花期较长,生长期应及时追施磷酸二铵或氮磷钾复合肥 80～100 g·m$^{-2}$。栽种小苗时,先施底肥与土壤充分拌匀,再放苗木,避免烧根。成片栽种时每墩 3～5 棵苗按株行距 60 cm×80 cm 种植,注意田间杂草的清除。开花后,把残花及残叶剪掉,可以延长花期。露地栽培当年生苗时,可在霜后剪去地上部分枯枝,并培土越冬,第二年春天重新萌发新枝,当年开花(张国海等,2014)。

　　【绿化用途】　近年来广泛用于园林绿化,丛植于光照充足的林缘,列植于道路、河岸两旁、池塘边或点缀于草坪,效果很好;也可与其他花卉混种,用做花镜背景材料,极富欣赏效果。

### (四) 海滨木槿

*Hibiscus hamabo*　锦葵科　木槿属

【形态特征】　落叶灌木,高可达 1～2.5 m,分枝多,树皮灰白色;叶片近圆形,宽度稍大于长度,厚纸质,两面密被灰白色星状毛。花单生于枝端叶腋,花冠钟状,直径 5~6 cm,金黄色,花心暗紫色,花瓣呈倒卵形,花期 7—10 月。蒴果三角状卵形,5 裂,有褐毛,10—11 月成熟(张连全,2000)。

**【生长习性】** 海滨木槿在我国原产于浙江舟山群岛和福建沿海岛屿,日本、朝鲜也有分布。海滨木槿对土壤的适应能力强,性喜光,抗风力强,能耐短时期的水涝,也略耐干旱,能耐夏季 40 ℃的高温,也可抵御冬季−10 ℃的低温(张连全,2000)。

**【耐盐特性】** 在上海崇明东滩、金山沿海滩涂,浙江慈溪,江苏如东沿海滩涂,海滨木槿在土壤含盐量超过 5‰的重度盐渍土上生长良好,在土壤含盐量 5.5‰~6.3‰的滨海盐渍土上,海滨木槿年新梢生长量可达 20.07 cm(崔心红等,2011;魏凤巢等,2012;张蛟蛟等,2013)。

**【繁殖栽培】** 海滨木槿繁殖多采用扦插和播种方法。采用扦插繁殖时,硬枝扦插和嫩枝扦插均可,硬枝扦插存活率高于嫩枝:100 mg·L$^{-1}$ ABT 1 号生根粉溶液处理硬枝扦插,采用自动间歇喷雾及遮阳网遮阴等措施,平均生根率可达 84.0%;用 200 mg·L$^{-1}$ ABT 1 号生根粉溶液处理嫩枝扦插,采用自动间歇喷雾及遮阳网遮阴等措施,平均生根率可达 71.0%。

播种繁殖时,种子适时湿沙层积催芽、幼苗期用遮阳网遮阴是保证播种育苗成功的关键。由于人工剥皮工作量大,因此种子在播种前可用浓硫酸处理 10~15 min 后,立即用大量流水冲洗,防止腐蚀种子,处理后应摊开晾干水分,再用湿沙贮藏,于翌年春季进行播种育苗。

在大田育苗过程中,幼苗生长的不同阶段会分别感染叶枯病和立枯病,应加强病害预防,保证土壤湿度适宜。育苗期间,幼苗从一开始就应遮阴,否则易导致生长不良、叶片偏黄,在高温干旱季节死亡率可达 70%以上,以 65%遮光率的遮阳网效果较好,9 月以后可拆除(孔庆跃等,2011)。

【绿化用途】 海滨木槿耐盐碱、抗海风,适宜沿海土壤生长,是滨海盐渍土绿化的优良景观树种。

公共绿化造景方面,海滨木槿无论是孤植于池畔、水边、草坪、广场、山坡或桥头,丛植于水畔、白粉墙垣之前或岩石边,还是对植于桥头、建筑的入口,片植于水边或地形起伏的绿地中,都具有独特的景观效果。

海滨木槿于夏秋炎热时节开花,花期长达 3 个月。且花繁叶茂,对环境条件要求不严,是点缀庭园的好材料。

道路绿化方面,海滨木槿株形不高,且耐修剪,在园林绿化中可常用作灌木。也可用作花篱、花带,配置在道路两侧。同时,海滨木槿的枝条十分柔软,可塑性高,可以根据其需求塑造出如绿色拱状长廊的道路景观。海滨木槿还适宜作为行道树与常绿乔木交替种植。

海滨木槿不仅对氯气、二氧化硫等有毒气体有较强的抵抗性,并能净化空气。海滨木槿在开花时,繁花似锦,花期也长。入秋后季相变化明显,叶片变红,是优良的观花观叶树种。因此,在厂矿企业绿化中应用海滨木槿,不但可以发挥其抗污染的能力,而且可以提高厂矿绿化的景观价值。

## (五)金森女贞

*Ligustrum japonicum* 'Howardii'  木樨科  女贞属

【形态特征】 金森女贞又名哈娃蒂女贞,是日本女贞系列彩叶新品,原种分布于日本关东以西的本州、四国、九州及中国台湾。常绿灌木或小乔木,植株高在 1.2 m 以下;叶对生,单叶卵形,长 6.5~8.0 cm、宽 3.5~4.5 cm,革质、厚实、有肉感;春季新叶鲜黄色,至冬季转为金黄色,部分新叶沿中脉两侧或一侧局部有云翳状浅绿色斑块,色彩明快悦目;节间短,枝叶稠密。花期 6—7 月,圆锥状花序,花呈白色。果实 10—11 月成熟,呈黑紫色,椭圆形(杜元军等,2010)。

**【生长习性】** 金森女贞喜光,又耐半阴;可耐 −9.7 ℃ 低温和 35 ℃ 以上高温。对栽植土壤要求不严,酸性、中性和偏碱性土均可生长。金森女贞根系发达、生长强健,白龙港滨海盐渍土上与墨西哥落羽杉、弗吉尼亚栎混种的金森女贞能长成 2~2.5 m 高的小乔木。萌发力强,叶再生能力强,耐强修剪,适宜整型。抗病力强,能吸收空气中大量的粉尘及有害气体,净化空气;抗火灾、煤烟、风雪等能力也较强(郑艳,2012)。

**【耐盐特性】** 上海浦东新区、江苏盐城的盐度 1‰~2‰ 盐渍土上种植,长势良好(沈烈英等,2012;张忠等,2012)。其原种日本女贞在金山滨海滩涂能耐 2.5‰~3.2‰ 的含盐量(魏凤巢等,2012)。

**【繁殖栽培】** 金森女贞繁殖多采用扦插方式,于每年 5—7 月进行。插穗选取 8~10 cm 长、具有 3~4 片叶的健壮枝进行消毒和生根处理。生根剂可用浓度为 1000~2000 mg·kg⁻¹ IBA,将插穗下部 1~1.5 cm 部分在药液中蘸 5 s 即可。插穗消毒可用百菌清或甲基托布津 600~800 倍液浸泡。扦插深度以 1.5~2.0 cm 为宜。扦插后浇透水,遮阴。插穗一般 15 d 左右开始生根。5—6 月扦插,晴天可于上午 10 时许盖好遮阴网,下午 3 时后收拢遮阴网炼苗。生根率可达 98%,存活率可达 92%。扦插当年苗高达 20~50 cm,冠幅达 20~40 cm。金森女贞对土壤要求不严,但以疏松肥沃、通透性良好的沙壤土为宜,土壤过于黏重不可栽植。栽植密度不可太大,透光度达 15% 即可,生长期应及时修剪(陈爱华,2007)。

**【绿化用途】** 金森女贞叶片宽大,叶片质感好,株形紧凑,是非常好的自然式绿篱材料。其既可作界定空间、遮挡视线的园林外围绿篱,也可植于墙边、林缘等半阴处,遮挡建筑基础,丰富林缘景观的层次。园林中可配置于稀疏的树荫下及林荫道旁,片植于荫向绿地。

因为对阳光要求不高,所以适宜栽植于阳光较差的小面积庭院中(王庆扬,2012)。

## (六) 海桐

*Pittosporum tobira*　海桐科　海桐花属

【形态特征】　常绿灌木或小乔木,高可达 6 m,嫩枝被褐色柔毛,有皮孔。叶聚生于枝顶,两年生,革质,倒卵形或倒卵状披针形,长 4～9 cm,宽 1.5～4 cm,上面深绿色,发亮,先端圆形或钝,常微凹入或为微心形,基部窄楔形,侧脉 6～8 对,在靠近边缘处相结合,全缘,叶柄长达 2 cm。伞形花序或伞房状伞形花序顶生或近顶生,密被黄褐色柔毛,花梗长 1～2 cm;苞片披针形,长 4～5 mm。花初白色,有芳香,后变黄色。萼片卵形,长 3～4 mm,被柔毛。花瓣倒披针形,长 1～1.2 mm,离生。蒴果圆球形,有棱或呈三角形,直径 12 m,果片木质,厚 1.5 mm,内侧黄褐色,有光泽,具横格。种子数多,长 4 mm,多角形,红色,种柄长约 2 m,有黏液。花期 3—5 月,果熟期 9—10 月。分布于长江以南滨海各省,亦见于日本及朝鲜。

【生长习性】　对气候的适应性较强,耐寒亦耐热。黄河流域以南,可在露地安全越冬,黄河以北,多作盆栽,置于室内防寒越冬,华南地区能安全度夏,但以长江流域至南岭以北生长最佳。对光照的适应能力亦较强,喜光,亦颇耐烈日,但以半阴地生长最佳。

对土壤的适应性强,在黏土、沙土、盐渍土中均能正常生长。对二氧化硫、氟化氢、氯气等有毒气体抗性强。

【耐盐特性】　在金山滨海滩涂能耐 2.5‰～3.2‰的含盐量(魏凤巢等,2012)。

在慈溪杭州湾滨海滩涂绿地 5‰含盐量土壤中长势良好(崔心红等,2011)。

【繁殖栽培】　用播种或扦插繁殖。10—11 月采集成熟蒴果,摊放数日,果皮开裂后敲打出种子,湿水拌草木灰搓擦出假种皮及胶质,冲洗得出净种。果实出种率约为 15%。种子千粒重为 22～27 g,忌日晒,宜混湿沙贮藏。翌年 3 月中旬用条播法播种,种子发芽率约50%。幼苗生长较慢,实生苗一般需 2 年生方宜上盆,3～4 年生方宜带土团出圃定植。

若扦插,则于早春新叶萌动前剪取 1～2 年生嫩枝,按每 15 cm 截成长插穗,插入湿沙床内。稀疏光照,喷雾保湿,约 20 d 发根,1 个半月左右移入圃地培育,2～3 年生可供上盆或出圃定植。平时管理要注意保持树形,干旱适当浇水,冬季施 1 次基肥。

栽培技术:露地移植一般在 3 月进行,如秋季种植,应在 10 月前后。大苗在挖掘前必须用绳索收捆,以防折断枝条,且挖掘时一定要带土球,土球的大小根据主干的粗细而定。小苗可裸根移植,但也要及时。海桐分枝能力强,耐修剪,开春时需修剪整形,以保持优美的树形。

【绿化用途】 海桐枝繁叶茂,树冠球形,下枝覆地;叶色浓绿而有光泽,经冬不凋,初夏花朵清丽芳香,入秋果实开裂露出红色种子,观赏性强。广泛用于灌木球、绿篱及造型树等,也可孤植,丛植于草丛边缘、林缘或门旁,也可列植在路边。因为海桐有抗海潮、耐盐碱及有毒气体的能力,故为滨海城镇园林绿化的主要树种,也是海岸防潮林、防风林及矿区绿化的重要树种,并宜作城市隔噪声和防火林带的下木。

## (七) 滨柃

*Eurya emarginata*　山茶科　柃木属

【形态特征】 属于阳性灌木,树高 1～2 m,树冠紧密,自然状态下树冠多平展,树姿优美,嫩枝圆柱形,密被短柔毛。叶细密,厚革质,倒卵形或倒卵状披针形,边缘有细锯齿,墨绿色,有光泽。产于浙江、福建及台湾沿海地区。

【生长习性】　野外多生于基岩海岸的岩石缝、崖壁,少数生于面海山坡的灌草丛中、阔叶林或松林下。由于其生境多为海边石缝或海边山坡,因而该树种极耐瘠薄、干旱,抗风性强,并耐一定的盐碱。

【耐盐特性】　在金山滨海滩涂能耐 2.5‰～3.2‰的土壤含盐量(魏凤巢等,2012),在崇明东滩滨海盐渍土 5‰含盐量土壤中存活率超过 70%(崔心红等,2011)。

【繁殖栽培】　滨柃扦插繁殖生根率低,但种子来源广泛,因此滨柃主要通过种子繁殖。当果实由绿色变为蓝黑色,用手一捏很容易分离出细小的种子时,表明种子已经成熟,选择生长健壮、叶色油绿、无病虫害、树高适中且果实多的植株,人工采集成熟果实。果实采回堆沤 3～5 d 后进行处理,得到纯净种子,置于室内阴干。出种率为14.1%,千粒重 1.0 g。

滨柃播种时间在 2 月下旬至 3 月上旬。播种方法:与贮藏时所用的湿沙拌匀后进行撒播,在播种前将播种床表面适当压实,同时苗床在 3 d 前必须浇透,使之湿润,播种后均匀覆盖细土,以不见种子为度,并适当加以镇压,之后用喷雾器喷水润湿,然后覆盖稻草或谷壳保湿。播种量控制在 0.012 kg·m$^{-2}$左右,出苗率 20%～30%。苗期管理:播种约 45 d 后陆续出苗,出苗后必须遮阳,用遮光率为 65%的遮阳网覆盖,阴雨天揭开,9 月后撤除。除草本着"除早、除小、除了"的原则。由于滨柃幼苗 7 月之前生长缓慢,根系分布浅,拔草后根系易松动,须及时喷水。当幼苗长出 2 片以上真叶后,用淡人粪肥或 0.1%～0.3%尿素稀释液喷施,每隔 10～15 d 施肥 1 次,10 月上旬停施氮肥,喷施 0.2%复合肥。

【绿化用途】　该树种耐盐碱,耐干旱、瘠薄,抗风性强,叶细密,墨绿色,有光泽,树冠紧密,树姿优美,为优良的地被植物和防风固沙植物,可应用于色块、绿篱、林带下木等,特别适合在我国沿海地区要求栽植耐盐碱、抗海风树种的绿地中应用,如港口码头绿化,沿海风景林、防护林营建。同时,由于根系纤细、密集,能利用较薄土层有效地吸附在岩石上及深入岩缝,加上植株种子极多,自我繁殖能力强,可作为绿化石子宕口的先锋树种,又可盆栽造型观赏,具有良好的应用前景(王国明等,2005)。

## (八) 火棘

*Pyracantha fortuneana*　蔷薇科　火棘属

【形态特征】　常绿灌木,高约 3 m。枝拱形下垂,幼时有锈色短柔毛,短侧枝常呈刺状。单叶互生,叶长椭圆形至倒披针形,先端钝,具刺尖,边缘具圆细锯齿,表面光滑无毛,亮鲜绿色。伞房花序,花白色,花期 5—6 月,果实于 10—11 月成熟。果实为橙红色,扁球形。种子褐色,呈不规则卵圆形。火棘系亚热带树种,在我国南方广泛分布。火棘枝叶繁茂,初夏白花满树,入秋红果似珠,存留枝头半年以上,具有很好的观赏效果(李京冈,2007)。

【生长习性】　火棘喜光,不耐阴;耐贫瘠、干旱,不耐水湿;不耐寒,黄河以南露地种植,华北需盆栽;对土壤要求不严,而以排水良好、湿润、疏松的中性或微酸性壤土为好。

【耐盐特性】　火棘耐盐性较强。在上海崇明东滩湿地公园内 2‰ 含盐量的土壤中生长良好,在金山区杭州湾北岸含盐量 3.2‰ 的滨海盐渍土上生长正常(崔心红等,2011;魏凤巢等,2012)。

【繁殖栽培】　繁殖可采用播种或扦插。播种繁殖:火棘果实10 月成熟,可在树上宿存到次年 2 月,采收种子以 10—12 月为宜,采收后及时除去果肉,将种子冲洗干净,晒干备用。火棘以秋播为好,播种前可用 2‰ 浓度的赤霉素处理种子,在整理好的苗床上按行距20~30 cm,开深 5 cm 的长沟,撒播沟中,覆土 3 cm。

扦插繁殖:扦插繁殖可采用硬枝扦插和嫩枝扦插两种方法。硬枝扦插以早春较好,选取一年生健壮枝条,直径 0.5~1.0 cm,剪成 12 cm左右长的插穗。整好圃地并经消毒后进行扦插,株行距为 20 cm×30 cm,扦插后马上浇 1 次透水,并覆膜保温。此后保持膜内土壤湿润,并经常打开覆膜进行通风,一般 40 d 左右即可生根,翌年春天可移栽。嫩枝扦插也易生根,但在当年不能进行移栽,且插穗成苗速度相对较慢(陶宏斌,2013)。

【绿化用途】　火棘根系密集,萌枝力强,极耐修剪,有枝刺,是滨海城镇园林绿化中良好的刺篱树种和防护树种,可有效地保护各隔离区的花草树木不被破坏,这也是目前城市绿化常用的大叶黄杨绿篱和女贞绿篱不具备的特点。火棘株形优美,花繁果丰,春季白花绽放枝头,秋季红果累累,是优良的景观绿化树种,可作为观果树种应用于园林绿地。火棘生长迅速,耐干旱、瘠薄,对土壤、光照要求不严,可作林缘、花坛点缀、草地丛植、岩石园或山石配置(李京冈,2007)。

## (九) 钝齿冬青

*Ilex crenata*　冬青科　冬青属

【形态特征】　常绿灌木,枝叶纤细、紧密,叶片革质、具钝齿、纤巧,叶色翠绿,中脉色浅明显,果实成熟时为黑紫色,直径 0.6~0.7 cm,内含种子 2~3 粒,果期 10—11 月,植株不用修剪自然成形(徐斌芬等,2007)。

【生长习性】　钝齿冬青常生长在海岛和滨海土壤瘠薄,受海雾、海风影响大以及干旱等恶劣的环境条件下,具有较强的耐干旱能力和抗风能力,适生应用范围广,主要分布于浙江舟山群岛、福建、广东及日本等地。

【耐盐特性】　钝齿冬青有一定的耐盐性。在上海浦东新区滨海含盐量2‰的盐渍土上年均高生长量达 25 cm。在舟山海岛海边山坡山谷和岩石缝中生长,抗盐风、盐雾能力强(王国明等,2003)。

**【繁殖栽培】** 当钝齿冬青果实果皮转为黑紫色时,一般在 9、10 月,选择生长良好、无病虫害的母树采种。采回后喷水堆沤 2～5 d,果肉软化后搓破果皮、捣碎果肉,用清水漂洗干净,置于室内阴凉通风处晾干,随即用河沙湿藏。钝齿冬青休眠期短,贮藏过冬后在早春就可以播种。播种采用条播,播种前将播种床表面适当压实,同时苗床在 3 d 前必须浇透,播种后均匀覆盖过筛的园土,覆土厚度为种子直径的 2～3 倍,并适当加以镇压,之后浇水保湿,然后覆盖稻草。钝齿冬青于 5 月上旬陆续出土,约 15 d 后基本出齐。利用自动间歇喷雾设施进行嫩枝扦插,钝齿冬青通过 50 mg · kg$^{-1}$、100 mg · kg$^{-1}$ ABT 1 号生根粉处理,生根率可分别达到 84.4%、93.6%(徐斌芬等,2007)。

**【绿化用途】** 钝齿冬青不论是播种还是扦插繁殖,其植株均多分枝,铺展性强,管理粗放,移植易成活,随着树龄增长自然形成枝叶紧凑的形状,因此最适宜作为地被植物或通过造型后替代目前过多的大叶黄杨。扦插苗多分枝,呈丛生状,可作为观叶树种、观果树种通过孤植、对植、丛植、群植等植物配置方式应用到厂矿企业、广场、校园、庭院、公园等地的绿化美化(徐斌芬等,2007)。

## (十) 红千层

*Callistemon rigidus* 桃金娘科 红千层属

**【形态特征】** 常绿灌木或小乔木;树皮坚硬,灰褐色;嫩枝有棱,初时有长丝毛,不久变无毛。叶片坚革质,线形,长 5～9 cm,宽 3～6 mm,先端尖锐,初时有丝毛,不久脱落,油腺点明显,干后突起,中脉在两面均突起,侧脉明显,边脉位于边上,突起;叶柄极短。穗状花序生于枝顶;萼管略被毛,萼齿半圆形,近膜质;花瓣绿色,卵形,长 6 mm,宽 4.5 mm,有油腺点;雄蕊长 2.5 cm,鲜红色,花药呈暗紫色,椭圆形;花柱比雄蕊稍长,先端绿色,其余红色。蒴果半球形,长5 mm,宽7 mm,先端平截,萼管口圆,果瓣稍下陷,3片裂开,果爿脱落;种子条状,长1 mm(《中国植物志》,1984)。

【生长习性】　喜温暖湿润的气候,既能耐烈日及酷暑,又能耐严寒和低温;既喜肥沃的酸性土壤,又能在干旱贫瘠的碱性土上生长;萌发能力强,耐修剪;对病虫害的抵抗能力强,除梅雨季节易感染黑斑病外,极少受病虫害及其他灾害侵扰,还能抵抗大气的污染;红千层最适宜的生长温度为25 ℃,且对水分的要求不高,但如果在湿润的条件下其生长速度会更快(陈楚戟,2015)。

【耐盐习性】　红千层耐盐性较强。在上海浦东新区2‰含盐量的滨海盐渍土中年生长量为25 cm,在金山区杭州湾北岸含盐量2.5‰~3.2‰的滨海盐渍土上生长正常(沈烈英等,2012;魏凤巢等,2012)。

【繁殖栽培】　红千层以播种繁殖为主,也可采用扦插法,但扦插繁殖发根率较低。种子极为细小,播种时需将种子与细沙以1∶15的比例拌匀,均匀撒播,播后用细孔喷壶喷水,再用无色薄膜覆盖在盆上,保温保湿。播种用的土壤必须用筛子筛过,具有细小颗粒,含有丰富腐殖质的沙壤土。种子发芽的适宜温度为16~18 ℃。发芽后撤去薄膜,但仍需适当遮阴,避免强光照射。当幼苗长到3~4 cm高时便可分栽。室内扦插多于2—3月进行,露地扦插则在7—8月进行。插穗采用半成熟枝条,其长度为8~10 cm。插穗基部需稍带前一年生的成熟枝,插床上要搭棚遮阴,保持棚内湿度为80%~90%。地栽红千层栽前施足基肥,每月追施1次,疏通排水沟,切忌积水。为增加开花数量和保持株形整齐优美,及时修剪是一项非常重要的管理措施。主根少,侧根少,较难移植,每年3—5月移栽为佳,容器苗则不受季节限制(索伟伟,2014)。

【绿化用途】　红千层能耐高温、干旱及土地贫瘠等恶劣环境,且其树冠很整齐,冠幅也大,主干通直,花叶绚丽,因而将红千层应用于广场、街边和行道等的绿化是非常适宜的。在景观氛围的配置和营造上,可以与其他颜色艳丽的彩叶花灌木等进行搭配栽植,或者与落叶乔木等进行搭配,丰富景观氛围和季相效果等。

红千层因其花形奇特瑰丽,树形优雅,单独种植时能显示出它的个体美,成片种植时能突出它们的远景美,可作为屏障树甚至是绿篱,成为公园中的一景,如果是在空旷的场地进行三五成群的种植,其景观效果将更加突出,创造出生机勃勃的热闹景象。

红千层树的树体比较小巧,树态婀娜,不仅无毒无害,还能有益身心,盛夏时节更是花叶繁茂,清爽宜人,能极大地满足小区居民对于居住区的审美和绿化需求。红千层树在居住区的栽植,可以根据不同居住区的布局规划,因地造景,与小区内的地被植物、水体、假山等园林要素相互结合,为居民营造一个层次分明、诗情画意的小区环境。

红千层观赏植物的抗性强,还能吸收工业园区内的氯气、氯化氢、二氧化硫及粉尘等污染物,很适宜在工业园区内进行栽植,因而被广泛应用于工业园区的绿化。红千层在工业园区的绿化配置可以以列植或者群植的形式进行,也可以以红千层作为基调树种,再配以其他抗性较强的灌木及小乔木等,疏密相宜,为工业园区营造出一个美与生态兼具的优良环境(李敏莹等,2014)。

## (十一)千层金

*Melaleuca bracteata*　桃金娘科　白千层属

**【形态特征】**　常绿灌木或小乔木,树干暗灰色,树皮不易剥落;叶革质互生,披针形或狭长圆形,长 1~2 cm,宽 2~3 mm,两端尖,基出脉 5 条,具油腺点,香味浓郁,叶色全年金黄色至鹅黄色;枝条细长、柔软且韧性好,嫩枝微红;穗状花序生于枝顶,开花后花序轴能继续伸长;花白色,萼卵形,先端 5 小圆齿裂,花瓣 5 片,雄蕊 5 束,花柱略长于雄蕊;蒴果近球形,3 裂(崔大方等,2009)。

【生长习性】　千层金原产于新西兰、澳大利亚,1999 年从新西兰引入我国。喜温暖湿润气候,可适应我国南方大部分地区,种植范围可从海南省到长江流域以南甚至更北的地区。千层金为深根性树种,可适应酸性到石灰岩土质,甚至在盐碱地都能生长。千层金可耐 42 ℃左右的高温,以及 $-10\sim-7$ ℃的低温。

【耐盐特性】　千层金耐盐能力较强,可以忍受 1.5 ds • m$^{-1}$盐度。千层金苗木试验表明,当 pH$>$9,NaCl 浓度在 3‰以上的盐碱混合胁迫处理 15 d 时,千层金幼苗植株受伤害程度较轻。在上海浦东新区 2‰含盐量的滨海盐渍土中年生长量达到 25 cm(黄礼祥,2014;艾星梅等,2014;沈烈英等,2012)。

【繁殖栽培】　千层金可以采用嫩枝扦插、高空压条法进行繁殖。但通常以嫩枝扦插比较多,一般在 4—8 月雨水多且夜温不会太低的时候进行。采条、扦插选择当年生发育充实的半成熟、生长健壮且没有病虫害的枝条作插穗。为避免水分蒸发,可在清晨采条。扦插介质可采用蛭石加泥炭,或细沙加泥炭。插后立即淋透一次清水。扦插后的管理温度:最好保持在 20～30 ℃。管理温度过低则生根慢,过高则易引起插穗切口腐烂。湿度:扦插后注意使扦插介质保持湿润状态,但也不可使之过湿,否则会引起腐烂。同时,还应注意保持较高的湿度,但要注意在生根后湿度不能太大。药物处理:由于生根期间湿度比较大,容易出现叶子及茎干腐烂,可用 800 倍的多菌灵、扑海因或甲基托布津喷雾进行防治。

【绿化用途】　千层金生长快,加上其叶片全年金黄色或鹅黄色,是高篱、绿墙的首选乔木。千层金分枝性能好且耐修剪,可修剪成球形、伞形、树篱、金字塔形等各种形状。千层金小苗生长迅速,枝条柔软、耐修剪的特性非常明显,其四季金黄的颜色与彩叶树种搭配作为色块效果也非常好,而且它可以作为地被植物。千层金既抗旱又抗涝,适宜水边生长,还能抗盐碱、抗强风。所以是沿海地区不可多得的优良景观造林树种,特别适用于沿海填海造地地区的绿化造林(黄礼祥,2014)。

## (十二) 考来木

*Correa carmen*　芸香科　考来木属

【形态特征】　常绿小灌木,原产于澳大利亚。叶片短小,对生,背面多有绒毛,逆光观察时可见半透明的油滴状斑点。花多着生于叶腋处,钟状、灯笼状、长管状或细长管状,长 2.5 cm 左右,单株花朵数量众多,花瓣顶端多反卷呈星状,花蕊突出花瓣外,花期长,多数品种从夏末开至晚冬甚至初春。2008 年引入上海的两个品种:"风铃"考来木(*C. Carmen* 'Dusky Bells'),株形紧凑,花朵繁茂,深红色,花期冬季,火红的花色渲染了冬天的热闹氛围,符合中国人的审美视角,园林绿化应用价值较大;"白花"考来木(*C. Carmen* 'alba'),产于澳大利亚南部沿海,生长繁茂,高可达 1 m,冠幅 1.8 m。叶片背面有绒毛,花朵小,白色,星形,芳香宜人,花期冬季至翌年春季(吕秀立,2011)。

【生长习性】　考来木生长环境类型多样,从沿海沙地到内陆半干旱山地都有分布,有的生长在林下或靠近溪流的阴凉环境中,有的则暴露在海岬或沙丘中。考来木耐盐、耐霜冻,较耐旱。考来木花朵易吸引吸食花蜜的鸟类,为天然杂交种的产生创造了条件。一些品种寿命较短,每隔 3~5 年应更新,顶端修剪可促进灌木丛形成(吕秀立,2011)。

【耐盐特性】　考来木在上海浦东新区滨海盐渍土 2‰含盐量的土壤中年生长量达到 15 cm(沈烈英等,2012)。

【繁殖栽培】　考来木可通过组织培养等无性繁殖进行规模化繁育。以带腋芽的茎段为外植体,2 个考来木品种在 1/2MS 培养基上,当 NAA 浓度为 0.1 mg・L$^{-1}$、BA 浓度为 1.0 mg・L$^{-1}$时,2 种考来木的增殖系数分别为 3.48 和 2.61。生根用培养基 1/2MS＋1.0 mg・L$^{-1}$IBA效果较佳,2 种考来木的生根率分别可达 90.0％和 83.3％,适时移栽存活率可达 90％(吕秀立,2012)。

【绿化用途】　考来木作为新引进的园林观赏树种,具有四季常绿、冬季开花、耐干旱和盐碱的优良特性,可用于滨海城镇园林绿化。

## (十三) 金叶莸

*Caryopteris clandonensis*　马鞭草科　莸属

【形态特征】　落叶灌木,高 1～2 m,枝条圆柱形。单叶对生,卵状披针形,长 3～6 cm,叶端尖,基部圆形,边缘有疏粗锯齿。叶面光滑,春季幼叶金黄色,夏季变为黄绿色,叶背具银色毛。花萼钟状,二唇形裂,下萼片大而有细条状裂,花蓝紫色,聚伞花序,腋生于枝条上部,自下而上开放,花期 6—9 月(王铖等,2015)。

【生长习性】　为国外引进园艺品种,我国东北、华北、华东等地有栽培。喜光,也耐半阴,耐旱、耐热、耐寒,在－20 ℃以上的地区能够安全露地越冬。越是天气干旱,光照强烈,其叶片越是金黄。如长期处于半荫庇条件下,叶片则呈淡黄绿色。水涝易引起根、根茎及附近部位的枝条皮层腐烂变褐色,导致植株死亡。较耐瘠薄,在土壤肥力差的地区仍生长良好。萌芽力强,耐粗放管理。

【耐盐特性】　金叶莸主要通过耐盐能力较强。在 3‰含盐量的土壤中,存活率可达到 80％;在上海崇明东滩 5‰的滨海盐渍土中存活率接近 50％(崔心红等,2011)。

【繁殖栽培】　金叶莸播种或扦插繁殖。以播种繁殖为主,一般于秋季冷凉环境中进行盆播,也可在春末进行嫩枝扦插或至初夏进行绿枝扦插。金叶莸采用嫩枝扦插结合容器育苗进行培育,可缩短育苗周期。该树种繁殖较容易,贴近地面蔓生的枝条易产生不定根,形成新的植株。常采用半木质化枝条嫩枝扦插繁殖。采用嫩枝扦插结合容器育苗进行培育,当年即可定植,移栽存活率高达 95% 以上,定植栽培后无缓苗现象,生长迅速。

　　金叶莸的萌蘖力强,很少长杂草,易于管理,种植时可适当调整种植密度,以增强植株内部通风透光,降低湿度。该树种栽培管理简单,不需特殊管理,而且耐修剪,成龄植株早春地上留 10 cm 重剪,到秋季能长成高 50~60 cm,冠径 40~50 cm 的健壮植株,且能大量开花。种植在具中等肥力、轻度、排水良好的土壤中,需全光或略阴的环境。壳虫会造成叶片扭曲,应注意防治。

　　【绿化用途】　金叶莸作为常叶单色类彩叶植物,可单一造型组团,或与红叶小檗、桧柏、月季、小叶黄杨等搭配组团,黄、红、绿,色差鲜明,组团效果极佳。特别在草坪中,流线型大色块组团,亮丽而抢眼,常常成为绿化效果中的点睛之笔。可作大面积色块及基础栽培,可植于草坪边缘、假山旁、水边、路旁,是一种花叶兼赏的优良植物,是点缀夏秋景色的好材料(于德利等,2011)。

## (十四) 连翘

*Forsythia suspensa*　木樨科　连翘属

　　【形态特征】　落叶灌木,株高 0.8~1.2 m。枝开展或下垂,小枝略呈四棱形,节间中空,节部具实心髓。单叶对生,叶卵形、宽卵形或椭圆状卵形,长 8~12 cm,叶缘除基部外具锯齿;花单生或 2 至数朵着生于叶腋,先于叶开放,花冠黄色,裂片倒卵状长圆形或长圆形,长 1.2~2 cm,宽 6~10 mm;果卵球形、卵状椭圆形或长椭圆形,长 1.2~2.5 cm,宽 0.6~1.2 cm。花期 3—4 月,果期 7—9 月。

　　【生长习性】　连翘分布较广,我国除华南地区外,其他各地均有栽培。喜光,稍耐阴;喜温暖、湿润气候,怕涝;耐寒性强;耐干旱、瘠薄,耐修剪,萌芽力强。在中性、微酸或碱性土壤中均能正常生长,但以在阳光充足、土壤肥沃而湿润的立地条件下生长较好。连翘根系发达,侧根粗而长,须根多。

【耐盐特性】 连翘耐盐性较强,能在华东、华北 1‰～3‰含盐量的滨海盐渍土上正常生长(崔心红等,2011;周丽霞等,2011)。

【繁殖栽培】 连翘以种子、扦插繁殖为主。

种子繁殖:选择优良母株,9 月中下旬到 10 月上旬采集成熟的果实,连翘种子宜采用干燥器贮存,播种可安排在在 4 月上中旬,在播种前需进行催芽处理。播种时,将种子掺细沙,均匀地撒入沟内,覆土搂平,稍加镇压。10～15 d 幼苗可出土。每亩用种量 2～3 kg。次年 4 月上旬苗高 30 cm 左右时可进行大田移栽。

插条繁殖:南方多在早春露地扦插,北方多在夏季扦插。插条前,将苗床耙细整平,作高畦,宽 1.5 m,按行株距 20 cm×10 cm,斜插入畦中,插入土内深 18～20 cm,将枝条最上一节露出地面,然后埋土压实。干旱时经常浇水,保持土壤湿润,但不能太湿,否则插穗入土部分会发黑腐烂。正常管理,扦插成苗率可高达 90%。加强田间管理,秋后苗高可达 50 cm 以上,于次年春季即可挖穴定植。

【绿化用途】 连翘树姿优美、生长旺盛;早春先叶开花,且花期长、花量多,盛开时满枝金黄,芳香四溢,令人赏心悦目。在滨海城镇绿化中可作花篱、花丛、花镜、花坛,栽植于宅旁、亭阶、墙隅、篱下或路边、溪边、池畔等(王逐浪等,2007)。

## (十五) 月季

*Rosa chinensis* 木樨科 连翘属

【形态特征】 直立灌木,高 1～2 m;小枝粗壮,圆柱形,有短粗的钩状皮刺。小叶 3～5,宽卵形至卵状长圆形,长 2.5～6 cm,宽 1～3 cm,边缘有锐锯齿,上面暗绿色,常带光泽,下面颜色较浅。托叶大部贴生于叶柄,仅顶端分离部分呈耳状,边缘常有腺毛。花常几朵集生,直径 4～5 cm。花重瓣至半重瓣,红色、粉红色至白色,花瓣倒卵形,先端有凹缺,基部楔形;果卵球形或梨形。长 1～2 cm,红色,萼片脱落。花期 4—9 月,果期 6—11 月。

**【生长习性】** 中国是月季的原产地之一。在中国,月季主要分布于湖北、四川和甘肃等省的山区,尤以上海、南京、常州、天津、郑州和北京等市种植最多。月季对气候、土壤要求不严格,但以疏松、肥沃、富含有机质、排水良好的土壤较为适宜。性喜温暖、日照充足、空气流通的环境。

**【耐盐特性】** 月季有一定的耐盐能力。在长三角滨海盐渍土区,盐渍土盆栽月季能耐 2‰土壤含盐量,且在 1.8‰±0.25‰含盐量下,露地栽植能正常生长(崔心红等,2011;魏凤巢等,2012)

**【繁殖栽培】** 嫁接法:用野蔷薇作砧木,分芽接和枝接两种。芽接存活率较高,一般于 8—9 月进行,嫁接部位要尽量靠近地面,常用T 形芽接法。

播种法:常在春季播种,可穴播,也可沟播,通常在 4 月中上旬即可发芽出苗。移植时间分春植和秋植两种,一般在秋末落叶后或初春树液流动前进行。

扦插法:一般在早春或晚秋休眠时,剪取成熟的带 3～4 个芽的枝条进行扦插。如果嫩枝扦插,要适当遮阴,并保持苗床湿润。扦插后一般 30 d 即可生根,存活率 70%～80%。扦插时若用生根粉蘸枝,存活率更高。

**【绿化用途】** 月季是春季主要的观赏花卉,其花期长,观赏价值高,受到各地园林的喜爱。其可用于园林布置花坛、花镜、庭院花材。在园林运用中可通过群植或片植等方式组景,如组成鲜艳的色块或色带,也能很好地点缀草坪和布置花色图案。月季因其攀援生长的特性,可用于垂直绿化,在园林街景、美化环境中具有独特的作用(刘应珍等,2014)。

# 二、乔木类

## （一）厚叶石斑木

*Rhaphiolepis umbellata* 蔷薇科 石斑木属

【形态特征】 常绿灌木或小乔木，树形伞状，枝条端直，全株被有短茸毛。枝多叶茂，叶丛生枝端，叶厚革质，叶面深绿色，稍有光泽，叶背淡绿色，网脉明显。叶长椭圆形、卵形或倒卵形，长 4～10 cm，宽 2～4 cm，先端圆钝至稍锐尖，基部楔形，全缘或有疏生钝锯齿。圆锥花序顶生，直立，密生褐色柔毛。花瓣白色，有时呈粉白色，花期 4—5 月。果实球形，直径 7～10 mm，黑紫色带白霜，有 1 粒种子（张连全，2007）。

【生长习性】 厚叶石斑木生性强健，喜光，耐水湿，耐盐碱，耐热，抗风，耐寒。其产于浙江省沿海岛屿，生于海拔不足 100 m 的山坡、路边岩石上。山东青岛 20 世纪 30 年代从日本引入厚叶石斑木，该市冬季最低温度达－16 ℃，经过几十年驯化栽培，厚叶石斑木已具有较强的抗寒性及适应性。2006 年初上海市林业总站将厚叶石斑木种在上海奉贤世纪森林内，进行耐盐、耐水湿试验，初获成功（张连全，2007）。2010 年上海市园林科学规划研究院在浦东新区含盐量 1‰～2‰的滨海盐渍土上试种，长势良好，年新梢生长量达 20～30 cm（沈烈英等，2012）。

【耐盐特性】 厚叶石斑木 2 年生实生苗在 NaCl 浓度梯度为 0 g·L$^{-1}$、3 g·L$^{-1}$、6 g·L$^{-1}$、9 g·L$^{-1}$ 的 Hongland 营养液中培养，分阶段观察植物的形态变化，并对茎的生长量、新发根数作了定量研究，结果表明其能耐受 9 g·L$^{-1}$ NaCl 的胁迫（张玲菊等，2008）。卢翔等（2009）将厚叶石斑木 2 年生实生苗置于 3‰、6‰、9‰盐浓度梯度的水培槽中培养,定时记录其新根、新叶、新芽的变化情况,以测定其抗盐性,得出与上述相似的结论。Na$^+$、K$^+$等无机离子是厚叶石斑木主要的渗透调节物质(裴丽珍等,2006)。

【繁殖栽培】 在实际生产中,厚叶石斑木以播种繁殖为主。种子比较容易采集,一般在 11 月下旬至 12 月上旬果皮由红变紫黑后进行,然后将种子除皮后拌沙贮藏,种子发芽率能达到 98% 以上。由于厚叶石斑木实生苗的新芽容易发生变异,苗木分化严重,可从中选出观赏性、抗逆性好的优良单株进行无性繁殖,进行新品种选育(陈斌,2014)。厚叶石斑木属于扦插难生根树种,通过扦插试验发现,厚叶石斑木采用 ABT 浓度 100 mg·L$^{-1}$ 扦插存活率最高,扦插时间在 6 月效果较好(陈斌等,2012)。

【绿化用途】 厚叶石斑木能自然长成伞形,且耐修剪,花姿、果实都可供观赏,适合作盆景、庭园树、药用树、防风树和切花材料等。厚叶石斑木最大的特点为花朵刚盛开时,雄蕊为黄色,后逐渐转为红色,因此花心常同时呈现黄色及红色,生长形态颇为奇特,可用作盆栽、庭园及公园绿地的景观植物。其由于适应性强,还适宜用作普通园林绿化树种,更适合在滨海盐渍土种植用以绿化美化环境。种于阳光充足处,以充分展示其花朵刚盛开时的变化美与硕果累累的丰实感,创造季相景观,突出不同季节的特色。厚叶石斑木也可培育成独干不明显、丛生形的小乔木,替代大叶黄杨,群植成大型绿篱或幕墙,在居住区、厂区绿地、街道或公路绿化隔离带应用,当树篱或幕墙花朵盛开之际,非常艳丽,极具生机盎然之美。此外,厚叶石斑木还可用于与秋色叶树种搭配,在植物造景中形成独特的对比效果。

## (二)乌桕

*Sapium sebiferum* 大戟科 乌桕属

【形态特征】 落叶乔木,高可达 15 m,树冠圆球形,树皮暗灰色,浅纵裂;小枝纤细;叶纸质、互生、菱形,长 5～9 cm,先端尾状,基部广楔形,全缘,两面均光滑无毛;叶柄细长,顶端有 2 腺体;花序穗状,顶生,长 6～12 cm,雌雄同株,枝梢长出黄绿色穗状花序,花期 5—7 月;蒴果黄绿色,三棱状球形,直径约 115 cm,成熟时黑色,3 裂,果皮脱落;种子黑色,外被白蜡,经冬不落,10—11 月成熟(王洋等,2013)。

**【生长习性】**　喜光,不耐阴。喜温暖环境,不甚耐寒。适生于深厚肥沃、含水丰富的土壤,对酸性、钙质土、盐碱土均能适应。主根发达,抗风力强,耐水湿。寿命较长。年平均温度 15 ℃以上,年降雨量 750 mm 以上地区都可生长。

对土壤适应性较强,沿河两岸冲积土、平原水稻土,低山丘陵黏质红壤、山地红黄壤都能生长。以深厚湿润肥沃的冲积土生长最好。土壤水分条件好生长旺盛。能耐短期积水,亦耐旱(李冬林等,2009)。

**【耐盐特性】**　乌桕对滨海盐渍土适应能力较强,当土壤含盐量≤6‰时,乌桕在金山化工区滨海盐渍土上正常生长。据统计,土壤含盐量 5.5‰～6.3‰,乌桕年度新梢生长量可达 35.92 cm;含盐量为2.9‰～3.9‰,新梢生长量为 41.40 cm(魏凤巢等,2012)。

**【繁殖栽培】**　繁殖一般采用播种法。播种应选土壤深厚、疏松肥沃的圃地。圃地应深耕,施足基肥,做成高床。冬播、春播均可。冬播(11—12 月)采种后即可进行,次年春天 4 月中下旬出苗;一般采用春播(2—3 月),播种后 1.5 个月左右(4 月底—5 月初)可全部出苗。幼苗出土后,要适当间苗 2～3 次,每 667 m² 产苗 8000～10000株。播种苗需及时间苗。待苗高达 5～8 cm 时,开始第一次间苗,按10～15 cm间距留苗,去劣留优。当苗高达 20 cm 左右时,结合除草进行第二次间苗,使苗的株行距约为 20 cm×30 cm,每亩保留大苗壮苗 7000 株。适度密植有利于干形培养和高生长。

乌桕春秋两季均可栽植。栽植前挖定植穴,穴的大小 80 cm×

80 cm×80 cm。挖穴时表土和心土分别堆放,待定植穴挖好后,每穴施腐熟农家肥 10 kg,再回填表土。平均栽植 840 株/hm² 为宜。若用于道路绿化,株距以 5 m 为宜。起苗时不要损伤苗根,在掘苗、运苗时,要对苗根进行覆盖或遮阴,防止失水干枯。做到随起苗随包装,及时运输,及时栽植。栽植前要进行修根。栽植时苗木要扶正,根要舒展,土要踏实。栽植深度应超过原地径处 3~5 cm。栽植后修好树盘,浇足定根水。为提高造林存活率,可待水渗入穴内后在树盘上覆盖塑料薄膜。

栽植后 2~3 年内要注意抚育管理工作。修剪及病虫害防治:修剪主要是抹芽和摘除新梢。自主干开始出现分枝时起,就采取抹去开始抽梢的腋芽或摘除已抽出的侧枝新梢,一个生长周期需修剪 2~3 次,目的是抑制侧枝产生和生长,促进主干新梢的顶端生长优势,促进高生长(陈余朝等,2008)。

【绿化用途】 乌桕是优良的造景树种,在城乡园林绿化中,可孤植、散植、丛植于草坪和湖畔、池边;可列植于堤岸、路旁作护堤树、行道树,也可用于山地绿化或平原农田林网绿化;在城市公园、广场、机关、学校等单位绿化中可作点缀型绿化树种,能达到独特的景观效果;若与亭廊、花墙、山石等相配,也甚为协调;若混生于风景林中,秋日红绿相间,也颇为壮观。

作为一种落叶彩叶树种,主要与香樟、木樨、女贞等常绿树种搭配栽植;作为一种乔木树种,在道路绿化中常与小叶女贞、金边黄杨、红叶石楠球等灌木搭配栽植,落叶与常绿并存,乔木与灌木共生,色彩相互补充,层次错落有致,从而形成艳丽多姿的景观效果,尤以秋季为甚。

乌桕树冠整齐,叶形秀丽,是很好的造景树种,在公园或广场一般以单株点缀式种植,三五株丛植式或小块状镶嵌(自然式或规则式)种植。乌桕通常与红枫、无患子、黄山栾等其他色叶树种混植,与廊道、假山、喷泉等休闲设施形成和谐统一、丰富多彩的休闲娱乐景观。乌桕宜作庭院绿化树种,与常绿灌木,如山茶、木槿等搭配效果甚佳(袁慎友,2014)。

## (三) 弗吉尼亚栎

*Quercus virginiana*　壳斗科　栎属

**【形态特征】**　常绿乔木,株高 15～10 m,单叶互生,椭圆倒卵形,叶形多变,全缘或边缘具不规则刺状,略外卷;叶长 4～10 cm,表面有光泽,新叶黄绿渐转略带红色,老叶暗红,背面无毛,灰绿,春季新叶出现后老叶逐渐凋落;嫩枝树皮由黄绿转暗黄,老枝灰白,当年枝较细、柔韧性好,老枝坚韧、硬度强;树冠拱形,树形优美;根系发达,萌生性强。

**【生长习性】**　原产于美国东南部的弗吉尼亚沿海平原,从弗吉尼亚州南部,佐治亚州,佛罗里达州,路易斯安那州,直至得克萨斯州中南部一线;在俄克拉荷马州南部和莫斯科东北山区也有零星分布。

弗吉尼亚栎在美国喜生于低平沿海地带的沙质土壤,但在黏土、冲击土也能生长良好,其根系特深而发达,具有很强的抗风能力,能抵御飓风和暴雨的袭击,耐干旱、高浓度盐雾和土壤盐分,还可以耐短期水涝(王树凤等,2008)。

**【耐盐特性】**　在浙江、上海、江苏三省市海涂与内陆多个地点试种 3～4 年均能正常生长,在杭州湾滨海盐土上生长良好(陈益泰等,2007)。在上海崇明东滩、金山沿海滩涂弗吉尼亚栎,在土壤含盐量 1‰～3‰ 的轻度盐渍土上生长良好,年高生长量达 20～25 cm(崔心红等,2011;魏凤巢等,2012)。也有报道称,在江苏如东东凌垦区沿海滩涂10.7‰的重度盐渍土上也能正常生长(郭文琦等,2014)。

**【繁殖栽培】**　弗吉尼亚栎多采用播种繁殖,由于种子发芽和出苗不整齐,需采取催芽播种和加温育苗,以提高出苗率,防止烂种。弗吉尼亚栎实生幼苗生长具有明显的抽梢—停梢生长阶段,春季有 3 次抽梢,秋季有 1 次明显抽梢。在整个生长过程中,温度在 30 ℃ 以下,生长速度随温度的升高而加快,高于 32 ℃ 后生长速度下降。在夏季高温会出现长时间的停梢现象。弗吉尼亚栎也可采用扦插繁殖,扦插时间以秋季 9 月上中旬为宜。插穗应选择当年生粗度 3 mm 以上、节间紧的枝条下部为宜,插穗以留 3 叶为好。插穗处理以 15000～20000 mg · kg$^{-1}$ 萘乙酸蘸根处理为宜(戎国增等,2009)。

**【绿化用途】** 弗吉尼亚栎优良的适应性及低管护等优点,使其在长三角沿海地区有较大的生长优势,加上四季常青,是不可多得的盐碱地阔叶常绿树种,在沿海防护林和沿海城镇绿化建设中具有广阔的应用前景。

## (四)舟山新木姜子

*Neolitsea sericea* 樟科 新木姜子属

**【形态特征】** 常绿乔木,高 9～12 m。树皮灰白色,光滑,嫩枝具金黄色绢毛,老枝褐色。叶近轮生,革质,倒卵状长圆形至长椭圆形,表面无毛,背面密被金黄色绢毛,幼叶乳白色或金黄色。伞形花序生于节间,几乎无总花梗,花小单性,灰白色。雌雄异株,总苞片早落,花被片 4 枚,外面具锈色柔毛。花期 9—10 月。果实椭圆形或球形,直径 3～10 mm,成熟时为红色(李中岳,2005)。

**【生长习性】** 舟山新木姜子树干笔直,生长迅速,萌芽力强,耐修剪;根系发达,根基萌发力较强。具耐寒、耐旱、抗风等特性,对土壤要求不严。天然更新能力较强,在母树林下,有较多的天然实生幼树及小苗(丁方明等,2001)。

**【耐盐特性】** 在上海崇明东滩、金山沿海滩涂,舟山新木姜子在土壤含盐量不超过 3‰ 的中度盐渍土上生长良好,年高生长量 10～15 cm(崔心红等,2011;魏凤巢等,2012)。在试验用水培液和盆栽浇盐水处理一年生小苗时,舟山新木姜子能耐 5‰～6‰ 的含盐量(李影丽等,2008)。

【繁殖栽培】　舟山新木姜子繁殖方式包括播种和扦插。其中播种繁殖的技术关键在于种子的湿沙贮藏和苗期采取庇荫措施;扦插育苗的关键技术是在自动间歇喷雾条件下,插穗用 50 mg·L$^{-1}$ 1 号生根粉溶液浸泡 12 h 或100 mg·L$^{-1}$ 1 号生根粉溶液浸泡 8 h 处理,扦插成苗率可达80%左右。1 年生播种苗可容器移栽,按需要选择容器及基质种类,容器苗的管理是要做好拔草、浇水、施肥等工作,一般容器内苗木生长到 40 cm 左右时绿化种植效果较好。绿化种植时,采取挖大穴的方式整地,视苗木年龄确定穴的空间大小,苗龄以 3 年生以上大苗带土球造林或容器苗造林较适宜。此外,种植后的抚育管理主要是每年进行劈草、施肥(复合肥)各一次(李修鹏等,2009)。

【绿化用途】　舟山新木姜子适宜在长江流域及沿海各地栽种。树干通直,每年有 2～3 次观叶期,1 次观花、观果期,红果满挂枝梢,花果相衬,是良好的绿化观赏树种。其季相变化明显,在园林应用中用作庭园树、行道树,可丰富园林绿化中的色彩和季相变化,改变东南部沿海城市长期缺乏色彩,季相变化不明显的缺点。在具体的园林布置上,可将体形高大、枝干挺拔、果多、叶亮、冠形浓密或造型独特的舟山新木姜子孤植于草坪等开阔地带。还可配置一些背景花木,如桂花、茶花、梅、紫薇、樱花等,林下点缀蝴蝶花、酢浆草、三叶草、蕨类等地被植物,以形成绿荫覆地,红花成簇的立体景观。由于舟山新木姜子树势中等,栽植时应避免与高大观赏树种混栽,以免降低观赏效果(陈斌,2012)。

## (五) 墨西哥落羽杉

*Taxodium mucronatum*　杉科　落羽杉属

【形态特征】　原产于墨西哥及美国西南部。半常绿或常绿乔木,在原产地高达 50 m,胸径可达 4 m。树干尖削度大,基部膨大。树皮裂成长条片脱落。枝条水平开展,形成宽圆锥形树冠,大树的小枝微下垂。生叶的侧生小枝螺旋状散生,不呈二列。叶条形,扁平,排列紧密,列成两列,呈羽状,通常在一个平面上,长约 1 cm,宽 1 mm,向上逐渐变短。雄球花卵圆形,近无梗,组成圆锥花序状。球果卵圆形。花期春季,果熟期秋后(曹世杰等,2013)。

**【生长习性】** 墨西哥落羽杉喜光,喜温暖湿润气候,耐水湿,耐寒,耐干旱和瘠薄。生长速度较快。深根性树种,有粗大、深长的主根,其根系具有较强的固土抗风能力。抗污染,能耐工业烟尘的污染。抗病虫害能力强(周玉珍等,2006)。

**【耐盐特性】** 墨西哥落羽杉对滨海盐渍土适应能力较强。在上海浦东新区盐度 1‰~2‰滨海盐渍土上长势良好,年高生长量达到 25~35 cm(沈烈英等,2012)。其在金山滨海滩涂能耐 2.5‰~3.2‰的含盐量(魏凤巢等,2012)。不过,在进行盆栽耐盐试验时,墨西哥落羽杉耐盐能力可达 5‰,在该浓度下大多能正常生长(周玉珍等,2008)。

**【繁殖栽培】** 可用播种及扦插法繁殖。采用播种繁殖时,因种子坚硬,需经过冬季 80 d 以上的湿沙低温层积催芽,在 3—4 月播种。条播,每公顷播种量 120~180 g,发芽率达 85% 左右,一般 7 d 左右开始发芽。1 年生苗高 60~100 cm(曹世杰等,2013)。也可用嫩枝扦插繁殖,合适的扦插基质为草炭:珍珠岩 = 7:3;625 mg·kg$^{-1}$萘乙酸、250 mg·kg$^{-1}$强力生根粉 2 号、10000 mg·kg$^{-1}$强力生根粉 1 号和 2000 mg·kg$^{-1}$促根剂插穗的生根率都在 90% 以上,插穗最好为中上端枝条(张春英等,2007)。

大苗移栽时,用灭菌灵 800 液浸泡或喷洒根部 4~5 min 进行消毒,再用生根灵浸泡或喷洒 3 min 以促进树木复苏时根系的生长。带泥球的树木喷洒生根灵时,以泥球不松懈,达到时间为标准。定植后主要应防止中心干成为双干,在扦插苗中尤应注意,见有双主干者应及时修剪掉弱干而保留强干,疏剪掉纤弱枝及影响主干生长的徒长枝。

**【绿化用途】**　墨西哥落羽杉是优良的绿地树种,可孤植、对植、丛植和群植,也可种于河边、宅旁或作行道树。耐水湿,耐盐碱,是江南地区理想的庭院、道路、河道绿化树种和四旁成片造林树种,也是海滩涂地、盐碱地的特宜树种。枝叶繁茂,绿叶期长、冠形伟岸,是优美的庭园、道路绿化树种。其种子是鸟雀、松鼠等喜食的饲料,可起到维护森林生态系统生物链的作用,还能起到保持水土、涵养水源的作用。

## (六) 滨海盐松

*Tamarix chinensis* 'Lucheng Erhao'　柽柳科　柽柳属

**【形态特征】**　中国柽柳的栽培品种,落叶乔木,高可达 5 m,主干明显,树皮暗褐色。多年生枝干皮紫红色。幼枝稠密,直立或平展,枝条暗紫色。枝叶浓绿茂密,绿期比柽柳长,极似柏树。仅春季开花,总状花序侧生于前一年的枝条上,花粉红色,花期 5 月。

**【生长习性】**　喜生于河流冲积平原,海滨、滩头、潮湿盐碱地和沙荒地。耐高温和严寒。滨海盐松为喜光树种,不耐遮阴。能耐烈日暴晒,耐干旱又耐水湿,抗风又耐碱土,能在含盐量 10‰的重盐碱地上生长。深根性,主侧根都极发达,主根往往伸到地下水层,最深可达 10 m,萌芽力强,耐修剪和刈割。生长较快,年生长量 50～80 cm,4～5 年高达 2.5～3.0 m,大量开花结实,树龄可达百年以上。

**【耐盐特性】**　泌盐植物。滨海盐松在山东潍北、滨州、天津滨海新区盐渍土上生长良好,且在浙江慈溪和上海金山、崇明东滩含盐量超过 6‰的滨海盐渍土上生长良好(魏凤巢等,2012;崔心红等,2011)。

【**繁殖栽培**】 繁殖主要有扦插、播种、压条及组培繁殖。

扦插育苗:选用直径 1 cm 左右的 1 年生枝条作为插条,剪成长 25 cm 左右的插条,春季、秋季均可扦插。采用平床扦插,床面宽 1.2 m、行距 40 cm、株距 10 cm 左右。也可以丛插,每丛插 2~3 根插穗。为了提高存活率,扦插前可用 ABT 生根粉 100 mg·kg$^{-1}$ 浸泡 2 h 左右。扦插后立即灌水,以后每隔 10 d 灌水 1 次,存活率可达 90% 以上。

播种育苗:育苗地以土壤肥沃、疏松透气的沙壤土为好,平整土地,均匀撒一层有机肥,整理苗床,畦宽 1 m 左右。一般在夏季播种,也可以在来年春季播种。播种前先灌水,浇透床面,然后将种子混沙一起撒播,再以薄薄的细土或细沙覆盖。播种后 3 d 大部分种子发芽出土,10 d 左右出齐苗。出苗期间要注意浇水,每隔 3 d 浇 1 次小水,保持土壤湿润。苗出齐后,可以减少灌溉次数,加大灌溉量。实生苗 1 年可长到 50~70 cm,直接出圃造林。

压条繁殖:选择生长健壮的植株,在枝条离地 40 cm 的近地一侧剥去树皮 3~4 cm,露出形成层,然后将剥去树皮的部位置入土壤中,用带权的木桩固定,使其与土壤紧密接触,适时浇水,5 d 左右即可生出不定根,10 d 左右将其与母株分离、移植。

组培繁殖:滨海盐松在初代培养时可以采用休眠芽、叶片作为外植体。将处理好的外植体放在预培养基 MS+0.01 mg·L$^{-1}$ BA+0.01 mg·L$^{-1}$ NAA 上,经一周观察,将没有被污染的外植体转接正式诱导分化的培养基 MS+0.5 mg·L$^{-1}$ BA+0.02 mg·L$^{-1}$ NAA+200 mg·L$^{-1}$ 水解酪蛋白+5% 蔗糖。经 1 个月培养茎段(叶片)可以分化出芽,将诱导出的幼芽从基部切下,转接到新配制的壮苗培养基上。壮苗培养基为 1/2MS+2% 蔗糖+100 mg·L$^{-1}$ 水解酪蛋白。经 1 个月左右培养,即可长成带有 4~5 个叶健壮的小植株。将这些无根苗分别插入生根培养基中进行生根。生根培养基为 1/2MS+

0.5 mg・L$^{-1}$ IBA＋0.05 mg・L$^{-1}$ NAA＋5％活性炭＋2％蔗糖。12 h的光照与黑暗交替,光强为 1500 lx,经 1 个月左右培养,即可长成带有 6～7 个叶健壮完整小植株。

　　田间管理:滨海盐松在定植后不需要特殊管理。栽后适当加以浇水、追肥。极耐修剪,在春夏生长期可适当进行疏剪整形,剪去过密枝条,以利于通风透光,秋季落叶后可进行 1 次修剪。

　　【绿化用途】　滨海盐松枝条细柔,姿态婆娑,开花如红蓼,颇为美观。在滨海城镇绿化中可以代替小龙柏、金叶女贞作模纹灌木花坛,代替冬青、龙柏作球状绿化,代替白蜡、女贞作行道树绿化。适于水滨、池畔、桥头、河岸、堤防种植,也是沿海防风林和重度盐碱地绿化的首选树种。

### （七）北美落羽杉

*Taxodium distichum*　杉科　落羽杉属

　　【形态特征】　高大乔木,原产于自北美洲东南部,树高可达 50 m。我国于 20 世纪 20 年代开始引进,现以长江流域和珠江三角洲流域栽培较多。树干通直树形整齐美观,树冠圆锥形,枝水平开展,羽状复叶,叶呈条形,互生,着生在小枝上,近羽毛状的叶丛颇为秀丽。树皮为长条片状脱落,棕色。根系发达,可深入 3 m 以上土层,通常有 1 至数条主根和大量细根。花期 4 月下旬,球果熟期 10 月。

　　【生长习性】　分布广,适应性强,天然分布气候带从温带到亚热带,年最低温度分布范围－35～20 ℃,年降水量 760～1630 mm,地形包括平原、山坡、溪谷、河岸等。对土壤要求不严,从酸性土到盐碱地都可生长,但以疏松肥沃、富含腐殖质的土壤为佳。既耐水湿,又耐干旱和瘠薄。在湿地环境下生长时,北美落羽杉基部形成板状根,并能在地面上长出筒状的"膝根",可从空气中呼吸氧气以供其生长需要,较长时间浸泡于水中仍能正常生长。在丘陵岗地遭受百日无雨的干旱条件时,北美落羽杉幼树也能正常生长。树枝短小而稠密,抗风性能极好,抗雪压能力较强,很少受到风折、雪折等影响。此外,北美落羽杉抗污染和抗病虫害能力强(胡兴宜等,2013)。

**【耐盐特性】** 北美落羽杉耐盐能力较强。在上海金山滨海滩涂盐渍土含盐量 2.5‰～3.2‰的土壤中种植的苗木,年均地径生长量达到 2.95 cm,在崇明东滩 3‰的盐渍土上长势良好(魏凤巢等,2012;崔心红等,2011)。

**【繁殖栽培】** 北美落羽杉繁殖方式有播种和扦插。种子繁殖出苗率低、苗木管理难,生长差,树形不整齐。扦插繁殖存活率高,扦插技术容易,扦插条选择在深秋落叶后从母体上截取无病虫害的当年生枝条,也可以结合整形修剪将剪下的粗壮、芽饱满、无病虫害和机械损伤的枝条作为插条。将选出的插条用湿沙埋入贮藏,到翌年春季进行扦插。

扦插时间为每年 4 月中旬前后。扦插前用生根粉、多菌灵溶液浸泡 24 h 再扦插。插条 1/2 以上入土,扦插株行距为 33.8 cm×55.0 cm。靠土表层留 1 个芽,插好覆盖黑色地膜,灌溉时水流不能冲浇苗床,防止冲击扦插苗,影响苗木存活率。

插后管理:搭建小拱棚,上覆遮阳网以防阳光直射。拱棚内温度控制在 20 ℃左右,湿度在 80%,白天适当打开拱棚通风,定期往苗床上喷洒多菌灵,防治插穗霉变。苗高 3～5 cm,根系基本形成,白天揭开地膜进行炼苗,随苗长大逐渐加大通风量,注意保持苗床湿度,4 月中旬揭去地膜,及时浇水、除草(孙娟,2015)。

**【绿化用途】** 北美落羽杉是滨海及水网地区、平原湖区和丘陵山区低湿洼地不可多得的园林绿化、道路绿化、生态防护林、农田林网的优良树种。

北美落羽杉树冠雄伟秀丽,枝叶茂盛,春夏两季叶色青翠,秋冬两季逐渐转为暗红色,不同季节形成不同的景观效果,观赏性极强,是优美的园林绿化树种。特别是群植在湖泊等水景边做配植树种时,北美落羽杉粗大的半根、奇特的"膝根"及不同季节呈现出不同色泽,充分展现了北美落羽杉的自然美和色彩美。目前,道路大多是路面高、路肩低,将北美落羽杉作为行道树栽植符合其喜低洼地的特点,利于树木生长,此外北美落羽杉落叶过程长而缓慢,落叶较水杉、池杉迟1.5个月,因其枝叶小,落叶时凋落物相对较少,可作为理想的行道树种和观赏树种(胡兴宜等,2013)。

## (八) 黄连木

*Pistacia chinensis*　漆树科　黄连木属

【形态特征】　落叶乔木,树高可达25 m,地径(胸径)1 m。羽状复叶,互生,小叶5～6对,有短柄,卵状披针形,长5～8 cm,宽2 cm左右,先端渐尖,基部歪斜,全缘,幼时有毛,后变无毛。黄连木雌雄异株,雄花排列成密总状花序,雌花为疏松的圆锥花序。花小,白色,花期4月。果期9—10月,核果球形如绿豆,初为绿色,成熟后变红色或紫蓝色。

【生长习性】　喜光,幼时稍耐阴;喜温暖,畏严寒;耐干旱、瘠薄,对土壤要求不严,微酸性、中性和微碱性的沙质、黏质土均能适应,而以在肥沃、湿润而排水良好的石灰岩山地生长最好。深根性,主根发达,抗风力强;萌芽力强。生长较慢,寿命可长达300年以上。对二氧化硫、氯化氢和煤烟的抗性较强。中国黄河流域至华南、西南地区均有分布。

【耐盐特性】　黄连木有一定的耐盐性。在上海浦东新区滨海含盐量2‰的盐渍土上年均高生长量达40 cm。在奉贤区五四农场杭州湾北岸含盐量1.4‰～1.7‰的盐渍土上,黄连木1～5年生长期内,地径(胸径)年生长量均达1.0 cm以上,苗龄为1～3年的黄连木,其苗高年生长量均超过 70 cm(惠晓萍等,2006)。

**【繁殖栽培】** 在上海地区黄连木种子经预处理后,采用适宜的容器育苗方法,及时进行芽苗移栽,具有较高的存活率,但其扦插育苗成苗率很低。因此,在生产上若无特殊需要,应采用种子育苗法培育黄连木种苗。在黄连木幼苗期应用细眼壶喷水,在满足苗木生长所需水分的情况下,控制浇水量,以保持容器有一定透气性,防止苗木徒长和烂根。同时结合喷水进行根外追肥,前期每 15~20 d 喷施 1 次 0.2% 磷酸二氢钾,后期喷施 2 次 0.5% 尿素,对提高种苗质量、促进种苗生长具有积极作用(惠晓萍等,2006)。

**【绿化用途】** 黄连木有较高的观果、观叶价值,在滨海城镇绿化中,可用于公园和风景区绿化。在公园中,黄连木可片植、孤植于草坪,也适于成林。孤植常用于草坪、水面附近、桥头、园路尽头、庭院等处,也可与常绿植物组景,构成四季有景、色彩对比突出的景观效果。片植或林植黄连木,可产生不同的季相景观,疏密有致,景色自然。若要构成大片秋色红叶林,可与槭类、枫香混植,效果更好。

黄连木是十分优秀的行道树,可带状栽植于道路景观带,或成片栽植形成小绿岛,能产生较好的造景效果。如果在道路绿化中将黄连木运用矩阵式栽植,同棕榈矩阵、紫薇矩阵、桂花矩阵、栾树矩阵、石楠矩阵等配置,整条道路的绿化就会显得错落有致、层次分明。黄连木等乔灌木可与金叶女贞、红峨木、紫叶小檗、扶桑等常色叶植物及一些常绿花灌木配成大小不等、曲直不一的色带或色块,突出色彩构图之美,使其具有时代气息。

黄连木对二氧化硫和煤烟有较强抗性,可作防治大气污染的环境保护树种和环境监测树种。在工厂区种植黄连木,既可起到净化空气、降低烟尘的作用,又可以美化厂区环境(查茜等,2010)。

## （九）全缘冬青

*Ilex integra*　冬青科　冬青属

**【形态特征】**　常绿乔木,树皮灰褐,树冠圆锥状,树形端正优美。叶片厚革质、全缘、光亮浓绿,枝叶紧凑。果实累累,大而鲜红,直径0.8～1.2 cm,内含种子4粒。果期8—11月,单个枝条着果有时多达30～50粒,红果绿叶交相辉映,十分悦目(徐斌芬等,2007)。

**【生长习性】**　全缘冬青常生长在海边岩缝或海边山坡山谷等土壤瘠薄,受海雾、海风影响大以及干旱等恶劣的环境条件下,具有较强的耐干旱能力和抗风能力,适生应用范围广,主要分布于浙江舟山群岛、福建及日本等地,系我国沿海岛屿与日本共有种。另外,全缘冬青为雌雄异株、风媒传粉,种子具有隔年发芽、休眠期长的特性(丁建仁等,2011)。

**【耐盐特性】**　全缘冬青有一定的耐盐性。在上海浦东新区滨海含盐量2‰的盐渍土上年均高生长量达45 cm。在舟山海岛海边山坡山谷和岩石缝中生长,抗盐风、盐雾能力强,在浙江慈溪杭州湾滨海含盐量3‰的盐渍土上亦生长良好(黄胜利等,2006)。

**【繁殖栽培】**　当全缘冬青果实果皮转为红色时,一般在9、10月,选择生长良好、无病虫害的母树采种。采回后喷水堆沤2～5 d,果肉软化后搓破果皮、捣碎果肉,用清水漂洗干净,置于室内阴凉通风处晾干,随即用河沙湿藏。对于休眠期长、具有隔年出苗特性的全缘冬青,由于贮藏时间长,特别是在夏季基质的湿度难以控制,通常将种子与湿沙按1∶3拌匀后,置于陶瓷盆内,埋入室外排水良好、上有遮阴的地下贮藏,至次年11—12月播种。播种采用条播,播种前将播种床表面适当压实,同时苗床在3 d前必须浇透,播种后均匀覆盖过筛的园土,覆土厚度为种子直径的2～3倍,并适当加以镇压,之后浇水保湿,然后覆盖稻草。次年3月上旬,全缘冬青子叶陆续出土,约20 d

后基本出齐。利用自动间歇喷雾设施进行嫩枝扦插,全缘冬青通过 200 mg·kg$^{-1}$ABT 1 号生根粉处理,生根率最高为 59.2%(徐斌芬等,2007)。

定植应选择土层深厚、疏松、水源充足、背风向阳的地块。种植时表土与心土分开放,先在坑底放入有机肥 50 kg、过磷酸钙 500 g,并与土拌匀。一般选用质好、健壮、达到标准的苗木于 12 月至翌年 3 月定植,以容器苗为好;按大小进行分级,力求整齐;要求定植苗高 25 cm 以上,地径 0.5 cm 以上,根系发达。去除容器,置于坑中央,让根系舒展,培土压实。定植后要浇足定根水。生长季充足浇水、施肥,但夏季炎热停止施肥,也可翌年春液喷施,或秋施有机肥或在花前施用磷钾复合肥(丁建仁等,2011)。

**【绿化用途】** 从自然分布和生长特性可见,全缘冬青为阳性树种,喜光、抗风、抗逆性,林下反而枝叶稀疏,观赏效果差。同时,全缘冬青实生苗主干明显,可逐步形成圆锥状的树冠,因此在园林绿化中可作为行道树、庭荫树、孤植树栽培,也可以成片营建风景林或在沿海困难地造林。扦插苗多分枝,呈丛生状,可作为观叶树种、观果树种,通过孤植、对植、丛植、群植等植物配置方式应用到厂矿企业、广场、校园、庭院、公园等地的绿化美化中。因此,可采用实生或扦插繁殖方法以培育相应特征的苗木用于不同的园林用途(徐斌芬等,2007)。

## (十)普陀樟

*Cinnamomum japonicum* var. *chenii* 樟科 樟属

**【形态特征】** 常绿乔木,普陀樟高达 20 m,胸径达 4 m。树皮淡褐色,小枝绿色,光滑。叶革质,芳香,近对生或在枝条上部互生,卵状长椭圆形或长椭圆形,先端渐尖,基部宽楔形或近圆形,正面深绿色,有光泽,背面淡绿色,两面无毛,离基三出脉。聚伞花序从枝上叶腋生出,花淡黄色,花萼 6 片,宽椭圆形,外面有短毛。浆果状核果,椭圆形至椭圆状卵形,熟时紫黑色。花于 5—6 月开放,11 月果实成熟,结果有间歇期(陈斌,2013)。

【生长习性】　在舟山群岛,普陀樟常生长在海边石缝和海边山坡等土壤干旱、瘠薄的环境条件下,具有较强的耐干旱能力和抗海风能力。普陀樟天然更新能力强,幼苗期极耐庇荫。

【耐盐特性】　在舟山群岛,普陀樟常生长在盐基饱和度较高的土壤中,常分布于东南向的临海迎风山坡,抗盐风、盐雾能力强(俞慈英等,2008)。在上海浦东新区滨海含盐量 2‰的盐渍土上年均高生长量可达 30 cm。

【繁殖栽培】　11 月,当普陀樟果皮由青色转为紫黑色时,将果实采回,装入塑料袋,随即扎紧袋口,在室内放置 10～15 d,果肉发软后将适量果实置于化纤包装袋内揉搓,使种子脱离果皮和果肉,再洗净晾干。将处理好的纯净种子与湿沙层积储藏。经湿沙层积储藏后的种子于次年 2 月下旬采用点播方式播种。播种后用过筛的园土覆盖,厚度为 0.5 cm,其上再用稻草均匀覆盖,之上再覆盖 1 层地膜,用土压住苗床四周地膜,封闭床面,形成保温层。最后搭建小拱棚。4 月中旬,待幼苗长到 10 cm 以上时,气温渐升,苗木不再受晚霜威胁。即可拆除小拱棚,并立即进行首次全面拔草,顺带进行首次间苗,被间出的小苗及时移栽至预先准备好的露地苗床上。7 月中旬进行第 2 次间苗,此时平均苗高已达 20 cm,被间苗木移栽至露地,栽后立即搭设简易阴棚,并浇水保持苗床湿润。先后两次总间苗量以占总出苗数的 1/4 为宜。首次间苗后即可施肥,配制 2%尿素用洒水壶喷洒苗床,再用清水喷洒叶面,保持叶面清洁,每隔半月施追肥 1 次,连续施 3～4 次。及时拔草喷水,做到见草就拔,床面发干就喷水。夏季每隔 1 周喷洒 1 次。普陀樟的发芽率一般在 70%左右,1 年生播种苗平均高 30 cm,平均根径 0.4 cm。

采取多次移栽的方法可以培育园林大苗。于次年春季将 1 年生播种小苗按照 25 cm×30 cm 的密度进行首次移栽,2 年后进行隔行、隔株疏间。将被间的带土苗木按 50 cm×60 cm 的株行距再次移栽,继续培育 2~3 年。然后隔株、隔行疏间,被疏间的苗木可视其大小,或用于一般绿化造林,或继续在圃地移栽,培育更大规格的园林绿化用苗。其唯一的缺点是生长较慢,必须加强肥水管理(陈斌,2013)。

【绿化用途】 普陀樟树干通直,材质优良,适用范围广,可以用作庭园树、行道树,使城市园林景观轮廓清晰,美观自然。与其他树种相比,普陀樟对环境要求不严,养护管理较为粗放,适应力强,且经济实用。与香樟相比,普陀樟具有更强的抗性,能充分发挥园林绿地保护、美化和改善生态环境的作用。与此同时,可以改变我国东南部沿海城市香樟使用过多的缺点,给街道绿化景观添加新元素。在具体的园林布置上,普陀樟林下还可配置一些造景花木,如桂花、茶花、梅、紫薇、樱花等,点缀蝴蝶花、酢浆草、三叶草、蕨类等地被植物,以形成绿荫覆地、红花成簇的立体景观(陈斌,2013)。

# (十一) 金叶皂荚

*Gleditsia triacanthos* 'Sunburst'　苏木科　皂荚属

【形态特征】 落叶大乔木。株高 9~10.5 m,树干短小,树冠具有延展性,无枝刺,不结实;1~2 回羽状复叶,小叶 5~16 对,长椭圆状披针形,边缘疏生细圆齿,春季新叶为金黄色,可持续 3~5 周,成熟叶浅黄绿色,秋季变为金黄色,但梢部 30~50 cm 的叶片在整个生长季节均保持金黄色。

【生长习性】 金叶皂荚性喜光而稍耐阴、耐旱、耐寒,能耐 −34 ℃低温。喜温暖湿润气候及深厚肥沃土壤,在石灰质及轻度盐碱土上也能生长,适应性较广,中国北部至南部以及西南部均可种植。深根性、少病虫害。生产中发现部分植株有天牛危害,半径 3 cm

以下的植株生长中容易歪头。其适应性稍逊于皂荚。

【耐盐特性】 金叶皂荚对长三角滨海盐渍土有一定的适应性，在上海浦东新区滨海含盐量2‰的盐渍土上年均高生长量可达30 cm（沈烈英等，2012）。

【繁殖栽培】 嫁接繁殖，砧木为皂荚。一般10月采种，采收后摊晒，压碎荚果；筛去果皮，进行风选，阴干后装袋干藏。种子千粒重约450 g，约2200粒·kg$^{-1}$。种皮较厚，发芽慢且不整齐，播前需进行处理，等种子破裂后再播种，或在秋末冬初，将种子放入水中，充分吸水后，捞出混沙贮藏，翌年春天种子裂嘴后播种。播后土壤要保持湿润，当年苗高可达50～100 cm。劈接和插皮接，要在落叶后或发芽前15～20 d，采集1年生健壮充实、无病虫害的金叶皂荚枝条作接穗，并在阴凉处挖坑用湿沙分层埋藏；芽接采用当年生健壮充实、叶芽饱满的金叶皂荚枝条作接穗，要随采随接，接穗采下后立即剪去叶片，保留1段叶柄备用。劈接、插皮接接穗萌发后选留1个壮芽，并及时抹除砧木萌芽，加强浇水、施肥、抹芽等田间管理。新梢长至20 cm以上时，用竹片或树枝深埋20 cm左右绑缚在砧木上进行加固，以防风折，至接口完全愈合且穗条完全木质化后去除支撑物。

芽接10 d左右检查成活情况，及时去除绑缚物，凡接芽新鲜，叶柄一触即落，即为成活。未接活的如嫁接时期未过，要迅速补接。夏季芽接活的及时抹除砧木萌芽，并采取折砧措施促使接芽抽条生长，待新梢有8～9片叶时，再从接芽上部剪砧。秋季芽接和当年接芽不萌发的，在翌年春天发芽前从接活芽的上部剪砧（李应华，2011）。

【绿化用途】 在滨海城镇园林绿化中，金叶皂荚为多季彩色、乔木类彩叶树种，树形雄伟、株形美观、枝条舒展、叶色美丽，可作庭荫树、行道树、园景树和风景林。

## （十二）红楠

*Machilus thunbergii* 樟科 润楠属

【形态特征】 常绿中乔木,通常高 10～20 m。枝条多而伸展,紫褐色,老枝粗糙,嫩枝紫红色。叶倒卵形至倒卵状披针形,叶柄纤细,长 1～3.5 cm。花序顶生或在新枝上腋生;苞片卵形,花被裂片长圆形;花丝无毛,第三轮腺体有柄;子房球形,无毛;花柱细长,柱头头状;花梗长 8～15 mm。果扁球形,直径 8～10 mm,初时绿色,后变黑紫色;果梗鲜红色。花期 2 月,果期 7 月。

【生长习性】 红楠主产于长江流域以南,最北可分布到山东的崂山。性喜温暖湿润气候,稍耐阴,有一定的耐寒能力。对土壤要求不严,主根较发达,深根性(林朝楷,2004)。在舟山群岛,常生长在海边石缝和海边山坡等土壤干旱瘠薄的环境条件下,具有较强的耐干旱能力和抗海风、海雾能力。

【耐盐特性】 在舟山群岛,红楠常生长在盐基饱和度较高的土壤中,常分布于东南向的临海迎风山坡,抗盐风、盐雾能力强(王国明,2003)。在上海浦东新区滨海含盐量 2‰ 的盐渍土上年均高生长量可达 30cm。

【繁殖栽培】 采种宜选择 20 年生以上的优良母树,地上收集成熟果实,除去果皮、果肉,置于水中淘洗干净,水迹稍干,立即播种。红楠幼苗喜阴湿,圃地宜选择日照时间短、光照较弱、排灌方便、肥沃湿润的土壤。播种前,种子用 0.5% 的高锰酸钾溶液消毒 2 h。圃地要施足基肥,一般采用条播。待种粒有 1/3 出苗后,分 2 次揭去盖草,并及时搭棚遮阴,棚的透明度以 30%～40% 为宜。田间管理要精细,及时除草、松土、灌溉、施肥、防治病虫害,后期管理要注意不使幼苗越冬时受冻害。当年苗高 10～12 cm,次年 2—3 月移栽,移植 1 年生苗高可达 50～60 cm。用于园林绿化的苗木以移栽培育大苗为佳,要求有通直良好的干形,主干高 2.5～4 m,树高 5～7 m;栽植成活后的大苗要进行整形修剪,通过养干疏枝对苗干和苗冠进行控制和调整(房震,2012)。

【绿化用途】　一是春季顶芽相继开放,新叶随着生长期出现深红、粉红、金黄、嫩黄或嫩绿等不同颜色的变化,满树新叶似花非花,五彩缤纷,斑斓可爱,秋梢红艳,是城市景观的彩叶树种。二是夏季果熟,果皮紫黑色,长长的红色果柄,顶托着一粒粒黑珍珠般靓丽动人的果实,是理想的观果树种。三是冬季顶芽粗壮饱满微红,犹如一朵朵含苞待放的花蕾,缀满碧绿的树冠,恰似"绿叶丛中万点红",让人赏心悦目。四是树形优美,树干高大通直,树箍自然分层明显,枝叶浓密,四季常青,是理想的道路、公园、庭院、住宅区等绿化树种(张冬生,2013)。此外,红楠有较强的耐盐性及抗风能力,在我国东南沿海作防风林树种。

## (十三) 白蜡树

*Fraxinus chinensis*　木樨科　梣属

【形态特征】　落叶乔木,株高可达 15～20 m。奇数羽状复叶,对生,小叶 5～9 枚,卵圆形或卵状披针形,长 3～10 cm,先端尖,基部楔形,缘有钝齿。圆锥花序顶生或腋生枝梢,长 8～10 cm;花雌雄异株;雄花密集,花萼小,钟状,长约 1 mm,无花冠,花药与花丝近等长;雌花疏离,花萼大,桶状,长 2～3 mm,4 浅裂,花柱细长,柱头 2 裂。果翅匙形,长 3～4 cm,宽 4～6 mm,坚果圆柱形,长约 1.5 cm。花期 4—5 月,果期 7—9 月。

【生长习性】　我国东北南部至华南北部均有分布,各地广泛栽培。喜光,耐侧方庇荫,喜温暖,耐寒,耐旱,抗烟尘。深根性,萌蘖力强,生长较快,耐修剪。南方地区有天牛危害(王铖等,2015)。

【耐盐特性】　白蜡树在华北滨海盐渍土上生长较好。沧州市东部濒临渤海,土质盐碱,土壤类型为滨海盐土或潮土,1 m³ 土体平均含盐量为 1‰~4‰。近几年来,沧州市盐山县结合国家抗盐碱树种良种基地建设及沿海防护林体系建设工程,针对盐碱地造林实际情况,先后选育、引进抗盐碱树种 30 余个,并进行造林试验,通过观察对比,白蜡树等表现出良好的抗盐碱性能(王连洲等,2014)。同样,在上海市金山区杭州湾北岸滨海盐渍土上,白蜡树能耐 3.3‰~5.9‰的土壤含盐量(魏凤巢等,2012)。

**【繁殖栽培】** 种子繁殖:9—10 月果实成熟时采收,及时摊开晾晒 3~5 d,然后除去杂物、皮壳,装入纸袋内,放在低温、干燥、通风处贮藏。白蜡树种子休眠期长,直接播种不易出芽,播种前需进行催芽处理。白蜡树种子宜采用条播法。一般于 3—4 月在事先准备好的苗床上开沟,行距 50 cm,开沟后立即播种。及时覆土,覆土厚度 2~3 cm,然后适度踏压,浇透水,覆盖草帘,保湿、保温,以利于快速出苗,待幼苗大部分出土后,要及时除去覆盖物。通常播种量为 150~200 kg·hm⁻²。扦插繁殖:春季 3 月下旬至 4 月上旬进行,扦插前细致整地,施足基肥,使土壤疏松,水分充足。插穗应从无病虫害的健壮母树上选取一年生萌芽枝条,一般枝条粗度为 1 cm 以上。长度 15~20 cm,上端平剪,下端斜剪呈马耳形。在马耳形背面轻刮 3 刀,长 3~5 cm,深达形成层,促进生根。随采随插,扦插时,可先用小木钎在苗床上打孔。然后将插穗下端插入孔内,再将其周围土壤压实,株行距 15~25 cm,插后及时喷水保持苗床湿润,1 个月左右即可生根发芽(冯燕,2008)。

**【绿化用途】** 白蜡树种形体端正,树干通直,枝叶繁茂而鲜绿,秋叶橙黄,在滨海城镇园林绿化中是优良的行道树、庭院树、公园树和遮阴树。可孤植、列植,也可用于湖岸绿化和工矿区绿化。

### (十四) 丝棉木

*Euonymus maackii*　卫矛科　卫矛属

【形态特征】　落叶小乔木或灌木,高可达6~8 m。树冠圆形与卵圆形,小枝细长柔软,绿色光滑,近四棱形,两年生枝四棱,每边各有白线。单叶对生,卵状椭圆形或长椭圆形,长5~8 cm,先端锐尖,基部楔形,缘有细齿。叶柄细长约为叶片长的1/3,叶片下垂,秋叶转为暗红到深红。伞形花序,腋生,花3~7朵,淡绿色;蒴果粉红色,4裂片。种子淡黄色,有红色假种皮,上端有小圆口,稍露出种子。花期5~6月,果熟期9—10月。

【生长习性】　丝棉木产于中国东北、华北至长江流域,华中、华东地区有栽培。喜光,稍耐阴;耐寒,耐干旱,也耐水湿;对土壤要求不严,在肥沃、湿润而排水良好土壤中生长最好。根系深而发达,能抗风;根蘗萌发力强,生长速度中等偏慢。对二氧化硫的抗性中等(王铖等,2015)。

【耐盐特性】　丝棉木耐盐能力较强。上海崇明东滩、杭州湾南岸丝棉木在3‰~4‰的滨海盐渍土中存活率不低于70%;在杭州湾北岸滨海盐渍土上能耐2.5‰~3.2‰的含盐量(崔心红等,2011;魏凤巢等,2012)。

【繁殖栽培】　以播种、扦插繁殖为主。播种:在秋季采种,搓去假种皮,洗净晒干,层积贮藏,次年春播。采用平床育苗,播种量为每0.015 kg·m$^{-2}$左右。一般采用条播,墒情适宜条件下20 d左右出苗。间苗在长出1~2对真叶时进行,按三角形留苗,株距约15 cm。根据土壤墒情适时、适量灌溉。在地上部分长出真叶至幼苗迅速生长前,适当控水,进行"蹲苗"。雨后和浇水后要及时松土保墒。扦插:插条的采集一般在秋季落叶后到春季树液流动前的休眠期进行,春季硬枝扦插的需将枝条进行冬季贮藏。扦插前用1%的蔗糖溶液浸泡24 h,能显著提高插条存活率。扦插深度为插条长度的 2/3,株距 20 cm,行距 40 cm,插后浇透水。

**【绿化用途】** 丝棉木为秋叶单色类彩叶植物。株型舒展,枝叶纤细,叶色鲜艳。适合孤植林缘或道旁,也可点缀于草坪边缘矮树丛中,还可植于湖岸、溪边构成水景(王铖等,2015)。

## (十五) 栾树

*Koelreuteria paniculata* 无患子科 栾树属

**【形态特征】** 落叶乔木,高达 15 m,树冠近球形。树皮灰褐色,细纵裂。一回羽状复叶。花小,金黄色;顶生圆锥花序较松散。蒴果三角卵形,成熟时红褐色或橘红色。花期 6—7 月,果 9—10 月成熟。

**【生长习性】** 栾树产于中国北部及中部大部分省区,以华中、华东较为常见。喜光,耐半阴,耐寒,耐干旱、瘠薄,对环境的适应性强,喜欢生长于石灰质土壤中,耐盐渍及短期水涝。栾树具有深根性,萌蘖力强,生长速度中等,幼树生长较慢,之后渐快,抗风能力较强。有较强抗烟尘能力,对二氧化硫、氯气抗性较强。

**【耐盐特性】** 栾树耐盐碱能力较强。杭州湾南岸慈溪滩涂栾树在 3‰～4‰的滨海盐渍土中存活率不低于 70%;在杭州湾北岸金山滨海盐渍土上能耐1.3‰～2.9‰的含盐量(崔心红等,2011;魏凤巢等,2012)。

**【繁殖栽培】** 以播种繁殖为主。秋季果熟时采收,及时晾晒去壳。因种皮坚硬不易透水,若不经处理,次年春播常不发芽,故秋季去壳播种,可用湿沙层积处理后春播。一般采用垄播,垄距60～70 cm,因种子出苗率低,故用种量大,播种量 0.045～0.060 kg·m$^{-2}$。进入秋季要逐步延长光照时间和光照强度,直至接受全光,以提高幼苗的木质化程度。幼苗长到5～10 cm 高时要间苗,要经常松土、除草、浇水,保持床面湿润,秋末落叶后大部分苗木可高达 2 m,地径 2 cm 左右。

芽苗移栽能促使苗木根系发达,一年生苗高 50～70 cm。由于栾树树干不易长直,第一次移植时要平茬截干,并加强肥水管理(周金良,2006)。

【绿化用途】　栾树在园林绿化中应用广泛,宜作庭荫树和行道树,常栽植于溪边、池畔、园路旁或草坪边缘,是良好的园景树。又因其生态功能,适于种植在工厂、矿区等地区作为污染防护林(李馨等,2009)。

# 附　　录

## 附录一　成果

### 一、相关课题

1. 慈溪市农业局项目,杭州湾滩涂湿地绿化技术研究与工程应用,2002—2003.

2. 上海市科学技术委员会重大项目,盐碱地带水网地区生态技术研究及其在临港新城新成陆地域的应用示范,2004—2006,课题号:04DZ12038.

3. 上海市科学技术委员会重点项目,临港新城河道生态景观构建关键技术研究,2006—2008,课题号:062312018.

4. 上海市科学技术委员会崇明生态岛科技支撑重大专项,东滩园区生态化建设应用研究第五子课题崇明东滩湿地公园滩涂盐渍土改良技术研究,2005—2007,课题号:05DZ1201405.

5. 上海市科学技术委员会科技支撑计划项目,临港地区盐桦的引种与适应性研究及示范,2008—2010,课题号:082310802.

6. "十一五"国家科技支撑计划城镇绿地生态构建和管控关键技术研究与示范重点项目第 3 子课题"滨海城镇盐碱化绿地植被修复技术研究",2008—2011,课题号:2008BAJ10B0003.

7. 上海市科学技术委员会重大项目,污泥改良盐渍土关键技术及其在白龙港区域的工程示范,2008—2010,课题号:09DZ1204106.

8.国家林业局林业公益性行业专项建设项目,沼泽小叶桦规模化繁殖技术研究与应用示范,2014—2016,项目编号:201404119.

◆ 授权专利:10 项,其中发明专利 4 项,实用新型 6 项

◆ 发明核心期刊文章 14 篇

◆ 林业行业标准 1 项,上海市地方标准 2 项

◆专著 2 部

◆ 上海市科技进步三等奖 1 项

## 二、相关标准

1.滨海城镇盐渍土原位隔离绿化技术规程,国家林业局科技司,2013-LY-113,2013—2014.

2.滨海湿地恢复技术规程,国家林业局科技司,2013-LY-112,2013—2014.

3.原位隔离关键技术在滨海盐渍土绿化中的应用与示范,上海市质量技术监督局,2012—2013.

## 三、专利

1.实用新型专利:一种用于改良滨海盐渍土的装置(2010)

发明人:崔心红　黄一青　鞠云福　张群　毕华松　朱义

专利号:ZL 2010 2 0149547.5

2.发明专利:利用棉花秸秆改良滨海盐渍土的方法(2010)

发明人:崔心红　黄一青　鞠云福　张群　毕华松　朱义

专利号:ZL 2010 1 0138702.8

3.实用新型专利:改良滨海地区城市退化土壤的一种土壤结构(2010)

发明人:郝瑞军　张琪　王智勇　王洪　方海兰　崔心红

专利号:ZL 2010 2 0254164.4

4.发明专利:一种构建人工剖面改良滨海地区城市退化土壤的

方法（2010）

发明人：郝瑞军　张琪　王智勇　王洪　方海兰　崔心红

专利号：ZL 2010 1 0223047.6

5.发明专利：一种用于改良滨海盐渍土壤植物的选择方法
（2010）

发明人：有祥亮　张德顺　王铖　郗金标　张国民　吴海霞

专利号：ZL 2010 1 0138707.0

6.发明专利：一种用加拿大一枝黄花改良滨海盐渍土的方法
（2011）

发明人：有祥亮　夏檑　沈烈英　王洪

专利号：ZL 2011 1 0057998.5

## 四、获奖

1.2008—2009 年度绿化市容科技论文奖

获奖论文：棉花秸秆隔离层对滨海滩涂土壤及绿化植物的影响

论文作者：崔心红　朱义等

获奖等级：三等奖

2.2010 年度上海市科技进步奖

项目名称：长三角滨海城镇绿化耐盐植物筛选和生物材料改良
盐渍土技术研究与应用

获奖者：上海市园林科学规划研究院　崔心红　朱义　张群等

奖励等级：三等奖

## 五、文章与论著

[1]　崔心红，张群.栽培实验中几种处理对 8 种植物抗盐耐盐
能力的影响[C].上海市园艺学会,上海市园艺学会年会论文汇编.上
海,2005:55-65.

[2]　樊华,张群,王海洋,等.7 种园林植物的耐盐性研究[J].

林业科技,2007,32(2):65～68.

[3]　朱义,谭贵娥,何池全,等.盐胁迫对高羊茅(*Festuca arundinacea*)幼苗生长和离子分布的影响[J].生态学报,2007,27(12):5447-5454.

[4]　张群,崔心红,夏檑,等.上海临港新城近60 a筑堤区域植被与土壤特征[J].浙江林学院学报,2008,25(6):698-704.

[5]　崔心红,朱义,张群,等.棉花秸秆隔离层对滨海滩涂土壤及绿化植物的影响[J].林业科学,2009,45(1):31-35.

[6]　崔心红,有祥亮,张群.长三角滨海城镇园林绿化植物耐盐性试验研究[J].中国园林,2011,27(2):93-96.

[7]　王斌,巨波,赵慧娟,等.不同盐梯度处理下沼泽小叶桦的生理特征及叶片结构[J].林业科学,2011,47(10):29-36.

[8]　王斌,赵慧娟,巨波,等.高温高湿对沼泽小叶桦光合和生理特征的影响及其恢复效应[J].中国农学通报,2011,27(28):47-52.

[9]　王斌,赵慧娟,巨波,等.不同温度、湿度水平下沼泽小叶桦光合日动态初步研究[J].上海交通大学学报:农业科学版,2011,29(6):42-45.

[10]　有祥亮,崔心红,张群,等.沼泽小叶桦嫩枝扦插试验[J].上海交通大学学报:农业科学版,2012,30(2):12-16.

[11]　张琪,夏檑,王洪,等.污泥在滨海盐渍土绿化中的应用[J].园林,2012(2):54-55.

[12]　朱义,崔心红,张群,等.有机肥料对滨海盐渍土理化性质和绿化植物的影响[J].上海交通大学学报:农业科学版,2012,30(4):91-96.

[13]　沈烈英,王智勇,崔心红,等.上海城市污泥在滨海盐渍土绿化中的应用研究与探索[M].上海:上海科学技术出版社,2012.

## 附录二 植物名录

| 编号 | 科 | 属 | 中文名 | 拉丁学名 |
|------|-----|-----|--------|----------|
| 1 | 南洋杉科 Araucariaceae | 南洋杉属 Araucaria | 南洋杉 | Araucaria cunninghamia |
| 2 | 柏科 Cupressaceae | 柏木属 Cupressus | 蓝冰柏 | Cupressus glabra |
| 3 | | | 速生柏 | Cupressus lusitanica Mill. |
| 4 | | | 西藏柏木 | Cupressus torulosa |
| 5 | | 刺柏属 Juniperus | 蓝刺柏 | Juniperus chinensis |
| 6 | | 侧柏属 Platycladus | 侧柏 | Platycladus orientalis |
| 7 | | 圆柏属 Sabina | 龙柏 | Sabina chinensis (L.) Ant. cv. kaizuca |
| 8 | | | 洒金柏 | Platycladus orientalis (L.) Ant. cv. Aurea |
| 9 | | | 蜀桧 | Sabina komarovii |
| 10 | | | 爬地柏 | Sabina procumbens |
| 11 | 银杏科 Ginkgoaceae | 银杏属 Ginkgo | 银杏 | Ginkgo biloba |
| 12 | 松科 Pinaceae | 雪松属 Cedrus | 雪松 | Cedrus deodara |
| 13 | | 松属 Pinus | 油松 | Pinus tabulaeformis |
| 14 | | | 火炬松 | Pinus taeda |
| 15 | 杉科 Taxodiaceae | 水松属 Glyptostrobus | 水松 | Glyptostrobus pensilis |
| 16 | | 水杉属 Metasequoia | 水杉 | Metasequoia glyptostroboides |
| 17 | | 落羽杉属 Taxodium | 北美落羽杉 | Taxodium distichum |
| 18 | | | 墨西哥落羽杉 | Taxodium mucronatum |
| 19 | 木兰科 Magnoliaceae | 单性木兰属 Kmeria | 单性木兰 | Kmeria septentrionalis |
| 20 | | 鹅掌楸属 Liriodendron | 鹅掌楸 | Liriodendron chinense |

续表

| 编号 | 科 | 属 | 中文名 | 拉丁学名 |
|---|---|---|---|---|
| 21 | 樟科 Lauraceae | 樟属 Cinnamomum | 香樟 | *Cinnamomum camphora* |
| 22 | | | 大叶香樟 | *Cinnamomum septentrionale* |
| 23 | | | 普陀樟 | *Cinnamomum japonicum* var. *chenii* |
| 24 | | 润楠属 Machilus | 红楠 | *Machilus thunbergii* |
| 25 | | 新木姜子属 Neolitsea | 舟山新木姜子 | *Neolitsea sericea* |
| 26 | 毛茛科 Ranunculaceae | 毛茛属 Ranunculus | 禺毛茛 | *Ranunculus cantoniensis* |
| 27 | 小檗科 Berberidaceae | 小檗属 Berberis | 小檗 | *Berberis acuminata* |
| 28 | | | 豪猪刺 | *Berberis julianae* |
| 29 | | 南天竹属 Nandina | 南天竹 | *Nandina domestica* |
| 30 | 金缕梅科 Hamamelidaceae | 枫香树属 Liquidambar | 北美枫香 | *Liquidambar styraciflua* |
| 31 | | | 枫香 | *Liquidambar taiwaniana* |
| 32 | | 檵木属 Loropetalum | 檵木 | *Loropetalum chinense* |
| 33 | 榆科 Ulmaceae | 朴属 Celtis | 朴树 | *Celtis sinensis* |
| 34 | | 榆属 Ulmus | 白榆 | *Ulmus pumila* |
| 35 | | 榉属 Zelkova | 榉树 | *Zelkova schneideriana* |
| 36 | 桑科 Moraceae | 构属 Broussonetia | 构树 | *Broussonetia papyrifera* |
| 37 | | 榕属 Ficus | 小叶榕 | *Ficus parvifolia* |
| 38 | | 葎草属 Humulus | 葎草 | *Humulus scandens* |
| 39 | | 桑属 Morus | 桑 | *Morus alba* |
| 40 | 胡桃科 Juglandaceae | 胡桃属 Juglans | 黑胡桃 | *Juglans nigra* |
| 41 | 壳斗科 Fagaceae | 栎属 Quercus | 弗吉尼亚栎 | *Quercus virginiana* |
| 42 | | | 麻栎 | *Quercus acutissima* |
| 43 | 桦木科 Betulaceae | 桦木属 Betula | 沼泽小叶桦 | *Betula microphylla* var. *paludosa* |
| 44 | | | 盐桦 | *Betula halophila* |

续表

| 编号 | 科 | 属 | 中文名 | 拉丁学名 |
|---|---|---|---|---|
| 45 | 木麻黄科 Casuarinaceae | 木麻黄属 Casuarina | 木麻黄 | Casuarina equisetifolia |
| 46 | 藜科 Chenopodiaceae | 藜属 Chenopodium | 灰藋 | Chenopodium glaucum |
| 47 | | 碱蓬属 Suaeda | 碱蓬 | Suaeda glauca |
| 48 | 苋科 Amaranthaceae | 牛膝属 Achyranthes | 空心莲子草 | Alternanthera philoxeroides |
| 49 | | 莲子草属 Alternanthera | 牛膝 | Achyranthes bidentata |
| 50 | | 苋属 Amaranthus | 苋 | Amaranthus tricolor |
| 51 | 石竹科 Caryophyllaceae | 无心菜属 Arenaria | 蚤缀 | Arenaria serpyllifolia |
| 52 | | 繁缕属 Stellaria | 繁缕 | Stellaria media |
| 53 | 蓼科 Polygonaceae | 蓼属 Polygonum | 两栖蓼 | Polygonum amphibium |
| 54 | | | 红蓼 | Polygonum orientale |
| 55 | | 酸模属 Rumex | 齿果酸模 | Rumex dentatus |
| 56 | 茶科 Theaceae | 山茶属 Camellia | 红山茶 | Camellia japonica |
| 57 | | 柃木属 Eurya | 浜柃 | Eurya emarginata |
| 58 | | 木荷属 Schima | 木荷 | Schima superba |
| 59 | 藤黄科 Guttiferae | 金丝桃属 Hypericum | 红果金丝桃 | Hypericum inodorum 'Excellent Flair' |
| 60 | 椴树科 Tiliaceae | 椴树属 Tilia | 欧洲椴 | Tilia europaea |
| 61 | 木棉科 Bombacaceae | 木棉属 Bombax | 木棉 | Bombax ceiba |
| 62 | 锦葵科 Malvaceae | 苘麻属 Abutilon | 苘麻 | Abutilon theophrasti |
| 63 | | 棉属 Gossypium | 棉花 | Gossypium spp. |
| 64 | | 木槿属 Hibiscus | 大花秋葵 | Hibiscus moscheutos |
| 65 | | | 海滨木槿 | Hibiscus hamabo |
| 66 | | | 木芙蓉 | Hibiscus mutabilis |
| 67 | | | 木槿 | Hibiscus syriacus |
| 68 | 半日花科 Cistaceae | 半日花属 Helianthemum | 半日花 | Helianthemum songaricum |

续表

| 编号 | 科 | 属 | 中文名 | 拉丁学名 |
|---|---|---|---|---|
| 69 | 柽柳科 Tamaricaceae | 柽柳属 Tamarix | 柽柳 | *Tamarix chinensis* |
| 70 | | | 滨海盐松 | *Tamarix chinensis* 'Lucheng Erhao' |
| 71 | 葫芦科 Cucurbitaceae | 黄瓜属 Cucumis | 黄瓜 | *Cucumis sativus* |
| 72 | | 栝楼属 Trichosanthes | 栝楼 | *Trichosanthes kirilowii* |
| 73 | 杨柳科 Salicaceae | 杨属 Populus | 金叶杨 | *Populus* spp. |
| 74 | | | 四季杨 | *Populus* spp. |
| 75 | | | 红叶杨 | *Populus deltoides* 'Zhonghua hongye' |
| 76 | | 柳属 Salix | 彩叶杞柳 | *Salix integra* 'Hakuro Nishiki' |
| 77 | | | 金丝柳 | *Salix × aureo-pendula* |
| 78 | | | 垂柳 | *Salix babylonica* |
| 79 | 十字花科 Cruciferae | 鼠耳芥属 Arabidopsis | 拟南芥 | *Arabidopsis thaliana* |
| 80 | | 芸薹属 Brassica | 油菜 | *Brassica campestris* |
| 81 | | 臭荠属 Coronopus | 臭荠 | *Coronopus didymus* |
| 82 | | 独行菜属 Lepidium | 独行菜 | *Lepidium apetalum* |
| 83 | 柿树科 Ebenaceae | 柿属 Diospyros | 罗浮柿 | *Diospyros morrisiana* |
| 84 | 野茉莉科 Styracaceae | 安息香属 Styrax | 红皮树 | *Styrax suberifolius* var. *caloneura* |
| 85 | 报春花科 Primulaceae | 珍珠菜属 Lysimachia | 金叶过路黄 | *Lysimachia mummularia* 'Aurea' |
| 86 | 海桐花科 Pittosporaceae | 海桐花属 Pittosporum | 海桐 | *Pittosporum tobira* |
| 87 | 景天科 Crassulaceae | 景天属 Sedum | 佛甲草 | *Sedum lineare* |
| 88 | | | 德国景天 | *Sedum roborowskii* |
| 89 | 虎耳草科 Saxifragaceae | 溲疏属 Deutzia | 冰生溲疏 | *Deutzia gracilis* |
| 90 | | | 溲疏 | *Deutzia scabra* |
| 91 | 蔷薇科 Rosaceae | 桃属 Amygdalus | 桃 | *Amygdalus persica* |
| 92 | | | 蒙古扁桃 | *Amygdalus mongolica* |

续表

| 编号 | 科 | 属 | 中文名 | 拉丁学名 |
|---|---|---|---|---|
| 93 | | 杏属 Armeniaca | 梅 | Armeniaca mume |
| 94 | | 枇杷属 Eriobotrya | 枇杷 | Eriobotrya japonica |
| 95 | | 草莓属 Fragaria | 草莓 | Fragaria ananassa |
| 96 | | 桂樱属 Laurocerasus | 大叶桂樱 | Laurocerasus zippeliana |
| 97 | | 苹果属 Malus | 贴梗海棠 | Malus spectabilis |
| 98 | | | 紫花海棠 | Malus 'Purple' |
| 99 | | 石楠属 Photinia | 石楠 | Photinia serrulata |
| 100 | | | 红叶石楠 | Photinia × fraseri |
| 101 | | | 光叶石楠 | Photinia glabra |
| 102 | | | 椤木石楠 | Photinia davidsoniae |
| 103 | | 风箱果属 Physocarpus | 金叶风箱果 | Physocarpus opulifolius 'Lutein' |
| 104 | | 李属 Prunus | 红叶李 | Prunus cerasifera |
| 105 | | 火棘属 Pyracantha | 火棘 | Pyracantha fortuneana |
| 106 | | | 黄果火棘 | Pyracantha spp. |
| 107 | | 石斑木属 Raphiolepis | 厚叶石斑木 | Raphiolepis umbellata |
| 108 | | 蔷薇属 Rosa | 月季 | Rosa chinensis |
| 109 | | | 丰花月季 | Rosa chinensis var. floribunda |
| 110 | | 绣线菊属 Spiraea | 红花绣线菊 | Spiraea japonica 'Dart's Red' |
| 111 | | | 金山绣线菊 | Spiraea bumalda 'Gold Mound' |
| 112 | | | 金焰绣线菊 | Spiraea bumalda 'Gold Flame' |
| 113 | 豆科 Leguminosae | 金合欢属 Acacia | 金合欢 | Acacia farnesiana |
| 114 | | 合欢属 Albizia | 合欢 | Albizia julibrissin |
| 115 | | 沙冬青属 Ammopiptanthus | 沙冬青 | Ammopiptanthus mongolicus |
| 116 | | 紫穗槐属 Amorpha | 紫穗槐 | Amorpha fruticosa |

续表

| 编号 | 科 | 属 | 中文名 | 拉丁学名 |
|---|---|---|---|---|
| 117 | | 决明属 Cassia | 伞房决明 | Cassia corymbosa |
| 118 | | 紫荆属 Cercis | 加拿大紫荆 | Cercis canadensis |
| 119 | | | 加拿大红叶紫荆 | Cercis canadensis 'Forest Pansy' |
| 120 | | | 紫荆 | Cercis chinensis |
| 121 | | 染料木属 Genista | 染料木 | Genista tinctoria |
| 122 | | 皂荚属 Gleditsia | 金叶皂荚 | Gleditsia triacanthos 'Sunburst' |
| 123 | | 木蓝属 Indigofera | 多花木蓝 | Indigofera amblyantha |
| 124 | | 银合欢属 Leucaena | 银合欢 | Leucaena leucocephala |
| 125 | | 苜蓿属 Medicago | 野苜蓿 | Medicago falcata |
| 126 | | | 苜蓿 | Medicago denticulata |
| 127 | | 草木犀属 Melilotus | 草木犀 | Melilotus officinalis |
| 128 | | 刺槐属 Robinia | 刺槐 | Robinia pseudoacacia |
| 129 | | 田菁属 Sesbania | 田菁 | Sesbania cannabina |
| 130 | | 槐属 Sophora | 四翅槐 | Sophora tetraptera |
| 131 | | | 金叶国槐 | Sophora japonica f. flavi-rameus |
| 132 | | 野豌豆属 Vicia | 救荒野豌豆 | Vicia sativa |
| 133 | | 豇豆属 Vigna | 绿豆 | Vigna radiata |
| 134 | 胡颓子科 Elaeagnaceae | 胡颓子属 Elaeagnus | 沙枣 | Elaeagnus angustifolia |
| 135 | | | 花叶胡颓子 | Elaeagnus pungens |
| 136 | | 沙棘属 Hippophae | 沙棘 | Hippophae rhamnoides |
| 137 | 山龙眼科 Proteaceae | 银桦属 Grevillea | 银桦 | Grevillea robusta |
| 138 | | 山龙眼属 Helicia | 红叶树 | Helicia cochinchinensis |
| 139 | 瑞香科 Thymelaeaceae | 结香属 Edgeworthia | 结香 | Edgeworthia chrysantha |
| 140 | 桃金娘科 Myrtaceae | 红千层属 Callistemon | 红千层 | Callistemon rigidus |

续表

| 编号 | 科 | 属 | 中文名 | 拉丁学名 |
|---|---|---|---|---|
| 141 | | 白千层属 Melaleuca | 千层金 | Melaleuca bracteata |
| 142 | | | 白千层 | Melaleuca leucadendron |
| 143 | 千屈菜科 Lythraceae | 紫薇属 Lagerstroemia | 矮生紫薇 | Lagerstroemia indica 'Petite Pinkie' |
| 144 | | | 蔓生紫薇 | Lagerstroemia indica 'Summer and summer' |
| 145 | | | 紫薇 | Lagerstroemia indica |
| 146 | | 千屈菜属 Lythrum | 千屈菜 | Lythrum salicaria |
| 147 | 石榴科 Punicaceae | 石榴属 Punica | 石榴 | Punica granatum |
| 148 | | | 花石榴 | Punica granatum var. nana |
| 149 | | | 短枝红石榴 | Punica spp. |
| 150 | 使君子科 Combretaceae | 诃子属 Terminalia | 榄仁树 | Terminalia catappa |
| 151 | 红树科 Rhizophoraceae | 红树属 Rhizophora | 红树 | Rhizophora apiculata |
| 152 | 紫树科 Nyssaceae | 喜树属 Camptotheca | 喜树 | Camptotheca acuminata |
| 153 | 卫矛科 Celastraceae | 卫矛属 Euonymus | 金边黄杨 | Euonymus japonicus var. aurea-marginatus |
| 154 | | | 大叶黄杨 | Euonymus japonicus |
| 155 | | | 丝棉木 | Euonymus maackii |
| 156 | | | 密实卫矛 | Euonymus alatus 'Compacta' |
| 157 | 冬青科 Aquifoliaceae | 冬青属 Ilex | 全缘冬青 | Ilex integra |
| 158 | | | 铁冬青 | Ilex rotunda |
| 159 | | | 钝齿冬青 | Ilex crenata |
| 160 | 黄杨科 Buxaceae | 黄杨属 Buxus | 瓜子黄杨 | Buxus bodinieri |
| 161 | | | 黄杨 | Buxus sinica |
| 162 | 大戟科 Euphorbiaceae | 大戟属 Euphorbia | 泽漆 | Euphorbia helioscopia |
| 163 | | 乌桕属 Sapium | 乌桕 | Sapium sebiferum |
| 164 | 大戟科 Euphorbiaceae | 秋枫属 Bischofia | 重阳木 | Bischofia polycarpa |

续表

| 编号 | 科 | 属 | 中文名 | 拉丁学名 |
|---|---|---|---|---|
| 165 | 鼠李科 Rhamnaceae | 枳椇属 Hovenia | 拐枣 | Hovenia dulcis |
| 166 | 葡萄科 Vitaceae | 乌蔹莓属 Cayratia | 乌蔹莓 | Cayratia japonica |
| 167 | | 葡萄属 Vitis | 葡萄 | Vitis vinifera |
| 168 | 亚麻科 Linaceae | 亚麻属 Linum | 亚麻 | Linum usitatissimum |
| 169 | 无患子科 Sapindaceae | 栾树属 Koelreuteria | 栾树 | Koelreuteria paniculata |
| 170 | | 无患子属 Sapindus | 无患子 | Sapindus mukorossi |
| 171 | 七叶树科 Hippocastanaceae | 七叶树属 Aesculus | 七叶树 | Aesculus chinensis |
| 172 | 槭树科 Aceraceae | 槭属 Acer | 复叶槭 | Acer negundo |
| 173 | | | 雁荡三角枫 | Acer buergerianum var. yentangense |
| 174 | | | 三角枫 | Acer buergerianum |
| 175 | | | 茶条槭 | Acer ginnala |
| 176 | 漆树科 Anacardiaceae | 黄连木属 Pistacia | 黄连木 | Pistacia chinensis |
| 177 | 楝科 Meliaceae | 香椿属 Toona | 香椿 | Toona sinensis |
| 178 | 芸香科 Rutaceae | 考来木属 Correa | 考来木 | Correa carmen |
| 179 | 蒺藜科 Zygophyllaceae | 白刺属 Nitraria | 白刺 | Nitraria sibirica |
| 180 | | 四合木属 Tetraena | 四合木 | Tetraena mongolica |
| 181 | 伞形科 Umbelliferae | 水芹属 Oenanthe | 水芹 | Oenanthe javanica |
| 182 | | 窃衣属 Torilis | 窃衣 | Torilis scabra |
| 183 | 夹竹桃科 Apocynaceae | 夹竹桃属 Nerium | 夹竹桃 | Nerium indicum |
| 184 | 萝摩科 Asclepiadaceae | 萝摩属 Metaplexis | 萝摩 | Metaplexis japonica |
| 185 | | 杠柳属 Periploca | 杠柳 | Periploca sepium |
| 186 | 茄科 Solanaceae | 枸杞属 Lycium | 枸杞 | Lycium chinense |
| 187 | | 番茄属 Lycopersicon | 番茄 | Lycopersicon esculentum |
| 188 | | 烟草属 Nicotiana | 烟草 | Nicotiana tabacum |

续表

| 编号 | 科 | 属 | 中文名 | 拉丁学名 |
|---|---|---|---|---|
| 189 | | 茄属 Solanum | 龙葵 | Solanum nigrum |
| 190 | | | 马铃薯 | Solanum tuberosum |
| 191 | 旋花科 Convolvulaceae | 打碗花属 Calystegia | 打碗花 | Calystegia hederacea |
| 192 | 马鞭草科 Verbenaceae | 莸属 Caryopteris | 金佛莸 | Caryopteris clandonensis |
| 193 | | 牡荆属 Vitex | 单叶蔓荆 | Vitex trifolia var. simplicifolia |
| 194 | 唇形科 Labiatae | 分药花属 Perovskia | 分药花 | Perovskia abrotanoides |
| 195 | | 迷迭香属 Rosmarinus | 迷迭香 | Rosmarinus officinalis |
| 196 | | 香科科属 Teucrium | 水果兰 | Teucrium fruitcans |
| 197 | 醉鱼草科 Buddlejaceae | 醉鱼草属 Buddleja | 紫花醉鱼草 | Buddleja fallowiana |
| 198 | 木樨科 Oleaceae | 梣属 Fraxinus | 绒毛白蜡 | Fraxinus velutina |
| 199 | | | 白蜡树 | Fraxinus chinensis |
| 200 | | 连翘属 Forsythia | 连翘 | Forsythia suspensa |
| 201 | | | 金钟连翘 | Forsythia viridissima |
| 202 | | 女贞属 Ligustrum | 女贞 | Ligustrum lucidum |
| 203 | | | 金叶女贞 | Ligustrum × vicaryi |
| 204 | | | 金森女贞 | Ligustrum japonicum 'Howardii' |
| 205 | | | 小叶女贞 | Ligustrum quihoui |
| 206 | | 木樨属 Osmanthus | 金桂 | Osmanthus fragrans var. thunbergii |
| 207 | | | 四季桂 | Osmanthus fragrans 'Semperflorens' |
| 208 | 玄参科 Scrophulariaceae | 婆婆纳属 Veronica | 婆婆纳 | Veronica didyma |
| 209 | 紫葳科 Bignoniaceae | 梓属 Catalpa | 梓树 | Catalpa ovata |
| 210 | 茜草科 Rubiaceae | 拉拉藤属 Galium | 猪殃殃 | Galium aparine var. tenerum |
| 211 | 忍冬科 Caprifoliaceae | 六道木属 Abelia | 大花六道木 | Abelia grandiflora |
| 212 | | 接骨木属 Sambucus | 金叶接骨木 | Sambucus racemosa |

续表

| 编号 | 科 | 属 | 中文名 | 拉丁学名 |
|---|---|---|---|---|
| 213 | | 毛核木属 Symphoricarpos | 小花毛核木 | Symphoricarpos orbiculatus |
| 214 | | 荚蒾属 Viburnum | 珊瑚树 | Viburnum odoratissimum |
| 215 | | | 地中海荚蒾 | Viburnum tinus |
| 216 | | 锦带花属 Weigela | 花叶锦带花 | Weigela florida 'Variegata' |
| 217 | 菊科 Compositae | 蒿属 Artemisia | 野艾蒿 | Artemisia lavandulaefolia |
| 218 | | | 盐蒿 | Artemisia halodendron |
| 219 | | 石胡荽属 Centipeda | 石胡荽 | Centipeda minima |
| 220 | | 蓟属 Cirsium | 小蓟 | Cirsium setosum |
| 221 | | 白酒草属 Conyza | 小飞蓬 | Conyza canadensis |
| 222 | | 菊属 Dendranthema | 菊花 | Dendranthema morifolium |
| 223 | | 鳢肠属 Eclipta | 鳢肠 | Eclipta prostrata |
| 224 | | 飞蓬属 Erigeron | 春一年蓬 | Erigeron philadelphicus |
| 225 | | | 一年蓬 | Erigeron annuus |
| 226 | | 马兰属 Kalimeris | 马兰 | Kalimeris indica |
| 227 | | 花花柴属 Karelinia | 花花柴 | Karelinia caspia |
| 228 | | 风毛菊属 Saussurea | 雪莲花 | Saussurea involucrata |
| 229 | | 一枝黄花属 Solidago | 一枝黄花 | Solidago decurrens |
| 230 | | 蒲公英属 Taraxacum | 蒲公英 | Taraxacum mongolicum |
| 231 | | 碱菀属 Tripolium | 碱菀 | Tripolium vulgare |
| 232 | | 苍耳属 Xanthium | 苍耳 | Xanthium sibiricum |
| 233 | | 黄鹤菜属 Youngia | 黄鹤菜 | Youngia japonica |
| 234 | 泽泻科 Alismataceae | 泽泻属 Alisma | 泽泻 | Alisma plantago-aquatica |
| 235 | 石蒜科 Amaryllidaceae | 百子莲属 Agapanthus | 百子莲 | Agapanthus africanus |
| 236 | 棕榈科 Palmae | 假槟榔属 Archontophoenix | 假槟榔 | Archontophoenix alexandrae |

续表

| 编号 | 科 | 属 | 中文名 | 拉丁学名 |
|---|---|---|---|---|
| 237 | | 鱼尾葵属 Caryota | 短穗鱼尾葵 | Caryota mitis |
| 238 | | 刺葵属 Phoenix | 海枣 | Phoenix dactylifera |
| 239 | | | 加拿利海枣 | Phoenix canariensis |
| 240 | | | 刺葵 | Phoenix loureiroi |
| 241 | | 棕榈属 Trachycarpus | 棕榈 | Trachycarpus fortunei |
| 242 | 莎草科 Cyperaceae | 莎草属 Cyperus | 香附子 | Cyperus rotundus |
| 243 | | 藨草属 Scirpus | 藨草 | Scirpus triqueter |
| 244 | | | 扁秆藨草 | Scirpus planiculmis |
| 245 | | | 海三棱藨草 | Scirpus mariqueter |
| 246 | | | 水葱 | Scirpus validus |
| 247 | 禾本科 Gramineae | 冰草属 Agropyron | 冰草 | Agropyron cristatum |
| 248 | | | 高冰草 | Agropyron elongatum |
| 249 | | 芦竹属 Arundo | 花叶芦竹 | Arundo donax var. versicolor |
| 250 | | 簕竹属 Bambusa | 慈孝竹 | Bambusa multiplex |
| 251 | | 狗牙根属 Cynodon | 狗牙根 | Cynodon dactylon |
| 252 | | 稗属 Echinochloa | 稗草 | Echinochloa crusgali |
| 253 | | 穆属 Eleusine | 牛筋草 | Eleusine indica |
| 254 | | 画眉草属 Eragrostis | 小画眉草 | Eragrostis minor |
| 255 | | 大麦属 Hordeum | 大麦 | Hordeum vulgare |
| 256 | | 白茅属 Imperata | 茅草 | Imperata cylindrica var. major |
| 257 | | 黑麦草属 Lolium | 黑麦草 | Lolium perenne |
| 258 | | 稻属 Oryza | 水稻 | Oryza sativa var. glutinosa |
| 259 | | 芦苇属 Phragmites | 芦苇 | Phragmites australis |
| 260 | | 鹅观草属 Roegneria | 鹅观草 | Roegneria kamoji |

续表

| 编号 | 科 | 属 | 中文名 | 拉丁学名 |
|---|---|---|---|---|
| 261 | | 狗尾草属 Setaria | 狗尾草 | Setaria viridis |
| 262 | | | 金狗尾草 | Setaria glauca |
| 263 | | 高粱属 Sorghum | 高粱 | Sorghum bicolor |
| 264 | | 米草属 Spartina | 互花米草 | Spartina alterniflora |
| 265 | | | 大米草 | Spartina anglica |
| 266 | | 小麦属 Triticum | 小麦 | Triticum aestivum |
| 267 | | 玉蜀黍属 Zea | 玉米 | Zea mays |
| 268 | 香蒲科 Typhaceae | 香蒲属 Typha | 小香蒲 | Typha minima |
| 269 | | | 香蒲 | Typha orientalis |
| 270 | 美人蕉科 Cannaceae | 美人蕉属 Canna | 水生美人蕉 | Canna glauca |
| 271 | 竹芋科 Marantaceae | 再力花属 Thalia | 再力花 | Thalia dealbata |
| 272 | 百合科 Liliaceae | 萱草属 Hemerocallis | 萱草 | Hemerocallis fulva |
| 273 | | | 大花萱草 | Hemerocallis middendorffii |
| 274 | | 火把莲属 Kniphofia | 火炬花 | Kniphofia uvaria |
| 275 | | 沿阶草属 Ophiopogon | 麦冬 | Ophiopogon japonicus |
| 276 | | | 矮生沿阶草 | Ophiopogon japonicus 'Nanus' |
| 277 | 鸢尾科 Iridaceae | 鸢尾属 Iris | 黄菖蒲 | Iris pseudacorus |

# 参考文献

[1]  Apse M P, Aharon G S, Snedden W A, et al. Salt tolerance conferred by over expression of a vacuolar $Na^+/H^+$ antiport in Arabidopsis[J]. Sicence, 1999, 285.

[2]  Aronson J. Haloph: a data base of salt tolerant plant of the world [M]. Tucson: University of Arizona, 1989.

[3]  Barrett-lennard E G. Restoration of saline land through revegetation[J]. Agricultural Water Management, 2002, 53(1): 213-226.

[4]  Bates L S. Rapid determination of free proline for water-stress studies[J]. Plant Soil, 1973, 39: 205-207.

[5]  Bolwer C, Montagum C. Superoxide dismutase and stress tolerane[J]. Plant Physiology, 1992, 98(1): 83-116.

[6]  Bradford M M. A rapid and sensitive method for the quantitation of microgram quantities of protein utilizing the principle of protein-dye binding[J]. Anal Biochem, 1976, 72: 248-254.

[7]  Cheeseman J M. Mechanisms of salinity tolerance in plants[J]. Plant Physiology, 1988, 87: 547-550.

[8]  Cramer G R. Displacement of $Ca^{2+}$ and $Na^+$ from the plasmalemms of root cells[J]. Plant Physiology, 1985, 79: 207-211.

[9]  Garg A K, Kim J K, Owens T G, et al. Trehoalose accumu-

lation in rice plants confers high tolerance levels to different abiotics stresses[J]. Proceeding of the National Academy of Sciences,2002, 99:15898-15903.

[10] Gonzalez K R,Erdei L,Lips H S. The activity of antioxidant enzymes in maize and sunflower seedlings as affected by salinity and different nitrogen sources [J]. Plant Science, 2002, 162 (6): 923-930.

[11] Grattan S R,Grieve C M. Mineral element acquisition and growth response of plant grown in saline environment[J]. Agricultural Ecosystem Environment,1992,38:275-300.

[12] Guo G,Araya K,Jia H,et al. Improvement of salt-affected soils,part 1:interception of capillarity[J]. Biosystems Engineering, 2006,94(1):139-150.

[13] Hartzendorf T,Rolletschek H. Effects of NaCl-salinity on amino acid and carbohydrate contents of Phragmites australis[J]. Aquatic Botany,2001,69:195-208.

[14] Jia H,Zhang H,Araya H,et al. Improvement of salt-affected soils,part 2:interception of capillarity by soil sintering[J]. Biosystems Engineering,2006,94(2):263-273.

[15] Lichtenthaler H K. Vegetation stress:all introduction to the stress concept in plants[J]. Plant Physiology,1996,148:4-14.

[16] Mittler R. Oxidative stress,antioxidants and stress tolerance[J]. Trends in Plant Science,2002,7:405-410.

[17] Parida A K,Das A B. Salt tolerance and salinity effects on plants: a review[J]. Ecotoxicology and Environmental Safety, 2005,60:324-349.

[18] Qadir M,Qureshi R H,Ahmad N. Amelioration of calcar-

eous saline-sodic soils through phytoremediation and chemical strate-gies[J]. Soil Use Manage,2002,18:381-385.

[19] Qadir M,Steffens D,Yan F,et al. Proton release by $N_2$-fixing plant roots:a possible contribution to phytoremediation of cal-careous sodic soils[J]. Journal of Plant Nutrition and Soil Science, 2003,166:14-22.

[20] Rajesh A,Arumugam R,Venkatesalu V. Growth and photosynthetic characterics of ceriops roxburghiana under NaCl stress[J]. Photosynthetica,1998,35:285-287.

[21] Robbins C W. Sodic calcareous soil reclamation as affect-ed by different amendments and crops[J]. Agronomy, 1986, 78: 916-920.

[22] Rooney D J,Brown K W,Thomas J C. The effectiveness of capillary barriers to hydraulically isolate salt contaminated soils[J]. Water Air and Soil Pollution,1998,104:403-411.

[23] Santos V C. Regulation of chlorophyll biosynthesis and degradation by salt stress in sunflower leaves[J]. Scientia Horticul-turae,2004,103:93-99.

[24] Sawahel W A,Hassan A H. Generation of transgenic wheat plants producing high levels of the osmoprotectant proline[J]. Biotechnology Letters,2002,24(9):721-725.

[25] Sehreiber U,Berry J A. Heat-induced changes of chloro-phy Ⅱ fluorescence in intact leaves correlated with damage of the photosynthetic apparatus[J]. Planta,136:235-238.

[26] Sembiring H,Raun W R,Johnson G V,et al. Effect of wheat straw inversion on soil water conservation[J]. Soil Science, 1995,2:81-89.

[27] Takemura T, Hanagata N, Sugihara K, et al. Physiological and biochemical responses to salt stress in the mangrove, Bruguiera gymnorrhiza[J]. Aquatic Botany, 2000, 68:15-28.

[28] Tarczynski M C, Jensen R G, Bohnert H J. Expression of a bacterial mtl-D gene in transgenic tobacco leads to production and accumulation of Mannitol[J]. Proceedings of the National Academy of Sciences, 1992, 89:2600-2604.

[29] Tschaplinski T J, Blake T J. Water-stress tolerance and late-season organic solute accumulation in hybrid poplar[J]. Canadian Journal of Botany, 1989, 67:1681-1688.

[30] Wang Y M, Meng Y L, Naosuke N. Changes in glycine betaine and related enzyme contents in amaranthus tricolor under salt stress[J]. Journal of Plant Physiology and Molecular Biology, 2004, 30(5):496-502.

[31] Zhang H X, Hodson J N, Williams J P, et al. Engineering salt-tolerant brassica plants: characterization of yield and seed oil quality in transgenic plants with increased vacuolar sodium accumulation[J]. Proceedings of The National Academy of Sciences, 2001, 98:12832-12836.

[32] Zhu J K. Plant salt tolerance[J]. Trends in Plant Science, 2001, 6:66-71.

[33] 艾星梅,杨鹏,李煜,等. 酸、碱、盐胁迫下千层金幼苗的生理指标变化研究[J]. 西部林业科学, 2014, 43(1):29-33.

[34] 白文波,李品芳. 盐胁迫对马蔺生长及 $K^+$、$Na^+$ 吸收与运输的影响[J]. 土壤, 2005, 37(4):415-420.

[35] 毕华松,崔心红,陈国霞,等. 上海临港新城滨海盐渍土壤年内盐水动态及其分析 [J]. 安徽农业科学, 2007, 35 (34):

11149-11151.

　　[36]　曹帮华,郁万文,吴丽云,等.盐胁迫对刺槐无性系生长和离子吸收、运输、分配的影响[J].山东农业大学学报:自然科学版,2005,36(3):12-17.

　　[37]　曹世杰,林锦波,杨青,等.墨西哥落羽杉引种试验研究[J].河北林业科技,2013(2):5-6,11.

　　[38]　查茜,姜卫兵,翁忙玲.黄连木的园林特性及其开发利用[J].江西农业学报,2010,22(9):56-59.

　　[39]　陈爱华.金森女贞栽培技术[J].安徽林业,2007(5):32.

　　[40]　陈斌,高大海.厚叶石斑木扦插试验[J].浙江林业科技,2012,32(5):63-65.

　　[41]　陈斌.厚叶石斑木栽培[J].中国花卉园艺,2014(24):42-43.

　　[42]　陈斌.沿海常绿优良树种——普陀樟[J].中国花卉园艺,2013(4):50-51.

　　[43]　陈斌.舟山新木姜子育种及园林应用[J].中国花卉园艺,2012(24):35.

　　[44]　陈成升,谢志霞,刘小京.旱盐互作对冬小麦幼苗生长及其抗逆生理特性的影响[J].应用生态学报,2009,20(4):811-816.

　　[45]　陈楚戟.浅谈红千层在园林景观中的应用及管理[J].福建热作科技,2015,40(2):39-41.

　　[46]　陈恩凤,王汝镛,王春裕.我国盐碱土改良研究的进展与展望[J].土壤通报,1979(1):10-14.

　　[47]　陈欢,王淑娟,陈昌和,等.烟气脱硫废弃物在碱化土壤改良中的应用及效果[J].干旱地区农业研究,2005,23(4):38-42.

　　[48]　陈纪香,乔来秋,荀守华,等.柽柳属树种耐盐试验研究[J].山东林业科技,2005(1):18-19.

［49］ 陈家胜.植物组织培养与工厂化育苗技术［M］.北京:金盾出版社,2003.

［50］ 陈洁,林栖凤.植物耐盐生理及耐盐机理研究进展［J］.海南大学学报:自然科学版,2003,21(2):177-182.

［51］ 陈可咏,叶和春,陈建林,等.芦苇耐盐变异植株及细胞学鉴定［J］.植物学报,1994,36(12):930.

［52］ 陈丽,周在敏.单叶蔓荆繁殖技术［J］.中国水土保持,2001(4):39.

［53］ 陈少良,李金克,尹伟伦,等.盐胁迫条件下杨树组织及细胞中钾、钙、镁的变化［J］.北京林业大学学报,2002,24(5):8488.

［54］ 陈巍,陈邦本,沈其荣.滨海盐土脱盐过程中 pH 变化及碱化问题研究［J］.土壤学报,2000,37(4):521-528.

［55］ 陈益泰,陈雨春,黄一青,等.抗风耐盐常绿树种弗吉尼亚栎引种初步研究［J］.林业科学研究,2007,20(4):542-546.

［56］ 陈余朝,刘瑞兰.乌桕育苗及造林技术［J］.现代农业科技,2008,14:75.

［57］ 陈雨春,王杰,宋文君,等.硝酸银和生根粉在弗吉尼亚栎扦插繁殖中的应用［J］.林业科技开发,2007,21(3):97-98.

［58］ 陈正华.木本植物组织培养及其应用［M］.北京:高等教育出版社,1986.

［59］ 程家胜,史永忠.苹果组织培养中的玻璃苗问题［J］.植物生理通讯,1990(1):33-35.

［60］ 程水源,罗晓.果树扦插繁殖研究进展［J］.湖北农学院学报,1992,12(2):57-62.

［61］ 崔大方,羊海军.华南农业大学校园木本植物图鉴［M］.广州:广东科技出版社,2009.

［62］ 崔心红,有祥亮,张群.长三角滨海城镇园林绿化植物耐

盐性试验研究[J]. 中国园林,2011(2):93-96.

[63] 邓彦斌,姜彦成,刘健. 新疆 10 种藜科植物叶片和同化枝的旱生和盐生结构的研究[J]. 植物生态学报,1998,22(2):164-170.

[64] 丁方明,张成标,卢小根. 舟山新木姜子资源调查报告[J]. 浙江林业科技,2001,21(4):52-58.

[65] 丁建仁,童建明. 全缘冬青特征特性及栽培技术[J]. 现代农业科技,2011(9):201-202.

[66] 丁静,方亦雄,王万里. 苏北常见树种的耐盐力[J]. 植物生理学报,1956(5):25-30.

[67] 杜元军,刘兴强,杨成美,等. 金森女贞的园林应用及速繁技术[J]. 中国林副特产,2010(4):42-43.

[68] 房震. 红楠的特征特性及育苗技术[J]. 现代农业科技,2012(6):220-221.

[69] 冯燕. 白蜡树育苗繁殖栽培管理技术[J]. 现代农业科技,2008(11):66,70.

[70] 冯缨,严成,尹林克. 新疆植物特有种极其分布[J]. 西北植物学报,2005,23(2):263-273.

[71] 冯兆忠,周华英. 高温胁迫下三唑酮对黄瓜幼苗某些生理性质的影响[J]. 西北植物学报,2005,25(1):170-173.

[72] 付莉,孙玉峰,褚继芳,等. 耐盐碱植物研究概述[J]. 林业科技,2001(7):16-17.

[73] 高祥伟. 山东省滨海盐渍土水盐运动动态规律研究[D]. 泰安:山东农业大学,2001.

[74] 顾云春. 中国国家重点保护野生植物现状[J]. 中南林业调查规划,2003,22(4):1.

[75] 郭冀宏,袁昌林,陈秀梅. 盐碱地绿化树种的选择与施工养护[J]. 中国园林,2001(4):21-23.

[76] 郭丽娟.诱发玉米粒小叶斑病突变体的研究[J].遗传学报,1998,14(5):355.

[77] 郭善利,王秀芝.植物抗盐性及其遗传工程[J].聊城师范学报:自然科学版,1998,11(2):53-58.

[78] 郭文琦,张培通,李春宏,等.沿海滩涂绿化树种选择和耐盐性评价[J].江苏农业科学,2014(10):175-177.

[79] 郭延平,周慧芬,曾光辉,等.高温胁迫对柑橘光合速率和光系统Ⅱ活性的影响[J].应用生态学报,2003,14(6):867-870.

[80] [美]哈特曼 H T.植物繁殖原理和技术[M].郑开文,译.北京:中国林业出版社,1985.

[81] 何贵平,陈益泰,黄一青,等.杭州湾海涂造林后土壤盐分和水分动态变化[J].林业科学研究,2006,19(2):257-260.

[82] 胡刚,姚士谋.中国沿海地区构建城市带战略思考[J].地域研究与开发,2004,23(5):19-23.

[83] 胡海波,梁珍海.淤泥质海岸防护林的降盐改土功能[J].东北林业大学学报,2001,29(5):34-37.

[84] 胡兴宜,林成军,郑杰,等.落羽杉优良特性及综合利用研究[J].安徽农业科学,2013,41(3):1164-1165,1172.

[85] 黄礼祥.千层金栽培及其利用研究进展[J].广东林业科技,2014,30(3):80-84.

[86] 黄胜利,黄坚钦,黄有军,等.杭州湾滨海盐碱地绿化植物筛选[C].全国沿海防护林体系建设学术研讨会,2006:71-75.

[87] 黄伟,毛小报,陈灵敏,等.浙江省盐碱地开发利用概况及政策建议[J].浙江农业科学,2012(1):1-3.

[88] 黄学林,李莜菊.高等植物组织离体培养的形态建成及调控[M].北京:科学出版社,1998.

[89] 惠晓萍,殷丽青,朱春玲,等.上海地区黄连木育苗和造林

试验初报[J].上海农业科技,2006(5):128-130.

[90] 简令成,王红.逆境植物细胞生物学[M].北京:科学出版社,2009.

[91] 江玲,管晓春.植物激素与不定根的形成[J].生物学通报,2000,35(11):17-19.

[92] 江晓珩,李刚,阿里木,等.盐桦芽器官离体培养与快繁技术的研究[J].林业科技,2006,31(6):1-3.

[93] 蒋先军,黄昭贤,谢德体.硅酸盐细菌代谢产物对植物生长的促进作用[J].西南农业大学学报,2000,22(2):116-119.

[94] 柯裕州,周金星,张旭东,等.盐胁迫对桑树幼苗光合生理生态特征的影响[J].林业科学,2009,45(8):61-66.

[95] 孔庆跃,费行海.海滨木槿育苗技术研究[J].现代农业科技,2011(19):219-220.

[96] 李昌友,王健,李文华.新疆桦木属(*Betula* L.)新分类群[J].植物杂志,2006,26(6):648-655.

[97] 李冬林,黄栋,王瑾,等.乌桕研究综述[J].江苏林业科技,2009,36(4):43-47.

[98] 李海云,王秀峰,魏珉,等.不同阴离子化肥对黄瓜生长及土壤 EC、pH 的影响[J].山东农业科学,2002(2):409-412.

[99] 李京冈.火棘的栽培管理及在园林中的应用[J].北方园艺,2007(9):167-168.

[100] 李玲,黄得兵.GA 生根剂对扶桑插条生根及碳水化合物分配的影响[J].园艺学报,1997,24(1):67-70.

[101] 李敏莹,冯志坚.红千层属观赏植物介绍及其园林应用[J].园林植物研究与应用,2014(1):60-64.

[102] 李培夫.盐碱地的生物改良与抗盐植物的开发利用[J].垦殖与稻作,1999(3):38-40.

[103] 李瑞梅,周广奇,符少萍,等.盐胁迫下海马齿叶片结构变化[J].西北植物学报,2010,30(2):287-292.

[104] 李万海,田永峰,张研新,等.采用隔离层阻碱法进行盐碱地造林[J].林业科技,2001,26(4):12-13.

[105] 李晓燕,宋占午,董志贤.植物的盐胁迫生理[J].西北师范大学学报:自然科学版,2004(3):106-111.

[106] 李馨,姜卫兵,翁忙玲.栾树的园林特性及开发利用[J].中国农学通报,2009,25(1):141-146.

[107] 李修鹏,赵慈良,俞慈英,等.舟山新木姜子保存技术研究[J].浙江海洋学院学报:自然科学版,2009,28(1):81-85.

[108] 李杨,李登煜,黄明勇,等.从盐碱土中分离的几株硅酸盐细菌的生物学特性初步研究[J].土壤通报,2006,37(1):206-208.

[109] 李影丽,汪奎宏,许利群,等.舟山新木姜子盐胁迫下生长变化及生理反应[J].浙江林业科技,2008,28(2):48-51.

[110] 李应华.金叶皂荚嫁接育苗技术[J].中国园艺文摘,2011,27(10):125-126.

[111] 李玉全,张海艳,沈法富.作物耐盐性的分子生物学研究进展[J].农业与科技,2002(2):8-14.

[112] 李正理,张新英.植物解剖学[M].北京:高等教育出版社,1984.

[113] 李中岳.珍贵树种:舟山新木姜子·钟萼木[J].园林,2005(7):36.

[114] 梁银丽.黄土区地面覆盖的主要类型及其保水效应[J].水土保持通报,1997(1):30-33.

[115] 廖树华.植物生物技术和作物改良[M].北京:中国科学技术出版社,1990.

[116] 廖岩,陈桂珠.三种红树植物对盐胁迫的生理适应[J].生

态学报,2007,27(6):2208-2214.

[117]　廖岩,彭友贵,陈桂珠.植物耐盐机理研究进展[J].生态学报,2007,27(5):2077-2089.

[118]　林朝楷.彩色乡土树种——红楠[J].技术与市场,2004(12):41.

[119]　林德光.生物统计的数学原理[M].沈阳:辽宁人民出版社,1982.

[120]　林金和,林重宏.桃半成熟枝扦插繁殖[J].中国园艺,1989,35(2):132-137.

[121]　林鹏,陈德海,肖向明,等.盐度对两种红树植物叶片糖类含量的影响[J].海洋学报,1984,6(6):851-855.

[122]　林鑫盛.优良的园林树木——红千层[J].现代园艺,2011(18):15.

[123]　林艳.白桦嫩枝扦插不定根形成的解剖观察[J].东北林业大学学报,1996,24(3):15-19.

[124]　刘常富,陈玮.园林生态学[M].北京:科学出版社,2003.

[125]　刘春卿,杨劲松,陈小兵,等.滴灌流量对土壤水盐运移及再分布的作用规律研究[J].土壤学报,2007,44(6):1016-1021.

[126]　刘吉祥,吴学明,何涛,等.盐胁迫下芦苇叶肉细胞超微结构的研究[J].西北植物学报,2004,24(6):1035-1040.

[127]　刘萍,魏雪莲.耐盐碱乔木在盐碱地环境中的应用概况[J].山东林业科技,2005(6):60-61.

[128]　刘卫东,周莹,孙汉洲,等.桉树扦插生根过程中抑制物的研究[J].经济林研究,1998,16(4):16-19.

[129]　刘裕岭.蔬菜高温高湿条件下易发生的八种病害及防治技术[J].上海蔬菜,2008(4):82-83.

[130]　卢翔,黄超彬,楼炉焕,等.5种植物抗盐性试验初报[J].

农业科技通讯,2009(1):72-74.

[131] 罗明,瓦·古巴诺娃,刘杰龙.西藏绵头雪莲的组织培养及植株再生[J].植物生理学通讯,1999,35(4):300-301.

[132] 罗廷彬,任崴,谢春虹.新疆盐碱地生物改良的必要性与可行性[J].干旱区研究,2001,18(1):44-48.

[133] 吕文.难生根树种嫩枝扦插技术及生理机理的研究[J].防护林科技,1993,16(3):14-20.

[135] 吕秀立.冬之精灵——考来木[J].园林,2011(6):76.

[136] 马德华,庞金安,霍振荣,等.黄瓜对不同温度逆境的抗性研究[J].中国农业科学,1999,32(5):28-35.

[137] 马德华,庞金安,李淑菊,等.温度逆境锻炼对高温下黄瓜幼苗生理的影响[J].园艺学报,1998,25(4):350-355.

[138] 马金贵,郭淑英,马书燕.大花秋葵耐盐性研究[J].安徽农业科学,2012,40(21):10776-10777,10785.

[139] 马文月.植物抗盐性研究进展[J].农业与技术,2004(8):95-99.

[140] 毛桂莲,许兴,徐兆桢.植物耐盐生理生化研究进展[J].中国生态农业学报,2004,12(1):43-46.

[141] 梅新娣,马纪,张富春.新疆濒危植物盐桦试管苗生根培养的研究[J].新疆农业科学,2006.43(3):218-223.

[142] 梅新娣,张富春,吕会平.盐桦(*Betula halophila*)愈伤组织的高效诱导和不定芽的分化[J].新疆农业科学,2006,43(1):78-81.

[143] 孟焕文,张彦峰,程智慧,等.黄瓜幼苗对热胁迫的生理反应及耐热鉴定指标筛选[J].西北农业学报,2000,9(1):96-99.

[144] 齐艳琳,樊明寿,潘青华,等.紫叶李在高温高湿条件下色素含量及光合速率的研究[J].内蒙古农业大学学报:自然科学版,

2008,29(2):27-30.

[145] 乔海龙,刘小京,李伟强,等.秸秆深层覆盖对土壤水盐运移及小麦生长的影响[J].土壤通报,2006,37(5):885-889.

[146] 裘丽珍,黄有军,黄坚钦,等.不同耐盐性植物在盐胁迫下的生长与生理特性比较研究[J].浙江大学学报:农业与生命科学版,2006,32(4):420-427.

[147] 戎国增,裘龙联.弗吉尼亚栎种子育苗和无性繁育技术[J].林业科技开发,2009,23(5):112-114.

[148] 阮成江,谢庆良.盐胁迫下沙棘的渗透调节效应[J].植物资源与环境学报,2002,11(2):45-47.

[149] 沈烈英,王智勇,崔心红,等.污泥在滨海盐渍土绿化中的应用[M].上海:上海科学技术出版社,2012.

[150] 沈银柱,刘植义,何聪芬,等.诱发小麦花药愈伤组织及其再生植株抗盐性变异的研究[J].遗传学报,1997,19(6):7.

[151] 史宝胜,刘东云,孟祥书,等.$NaCl$、$Na_2SO_4$胁迫下盐蒿种子萌发过程中的生理变化[J].西北林学院学报,2007,22(5):45-48.

[152] 斯琴巴特尔,满良,王振兴,等.珍稀濒危植物蒙古扁桃的组织培养及植株再生[J].西北植物学报,2002,22(6):1479-1481.

[153] 孙娟.北美落羽杉绿化大苗设施栽培技术[J].现代农业科技,2015(19):184.

[154] 孙晓萍.几种新优造型植物引种初报[J].浙江林学院学报,2000,17(2):222-224.

[155] 索伟伟.红千层花卉引种及繁育技术[J].现代园艺,2014,5:45.

[156] 唐村,王慧梅.耐盐、耐旱、固沙地被——单叶蔓荆[J].园林,2008(5):65.

[157]　陶宏斌.火棘栽培技术[J].中国花卉园艺,2013(22): 49-50.

[158]　陶玲,李新荣,刘新民,等.中国珍稀濒危荒漠植物保护等级的定量研究[J].林业科学,2000,37(1):52-57.

[159]　田砚亭.圆铃大枣绿枝扦插技术研究[J].北京林业大学学报,1992,14(1):14-19.

[160]　汪贵斌,曹福亮.盐胁迫对落羽杉生理及生长的影响[J].南京林业大学学报,2003,27(3):11-14.

[161]　王斌,巨波,赵慧娟,等.不同盐梯度处理下沼泽小叶桦的生理特征及叶片结构[J].林业科学,2011,47(10):29-36.

[162]　王成禄,沈世训,柳吉春,等.银槭绿枝扦插育苗试验[J].山东林业科技,1995(3):13-15.

[163]　王铖,朱红霞.彩叶植物与景观[M].北京:中国林业出版社,2015.

[164]　王福玉.圆柏刻伤处理全光雾插育苗试验[J].辽宁林业科技,1998(2):20-21.

[165]　王光耀,刘俊梅,张仪,等.菜豆四个不同抗热性品种的气孔特性[J].农业生物技术学报,1999,7(3):267-270.

[166]　王桂兰,陈超,李伟,等.红掌叶片愈伤组织和气生根再生团块的细胞学研究[J].园艺学报,2006,22(3):587-591.

[167]　王国明,王美琴,徐斌芬.滨海特有植物——滨柃播种育苗技术[J].林业实用技术.2005(6):22-23.

[168]　王国明,徐斌芬,王美琴,等.舟山群岛野生木本观赏植物资源及分布[J].浙江林学院学报,2007,24(1):55-59.

[169]　王国明.舟山海岛耐盐碱野生观赏植物资源及开发利用[J].林业与生态浙江,2003,10(3):15-20.

[170]　王海梅,李政海,宋国宝,等.黄河三角洲植被分布、土地

利用类型与土壤理化性状关系的初步研究[J].内蒙古大学学报，2006,37(1):69-75.

[171] 王红兵,薄育新.园林绿化新秀——大花芙蓉葵繁育及其栽培技术[J].现代园艺,2008,(12):9-10.

[172] 王健.新疆发现一种抗盐桦树[J].植物杂志,2003(6):12-13.

[173] 王金祥,严小龙,潘瑞炽.不定根形成与植物激素的关系[J].植物生理学通讯,2005,41(2):133-142.

[174] 王连吉.新优树种海滨木槿在风景园林中的应用[J].中国园林,2010,26(4):49-50.

[175] 王连洲,王寿义,宗桂香,等.滨海盐碱地区主要树种选择及造林技术[J].河北林业科技,2014(3):90-91.

[176] 王乔春.植物激素与插条不定根的形成[J].四川农业大学学报,1992(1):33-39.

[177] 王庆扬.金森女贞栽培技术及园林应用[J].安徽农学通报,2012(14):126-127.

[178] 王树凤,陈益泰,孙海菁,等.盐胁迫下弗吉尼亚栎生长和生理生化变化[J].生态环境,2008,17(2):747-750.

[179] 王慰,黄胜利,丁国剑,等.盐胁迫下舟山新木姜子1年生苗形态变化及生理反应[J].浙江林学院学报,2007,24(2):168-172.

[180] 王洋,姜卫兵,魏家星,等.乌桕的园林特性及开发应用[J].广东农业科学,2013,40(15):64-67.

[181] 王涌清,孙昭荣,刘秀奇.潮土及盐化潮土中的微团聚体及有机质在各组微团聚体中的分布[J].土壤肥料,1983(4):56-60.

[182] 王玉凤,王庆祥,商丽威.$NaCl$和$Na_2SO_4$胁迫对玉米幼苗渗透调节物质含量的影响[J].玉米科学,2007,15(5):69-71,75.

[183] 王长泉,宋恒.杜鹃抗盐突变体的筛选[J].核农学报,

2003,17(3):179-183.

[184] 王志刚,包耀贤.12 个树种耐盐性田间比较试验[J].防护林科技,2000,(4):9-11.

[185] 王逐浪,张君润,张忠良.连翘的开发利用及繁育[J].陕西林业科技,2007(1):93-94.

[186] 王遵亲,祝寿泉,俞仁培,等.中国盐渍土[M].北京:科学出版社,1993.

[187] 魏凤巢.上海市滨海盐渍土绿化的实践与规律探索[M].上海:上海科学技术出版社,2012.

[188] 魏国汶,宋小民,黄冬华,等.金边瑞香的扦插生根研究[J].江西农业学报,1998,10(3):56-59.

[189] 吴林,黄玉龙,李亚东,等.越橘对淹水的耐受性及形态生理反应[J].吉林农业大学学报,2002,24(4):64-69.

[190] 吴月燕.高温胁迫对藤稔葡萄生长结果的影响[J].果树学报,2001,18(5):280-283.

[191] 武维华.植物生理学[M].北京:科学出版社,2003:167-174.

[192] 郗金标,邢尚军,宋玉民,等.黄河三角洲不同造林模式下土壤盐分和养分的变化特征[J].林业科学,2007,43(增刊 1):33-38.

[193] 谢承陶,李志杰.有机质与土壤盐分的相关作用及其原理[J].土壤肥料,1993(1):22-26.

[194] 谢德体.土壤肥料学[M].北京:中国林业出版社,2004.

[195] 谢小丁,邵秋玲,李扬.九种耐盐植物在滨海盐碱地的耐盐能力试验[J].湖北农业科学,2007,46(4):559-561.

[196] 谢遵国,刘平,王辉忠,等.沙松紫椴扦插繁殖技术[J].北方园艺,1999(2):44-45.

[197] 邢尚军,郗金标,张建锋,等.黄河三角洲常见树种耐盐能力及其配套造林技术[J].东北林业大学学报,2003,31(6):94-95.

[198] 熊亮.江苏沿海重盐土区土壤盐分动态与耐盐植物筛选研究[M].南京:南京林业大学,2008.

[199] 熊毅,刘文政.排水在华北平原防治土壤盐渍化中的重要意义[J].土壤,1962(3).

[200] 徐斌芬,王国明,王美琴,等.全缘冬青和钝齿冬青的分布与繁殖技术[J].中国野生植物资源,2007,26(4):63-65.

[201] 徐静,董宽虎,高文俊,等.NaCl 和 $Na_2SO_4$ 胁迫下冰草幼苗的生长及生理响应[J].中国草地学报,2011,33(1):36-40.

[202] 徐妙芳,王晓明,周滢,等.2 种硅酸盐细菌对 PEG 模拟水分胁迫下高羊茅种子萌发的影响[J].草业与畜牧,2009(8):7-10.

[203] 徐妙芳,章琳,周滢,等.5 种硅酸盐细菌对高羊茅抗旱性的影响[J].中国草地学报,2009,31(5):112-120.

[204] 徐艳.几个牡丹品种的耐湿热生理生化特性研究[D].长沙:湖南农业大学,2007.

[205] 徐子勤,贾敬芬.沙冬青愈伤组织对培养基的特殊要求和球形胚状体分化结构的诱导[J].西北植物学报,1997,17(3):259-263.

[206] 许慰睽,陆炳章.应用免耕覆盖法改良新垦盐荒地的效果[J].土壤,1990(1):42-46.

[207] 薛建平,张爱民,高翔,等.安徽药菊耐盐突变体的筛选[J].中国中药杂志,2004(9):834-837.

[208] 杨昌友,王健,李文华.新疆桦木属(*Betula* L.)新分类群[J].植物研究,2006,26(6):648-655.

[209] 杨继涛.植物耐盐性研究进展[J].农艺科学,2003,6:46-51.

[210] 杨剑芳,黄明勇,李杨,等.盐碱土硅酸盐细菌多样性初步研究[J].中国农学通报,2010,26(20):193-199.

[211] 杨劲松.中国盐渍土研究的发展历程与展望[J].土壤学报,2008,45(5):837-845.

[212] 杨开泰.值得推广的花灌木——伞房决明[J].园林科技信息,1995(2):37.

[213] 杨丽颖,徐世键,保颖.盐胁迫对两种小麦叶片蛋白质的影响[J].兰州大学学报:自然科学版,2007,43(1):70-73.

[214] 杨明峰,韩宁,陈敏,等.植物盐胁迫响应基因表达的器官组织特异性[J].植物生理学通讯,2002,38(4):394-398.

[215] 杨少辉,季静,王罡.盐胁迫对植物的影响及植物的抗盐机理[J].世界科技研究与发展,2006,28(4):70-76.

[216] 杨舒婷,曲博,李谦盛,等.弗吉尼亚栎幼苗对高温胁迫的生理响应[J].江西农业大学学报,2015,37(1):90-95.

[217] 杨晓慧,蒋卫杰,魏珉,等.提高植物抗盐能力的技术措施[J].农业基础科学,2006,22(1):88-91.

[218] 尹建道,张洪岭,王淑英,等.转抗盐基因中天杨新品种扦插育苗耐盐试验[J].生态学杂志,2006,25(2):125-128.

[219] 尹江,马恢,崔红军.马铃薯亲本材料试管苗的耐盐性筛选[J].中国马铃薯,2005,19(1):13-16.

[220] 有祥亮,崔心红,张群,等.沼泽小叶桦嫩枝扦插试验[J].上海交通大学学报:农业科学版,2012,30(2):12-16.

[221] 于德利,于德翠,于德存.金叶莸的栽培与应用[J].防护林科技,2011(5):118-119.

[222] 于雷,潘文利.北方沿海泥质海岸盐渍土改良措施及效应[J].防护林科技,2003,4(57):1-4.

[223] 余世鹏,杨劲松,刘广明,等.长江河口地区土壤水盐动

态特点与区域土壤水盐调控研究[J].土壤通报,2008,39(5):1110-1114.

[224] 俞慈英,李修鹏,赵慈良,等.普陀樟生物学特性与栽培技术[J].林业科学,2008,44(9):65-71.

[225] 俞世蓉,沈克全.作物繁殖方式和育种方法[M].北京:中国农业出版社,2004.

[226] 郁书君,汪天,金宗郁,等.白桦容器栽培试验(Ⅰ)——最适基质配方的筛选[J].北京林业大学学报,2001,23(1):24-28.

[227] 喻方圆,徐锡增.植物逆境研究进展[J].世界林业研究,2003,16(5):7-11.

[228] 袁惠贞,马建昭,李海军,等.大花秋葵的繁殖栽培技术[J].西北植物学报,2009,(z1):28.

[229] 袁慎友.乌桕的主要性状及其在园林绿化中的应用[J].安徽农业科学,2014,42(35):12566-12567.

[230] 苑增武,张孝民,毛齐来,等.大庆地区主要造林树种耐盐碱能力评价[J].防护林科技,2000(3):15-17.

[231] 占新华,徐阳春,蒋廷惠.硅酸盐细菌的生物效应和根际效应[J].农业环境科学学报,2003,22(4):412-415.

[232] 张春英,周玉珍,陈淑筠.墨西哥落羽杉的嫩枝扦插繁殖技术研究[J].安徽农学通报,2007,13(14):142-143.

[233] 张冬生,黄锦荣,谢金兰,等.优良景观树种红楠栽培技术及其园林应用探讨[J].园艺与种苗,2013(2):24-26.

[234] 张国海,吕玉里,李建军.大花秋葵的栽培技术[J].天津农林科技,2014(1):31-32.

[235] 张海波,曾幼玲,兰海燕,等.盐胁迫下盐桦生理响应的变化分析[J].云南植物学研究,2009,31(3):260-264.

[236] 张建锋,李吉跃,宋玉民,等.植物耐盐机理与耐盐植物

选育研究进展[J].世界林业研究,2003(2):16-22.

[237] 张蛟蛟,张培通,许鸿利,等.江苏沿海滩涂 6 种绿化树种耐盐性的初步观察[J].绿色科技,2013(12):66-67.

[238] 张立运,潘伯荣.新疆植物资源评价及开发利用[J].干旱区地理,2000,23(4):331-336.

[239] 张丽辉,孔东,张艺强.磷石膏在碱化土壤改良中的应用及效果[J].内蒙古农业大学学报,2001,22(2):97-100.

[240] 张连全.海边弄潮儿——厚叶石斑木[J].园林,2007(2):42.

[241] 张连全.绿色海岸卫士——海滨木槿[J].园林,2000(2):33.

[242] 张玲菊,黄胜利,周纪明,等.常见绿化造林树种盐胁迫下形态变化及耐盐树种筛选[J].江西农业大学学报,2008,30(5):833-838.

[243] 张楠楠,徐香玲.植物抗盐机理的研究[J].哈尔滨师范大学:自然科学学报,2005,21(1):65-68.

[244] 张绮纹.群众杨 39 无性系耐盐悬浮细胞系的建立和体细胞变异体完整植株的诱导[J].林业科学研究,1995(4):395-401.

[245] 张群,崔心红,夏檑,等.上海临港新城近 60a 筑堤区域植被与土壤特征[J].浙江林学院学报,2008,25(6):698-704.

[246] 张群.濒危植物沼泽小叶桦组织培养技术及其在上海地区的中试[J].上海交通大学学报:农业科学版,2012,30(1):50-54,60.

[247] 张世熔,黄元仿,李保国,等.黄淮海冲积平原区土壤速效磷、钾的时空变异特征[J].植物营养与肥料学报,2003,9(1):3-8.

[248] 张守仁,高荣孚.光诱导下杂种杨无性系叶角和叶绿体的运动[J].生态学报,2001,21(1):68-74.

[249] 张伟成.滨海盐碱地造林模式及土壤水盐运动规律研究——以河北沧州临港经济开发区为例[D].北京：北京林业大学,2008.

[250] 张文渊.滨海地区盐碱土类型与形成条件分析[J].水土保持通报,1999,19(1):19-23.

[251] 张小玲,林蒙松,王元辉,等.烷化剂 EMS 处理水稻愈伤组织诱导突变的方法初探[J].安徽农业科学,1999,27(6):528.

[252] 张志良,翟伟菁.植物生理学实验指导[M].3 版.北京：高等教育出版社,2003.

[253] 张忠,薛志根,蔡国祥.盐城地区绿化带金森女贞枯死原因分析及治理对策[J].江西农业学报,2012,24(5):62-65.

[254] 章英才.几种不同盐生植物叶的比较解剖研究[J].宁夏大学学报：自然科学版,2006,27(1),68-71.

[255] 赵可夫,李法曾,樊守金,等.中国的盐生植物[J].植物学通报,1999,16(3):1-12.

[256] 赵可夫.植物抗盐生理[M].北京：中国科技教育出版社,1993:1-35.

[257] 郑国琦,许兴,徐兆桢.耐盐分胁迫的生物学机理及基因工程研究进展[J].宁夏大学学报：自然科学版,2002,1(23):79-85.

[258] 郑均宝,裴保华,耿桂荣.毛白杨插穗生根的研究[J].东北林业大学学报,1988,169(6):34-40.

[259] 郑文菊,王勋陵,沈禹颖.几种盐地生植物同化器官的超微结构研究[J].电镜学报,1999,18(5):507-512.

[260] 郑艳.金森女贞在徐州园林上的应用及发展前景[J].安徽农学通报,2012,18(12):159.

[261] 中国植物志.红千层[M].中国植物志,1984.

[262] 中华人民共和国住房和城乡建设部.CJ/T 340—2011

绿化种植土壤[M].北京:中国标准出版社,2011.

[263] 周金良.栾树栽培技术[J].安徽林业,2006(5):34.

[264] 周丽霞,刘芳,高行英,等.盐胁迫对密花连翘生长及生理特性的影响[J].天津农学院学报,2011,18(4):5-8.

[265] 周生贤.全面加强沿海防护林体系建设加快构筑我国万里海疆的绿色屏障[J].世界林业研究,2005,18(4):1-6.

[266] 周玉珍,李火根,史骥清,等.墨西哥落羽杉耐盐能力及其无性系之间的差异[J].林业科技,2008,33(6):7-10.

[267] 朱虹,祖元刚,王文杰,等.逆境胁迫条件下脯氨酸对植物生长的影响[J].东北林业大学学报,2009,37(4):86-89.

[268] 朱义,谭贵娥,何池全,等.盐胁迫对高羊茅(*Festuca arundinacea*)幼苗生长和离子分布的影响[J].生态学报,2007,27(12):5447-5454.

[269] 朱宇旌,张勇.盐胁迫下小花碱茅超微结构的研究[J].中国草地,2000(4):30-32.

# 后　记

　　上海市园林科学规划研究院盐渍土生态绿化研究和应用工作始于 2000 年,期间承担了中华人民共和国科学技术部、中华人民共和国住房和城乡建设部、上海市科学技术委员会、上海市绿化管理局及浙江省宁波市科技局等部门的科研课题和示范工程项目,开展了华东滨海盐渍土生态绿化相关的应用基础研究,创立了适合华东滨海盐渍土生态绿化多项关键技术,建设了多个具有影响的盐渍土生态绿化示范工程。经过十多年的努力,盐渍土生态绿化工作已成为上海市园林科学规划研究院课题研究与成果转化工作的一个亮点,得到了主管部门和行业的认可。

　　第一个项目是浙江省杭州湾新区(慈溪)滩涂生态绿化工程。杭州湾新区滩涂绿化场地实际上是围绕杭州湾大桥慈溪引桥部分刚围海出来的滩涂地及原海滩晒盐场。由于区域极度盐碱,项目定位只是生态绿化,"植物能活,滩涂绿起来"就算达到要求了。记得第一次去现场的是上海市园林科学规划研究院土壤、植物和生态等专业方向的技术骨干,其中土壤部王波高级工程师(现移居加拿大)提出了第一个盐渍土改良技术方案。合作方是慈溪市棉花研究所(现改名为慈溪市农业科学研究所),黄一清所长和现场负责的许师傅在盐碱地棉花种植方面经验丰富,他们将滩涂种植棉花的现场养护管理经验很好地应用到了盐渍土生态绿化上。配合该工程项目,我们申请到宁波市科技局,也是上海市园林科学规划研究院第一个盐碱地生态绿化方面的研究课题——"杭州湾滩涂生态绿化技术与模式研究"。在这个工程项目实施过程中,课题组开展了多项相关研究(耐盐植物种类筛选、优良耐盐植物弗吉利亚栎林下育苗技术研究、不同方式覆盖或覆盖物控制返盐效果比较研究、不同乔灌草垂直搭配和群落模式研究等),应用了耐盐绿化植物 126 种,一期施工面积近 600 亩,种植的植物绝大部分都已成活,生长良好,经过 2～3 年后林间郁闭度达 80% 以上。由于种类较丰富,滩涂绿地呈现出近自然景观,现已成为长三角滩涂生态绿化的示范性工程项目、GEF 项目和旅游景点。

2002 年我院申请到上海市科学技术委员会重大项目"盐碱地带水网地区生态技术研究以及在临港新城新成陆的地区应用",上海市科学技术委员会资助 90 万元,联合上海大学何池全教授开展盐渍土微生物改良技术研究。在盐碱地改良方面非常有经验的魏凤巢教授及高级工程师担任课题顾问,提出了一些建设性意见,她当时在临港新城绿化景观工程公司任职,为课题的开展及示范地的选取提供了方便。为了解新成陆区域的盐水动态,土壤部毕华松团队对采样点分层每月采样分析,这一工作非常辛苦,也非常深入。课题组对近 60 年成陆地区的盐渍土壤和植被特征大规模射线方法进行广泛调查,整理相关资料并最终成文,为长三角滨海地区新近成陆原生土壤和植被特征提供了重要文献。

2005 年,日本 COSMA 石油公司田中博士免费提供提高植物耐盐能力的专利产品 5-氨基-乙酰丙酸(简称 5-ALA)及其衍生物,在上海市园林科学规划研究院内选用 8 种耐盐园林植物进行原土栽培试验,这一工作主要由研究生樊华(现供职于四川省林业科学研究院)承担。在完成这一工作后,我们继续利用临港新城原土栽培,考虑到正交试验工作量大,分两批试验测试了 17 种园林植物的耐盐能力。这一工作成为樊华硕士论文的主要内容,她发表了 3 篇相关论文,还被评为西南农业大学(现改名为西南大学)优秀毕业生。

　　记得来上海之初,时任上海市绿化管理局局长胡运骅先生曾前瞻性地设想,找到类似红树的耐盐植物使上海海滩绿起来、美化起来。从那时起,上海市园林科学规划研究院就开始关注极度耐盐耐水湿树木。2003年一天阅读中国珍稀植物红皮书时,第一次看到盐桦(*Betula halophila*),从书上介绍的情况来看,其可能适合在上海海滩生长,于是收集相关资料,联系相关研究人员和单位。2006年我和王铖博士前往新疆,首先在新疆维吾尔自治区林业科学研究所大院内看到了高约3 m的盐桦,它优美的枝条和花絮吸引了我们。次日飞抵阿勒泰后,我们在阿勒泰林业科学研究所所长王建的陪同下赶往盐桦的原生境——盐湖,看到被啃食得仅剩下根状的少量野生盐桦植株。所幸的是阿勒泰林业科学研究所迁地保护繁殖了一部分小苗,这成为我们的引种种源。2006年11月,与中国科学院新疆生态地理研究所盐桦标本比对后,杨昌友等认为阿勒泰盐湖边的盐桦并不是已经灭绝的盐桦而是小叶桦的变种,遂命名为沼泽小叶桦(*Betula microphylla*)。

　　滨海盐渍土生态绿化是极具挑战性的工作,会吸引更多的人为之奋斗。以上介绍了与盐渍土生态绿化方面几个课题和项目以及研究相关的点点记忆,目的是记录下上海市园林科学规划研究院十余年来在盐渍土生态绿化方面研究和应用工作的起步,不忘初心,方得始终。

**崔心红**

2015 年 12 月

初期

中期(一)

中期(二)

末期

盐池耐盐试验

施工前自然条件

施工中的排盐沟

乔木移栽

锥地形

崇明试验地

湿地公园建成初期

湿地公园景观

湿地松

紫穗槐

湿地公园

2002海堤内刚成陆的盐渍土

堤内植物

堤内近60年来土壤与植被调查(一)

堤内近60年来土壤与植被调查(二)

临港新城 2005 年土壤与植被调查

平整地形，修排水沟

原土利用

不同处理试验样地

慈溪杭州湾新区滩涂生态绿化项目(2002 年)

单叶蔓荆

醉鱼草等群落

木麻黄

慈溪杭州湾新区滩涂生态绿化项目(2003 年 9 月)

就近建立大棚育苗(一)　　　　　　　　　就近建立大棚育苗(二)

林下育苗(一)　　　　　　　　　　　林下育苗(二)

慈溪杭州湾新区滩涂生态绿化年项目(选苗育苗)

滩涂绿地

林间主干道

滨海植物群落景观初景

慈溪杭州湾新区滩涂生态绿化项目(2004 年 10 月)

墨西哥落羽杉 墨西哥落羽杉间套种琵琶

桉树 火棘

慈溪杭州湾新区滩涂生态绿化项目(2004年10月续)

慈溪杭州湾新区滩涂生态绿化年项目十年后景观(2013 年 9 月)

慈溪杭州湾新区滩涂生态绿化项目十年后景观(2013年9月续)

慈溪杭州湾新区滩涂生态绿化项目十年后景观(2013年9月续)

新疆阿勒泰沼泽小叶桦原生境
调查与种质资源采集

沼泽小叶桦

不同家系沼泽小叶桦种子收集

沼泽小叶桦组织培养技术研发

沼泽小叶桦

沼泽小叶桦组织培养规模化繁殖、移植、炼苗　　　　沼泽小叶桦在上海地区适应性长期观测

沼泽小叶桦在东部沿海盐碱地应用示范(一)　　　　沼泽小叶桦在东部沿海盐碱地应用示范(二)

沼泽小叶桦(续)

白杜

白蜡

大花秋葵

钝齿冬青

海滨木槿

海桐

红千层

厚叶石斑木

新优耐盐植物绿化应用

夹竹桃

金叶皂荚

棟树

栾树

女贞

千层金

伞房决明

紫荆

新优耐盐植物绿化应用(续)